自动控制原理与仿真实验

主编
林　雯

副主编
黄　堃
张振敏

参编
林旭云
连仁包
张　晖

清华大学出版社
北　京

内容简介

本书从应用型本科高校的教学需求出发，以经典控制理论为主，较为系统地介绍了自动控制的基本理论及其应用，并引入控制领域广泛使用的 MATLAB 软件进行仿真实验与辅助设计与分析。全书共 6 章，包括绪论、线性系统的数学模型、控制系统时域分析法、控制系统根轨迹分析法、控制系统频域分析法、控制系统的校正。每章都在开篇明确了教学目标并配有理论与仿真实验习题。为方便教学，本书配有电子课件、教案、习题解答等教学资源。

本书可作为应用型本科和高等职业院校物联网工程、人工智能、电子信息、计算机、机械、材料、化工等专业的自动控制原理教材。

图书在版编目(CIP)数据

自动控制原理与仿真实验/林雯主编. —北京：清华大学出版社，2022.9
ISBN 978-7-302-61355-8

Ⅰ.①自… Ⅱ.①林… Ⅲ.①自动控制理论－高等学校－教材 ②自动控制系统－仿真系统－实验－高等学校－教材 Ⅳ.①TP13 ②TP273-33

中国版本图书馆 CIP 数据核字(2022)第 124201 号

责任编辑：孟毅新
封面设计：傅瑞学
责任校对：刘 静
责任印制：沈 露

出版发行：清华大学出版社
网 址：http://www.tup.com.cn，http://www.wqbook.com
地 址：北京清华大学学研大厦 A 座 **邮 编**：100084
社 总 机：010-83470000 **邮 购**：010-62786544
投稿与读者服务：010-62776969，c-service@tup.tsinghua.edu.cn
质量反馈：010-62772015，zhiliang@tup.tsinghua.edu.cn
课件下载：http://www.tup.com.cn，010-83470410
印 装 者：三河市铭诚印务有限公司
经 销：全国新华书店
开 本：185mm×260mm **印 张**：16.75 **字 数**：380 千字
版 次：2022 年 11 月第 1 版 **印 次**：2022 年 11 月第 1 次印刷
定 价：59.00 元

产品编号：092007-01

前 言

在现代科学技术的发展进程中，自动控制技术举足轻重。自动控制原理研究的是自动控制的共同规律，是自动化专业与电气信息类专业重要的自动控制技术基础课程。随着自动控制技术在越来越多领域的应用，自动控制原理也成为各高校越来越多理工科专业的必修课程之一。

编者从应用型本科高校的教学需求出发编写了本书，其具有如下特点。

(1) 结构清晰。本书主要围绕经典控制理论展开叙述，全书共 6 章，根据控制系统实现的主要流程进行结构设置：控制系统基础知识、控制系统数学模型(系统构建)、时域分析法、根轨迹分析法、频域分析法(系统分析)、超前滞后校正与 PID 控制(系统校正)。

(2) 案例教学。每一个基础知识点后都有相关例题进行解释与验证。

(3) 重视实践。本书结合应用型本科高校的教学需求，在教学内容中专门设置了仿真实验，引入 MATLAB 进行计算机辅助分析与设计。本书通过大量仿真实验例题进行知识点讲解，还配置了独立的仿真实验习题与答案，方便教师讲授与学生学习，形成了理论引导实践，实践验证理论的良好循环。

(4) 教学资源丰富。本书提供配套的教案、教学课件、课后习题答案及仿真实验习题答案，教学资源丰富。

课程教学参考学时为 56 学时，其中理论知识讲授 32 学时，配套仿真实验 24 学时，可根据专业与课时限制加以取舍与调整。本书适用于各应用型本科高校与高等职业院校物联网工程、人工智能、电子信息、计算机、机械、材料、化工等专业的自动控制原理课程。

本书由林雯担任主编，黄堃、张振敏担任副主编，编委包括林旭云、连仁包、张晖。其中，第 1 章由张振敏与林雯共同编写，第 2、第 3 章由林雯编写，第 4、第 5 章由黄堃编写，第 6 章由黄堃与林雯共同编写。林旭云、连仁包、张晖参与部分内容的整理与编写工作。全书由林雯负责统稿。

在本书的编写过程中，编者查阅和参考了大量文献资料，在此特别感谢参考文献的作者。本书的出版同时得到了省、学校及学院等各级领导的大力支持，感谢福建省本科高校教育教学改革研究项目(FBJG20200095)、福建江夏学院重点教学改革项目(J2020A005)、福建江夏学院精品自编教材建设项目的支持与资助;感谢兄弟院校的协助。

由于编者水平有限,书中难免有不足之处,敬请使用本书的教师与读者批评、指正。

编　者

2022 年 8 月

目 录

第1章 绪　论

学习目标

- 了解自动控制的发展简史。
- 掌握自动控制系统的定义、基本组成与相关术语。
- 掌握自动控制系统的不同分类。
- 掌握自动控制系统的基本性能要求。
- 了解自动控制系统的计算机辅助分析工具。

随着科技的发展，自动控制技术已深入工业、农业、医疗、军事、交通等各个领域，逐渐成为推动新技术与新产业的关键技术。自动控制原理是自动控制技术的理论基础，研究的是自动控制的共同规律，提供了不同的控制系统分析方法与最佳控制系统设计方法。大部分工程技术人员与科学工作者都需要具备自动控制相关基础知识。自动控制理论的任务是研究自动控制系统中变量的运动规律及改变这种运动规律的可能性和途径，为建立高性能的自动控制系统提供必要的理论根据。

本章主要介绍自动控制系统的相关基础知识，包括自动控制系统的概念、自动控制系统的发展简史、自动控制系统的组成及基本术语、自动控制系统的分类、自动控制系统的基本要求、自动控制系统的分析设计步骤。

1.1 控制与自动控制

控制是指为了降低或消除干扰的影响并达到期望的目标，强制性地改变被控对象中的一个或多个物理量，而使其他某些特定的物理量维持在某种特定的标准上。在工业生产过程或生产设备运行中，经常需要对温度、压力、流量、液位、电压、位移、转速等物理量进行控制，使其尽可能保持在某个数值附近，或使其按一定规律变化。控制分为人工控制和自动控制。人工控制是指由人来完成对被控量的控制，如收音机的音量调节、对自行车的速度控制等。自动控制是指在没有人直接干预的情况下，利用物理装置对生产设备和工艺过程进行合理的控制，使被控制的物理量保持恒定或者按照一定的规律变化，例如电饭煲蒸饭、空调温度调节、自动挡汽车驾驶、全自动洗衣机洗衣、轧钢厂加热炉温度控制、供水水箱水位控制等。图1-1(a)所示为人工水位控制，图1-1(b)所示为自动水位控制。在自动水位控制系统中,测量元件(浮子)与变送器代替了眼睛,自动控制器代替了大脑,执行元器件(气动阀门)代替了肌肉和手。自动控制相比较人工控制而言,能够更快速准确地进行控制,控制效果更好。自动控制还可以使人们从繁重的、大量的重复性劳动中解放出来,提高工作效率,并且能够在恶劣的环境或人们无法到达的环境中实现自动控制。

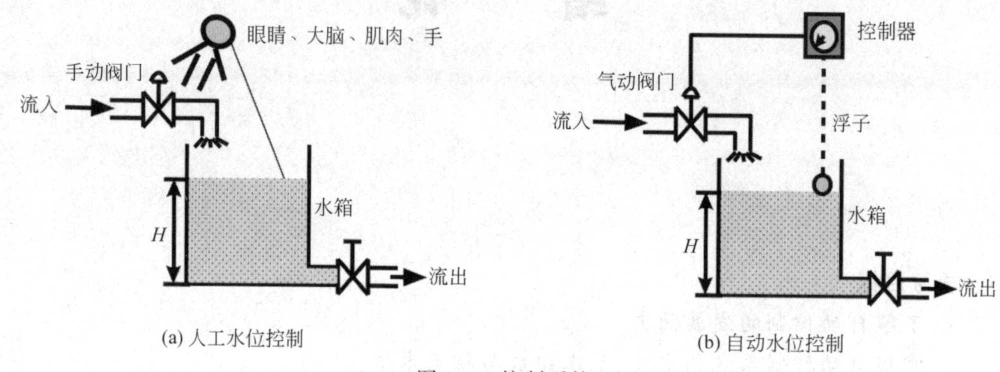

(a) 人工水位控制　(b) 自动水位控制

图 1-1　控制系统

1.2　自动控制系统发展简史

在人类发展的历史上,自动控制经历了先后三个发展阶段,即前期控制阶段、经典控制阶段和现代控制阶段。

1.2.1　前期控制阶段

早在公元前 1400 年到公元前 1100 年,中国、埃及和巴比伦就出现了自动计时漏壶,如图 1-2(a)所示,人类产生了最早的控制思想。公元前 250 年到公元前 1 年,古希腊出现了浮球调节装置,目前抽水马桶的水箱中就有这种液位控制装置。古希腊的 Philon 发明了采用浮球调节器来保持燃油液面高度的油灯,如图 1-2(b)所示。256 年,中国的都江堰水利控制系统工程,是世界水资源利用的典范,如图 1-2(c)所示。235 年,马钧研制出用齿轮传动的自动指示方向指南车,如图 1-2(d)所示。指南车具有开环控制(前馈控制)的特点,被称为"人类历史上迈向控制论机器的第一步"。

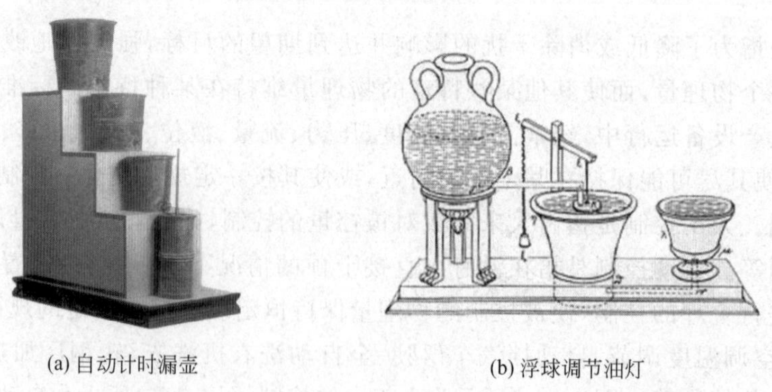
(a) 自动计时漏壶　(b) 浮球调节油灯

图 1-2　前期自动控制系统

(c) 都江堰水利系统

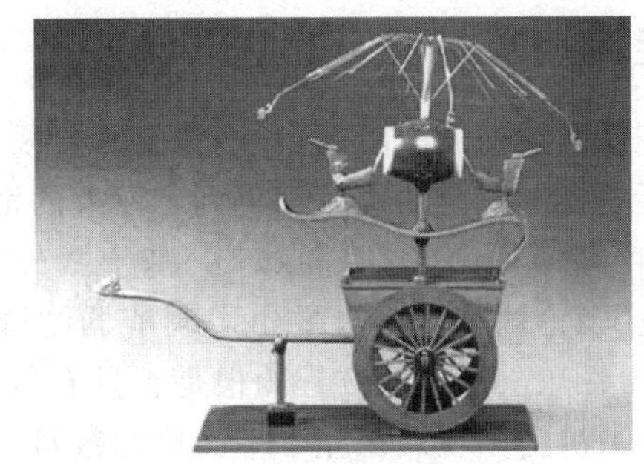

(d) 指南车

图　1-2(续)

近代欧洲最早的控制系统是荷兰人科内利斯·德雷贝尔(1572—1633)发明的温度调节器,用于控制加热孵卵器中火炉的温度,使培育箱能够自动加热以孵化小鸡,如图 1-3 所示。

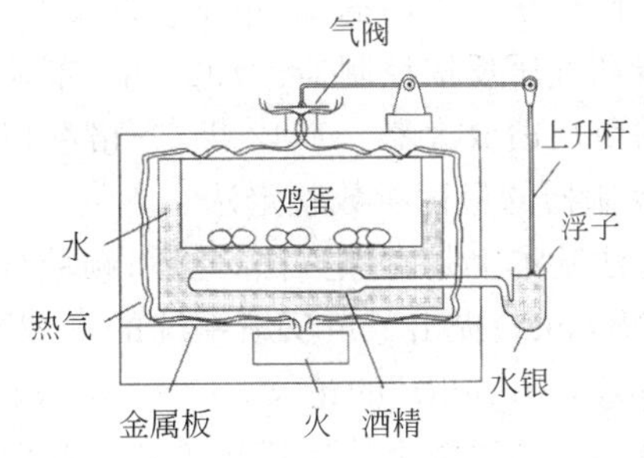

图 1-3　科内利斯·德雷贝尔与温度调节器

图 1-4 所示为蒸汽机与离心式调速器,被认为是控制发展史上的一个里程碑。1769 年,英国人瓦特(J Watt)(图 1-5)将离心式调速器应用于控制蒸汽机的速度,由此产生了第一次工业革命。离心式调速器又称飞球调节器,是人们普遍认为最早应用于工业过程的自动反馈控制器装置。

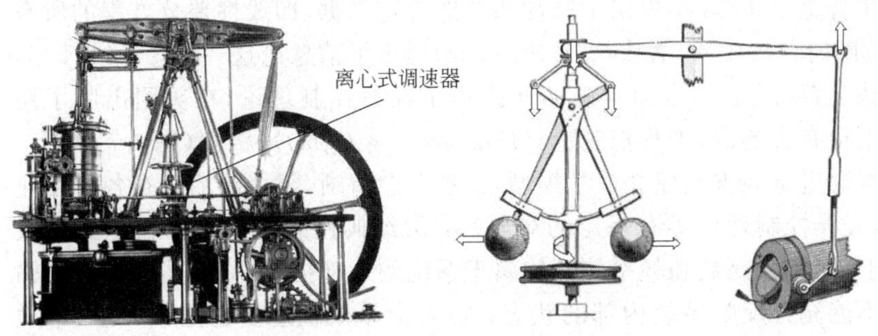

图 1-4　蒸汽机与离心式调速器

图 1-5　瓦特

1.2.2 经典控制阶段

自动控制发展的第二阶段，即经典控制阶段，出现在1850—1950年。在这个阶段，无论是理论还是实际系统的发明都得到了巨大的发展。

1868年，麦克斯韦(J C Maxwell)基于微分方程描述从理论上给出了它的稳定性条件。他在论文《论调节器》中，导出了调节器的微分方程，并在平衡点附近进行线性化处理，指出稳定性取决于特性方程的根是否具有负的实部。1877年，劳斯(E J Routh)根据多项式的系数决定多项式在左半平面根的数目。劳斯的这一成果后来被称为劳斯判据。1895年，霍尔维茨(A Hurwitz)也独立给出了高阶线性系统的稳定性判据。赫尔维茨的条件同劳斯的条件在本质上是一致的。因此，这一稳定性判据后来也被称为劳斯—赫尔维茨(Routh-Hurwitz)稳定性判据。1892年，俄国数学力学家李雅普夫提出了广为当今学术界应用且影响巨大的李雅普诺夫方法(即李雅普诺夫第二方法，也被称为李雅普诺夫直接法)，这一方法不仅可用于线性系统，而且可用于非线性时变系统的稳定性分析。1922年，美国的N Minorsky研制出用于船舶驾驶的伺服结构，提出PID控制方法和控制规律公式。同样来自美国的E Sperry以及C Mason分别在1925年和1929年研制出了火炮控制器和气压反馈控制器。1928年，布莱克(H Black)发明了在当今控制理论中占核心地位的负反馈放大器。1942年，齐格勒(J G Zigler)和尼科尔斯(N B Nichols)又给出了PID控制器的最优参数整定法。

上述方法基本上是时域方法，此后，频域分析方法也得到了长足的进步。在1932年，奈奎斯特(Nyquist)提出了负反馈系统的频域稳定性判据，发表了包含著名的"奈奎斯特判据(Nyquist criterion)"的论文。1940年，波德(Bode)进一步研究通信系统频域方法，提出了频域响应的对数坐标图描述方法。频域分析法主要用于描述反馈放大器的带宽和其他频域指标。1942年，哈里斯引入了传递函数的概念。1943年，霍尔(A C Hall)利用传递函数(复数域模型)和方框图，把通信工程的频域响应方法和机械工程的时域方法统一起来，人们称此方法为复域方法。至1945年，控制系统设计的频域方法——"波特图(Bode plots)"方法，已基本建立。1945年，维纳(N Wiener)把反馈的概念推广到生物等一切控制系统。1948年他的名著《控制论》为控制论奠定了基础。1948年，伊文斯(W Evans)进一步提出了属于经典方法的根轨迹设计法，它给出了系统参数变换与时域性能变化之间的关系。崔普金于1948年提出了脉冲系统的稳定判据，即线性差分方程的所有特征根应该位于单位圆内。1949年，香农(C E Shannon)提出了信息论这一概念。1954年，我国著名物理学家钱学森(图1-6)全面地总结和提高了经典控制理论，在美国出版了用英语撰写的在世界上很有影响的《工程控制论》(*Engineering Cybernetics*)(图1-7)。

经典控制理论可通过试验方法建立数学模型，物理概念清晰，至今仍活跃在各种工业控制领域中。但是，经典控制理论仍有一定的局限性：①经典控制理论建立在传递函数和频率特性的基础上，而传递函数和频率特性均属于系统的外部描述(只描述输入量和输出量之间的关系)，不能充分反映系统内部的状态；②无论是根轨迹法还是频率法，本质上是频域法(或称复域法)，都要通过积分变换(包括拉普拉斯变换、傅里叶变换、Z变换)，因此原则上只适宜于解决"单输入—单输出"线性定常系统的问题，对"多输入—多输出"系统，特别是对非线性、时变系统则显得无能为力。

图 1-6　钱学森

图 1-7 《工程控制论》

1.2.3　现代控制阶段

20 世纪 60 年代，现代控制系统理论问世，主要研究具有高性能、高精度和多回路耦合的多变量系统的分析和设计问题。

1956 年，苏联的庞特里亚金发表“最优过程数学理论”，提出了极大值原理。1957 年，贝尔曼(R Bellman)发表动态规划理论，建立了最优控制的基础。国际自动控制联合会(IFAC)于 1957 年成立，第一届学术会议于 1960 年在莫斯科召开。1958 年，美国的 E I Jury 发表抽样数据控制系统(sampled-data control system)，建立了数字控制及数字信号处理的基础。1960 年，卡尔曼(R E Kalman)发表了 *On the General Theory of Control Systems* 等论文，引入状态空间法分析系统，提出能控性、能观测性、最佳调节器和卡尔曼滤波等概念，奠定了现代控制理论的基础。1965 年，扎德(Zadeh)提出模糊集合和模糊控制概念。20 世纪六七十年代，英国学者罗森布罗克(Rosen-brock)、梅恩(Mayne)和麦克法兰(Mac Farlane)等将频率法推广到分析和设计多变量系统，称为现代频率法。这些方法保留了经典控制理论中频率法的一些优点，并成功地用于石油、化工、造纸、原子能反应堆、飞机发动机和自动驾驶仪等设备中多变量系统的分析与设计上，取得令人满意的结果。

现代控制理论的数学描述是状态方程和输出方程、传递函数阵等，本质上是一种“时域法”。状态空间模型不仅描述了系统的外部特性，而且也给出了系统的内部信息。这种模型分两段来描述输入与输出之间的信息传递。采用状态方程后，最主要的优点是系统的运动方程采用向量、矩阵形式表示，因此形式简单、概念清晰、运算方便，尤其是对于多变量、时变系统更是明显。

近年来，随着控制理论应用范围的扩大，现代控制理论逐步进入了大系统控制理论阶段和智能控制阶段。大系统理论是过程控制与信息处理相结合的综合自动化理论基础，是动态的系统工程理论，具有规模庞大、结构复杂、功能综合、目标多样、因素众多等特点。它是一个多输入、多输出、多干扰、多变量的系统。大系统理论目前仍处于发展和开创性阶段。智能控制是指依据人的思维方式和处理问题的技巧，解决那些目前需要人的智能才能解决的复杂的控制问题。被控对象的复杂性体现为模型的不确定性、高度非线性、分布式的传感器和执行器、动态突变、多时间标度、复杂的信息模式、庞大的数据量、严格的特性指标等。环境的复杂性表现为变化的不确定性和难以辨识。智能控制的方法包括模糊控制、神经元网络控制、专家控制等。

1.3 自动控制系统的组成及相关术语

自动控制是指在没有人直接参与的情况下，利用外加的设备和装置(控制器)，使机器、设备或生产过程(称被控对象)的某个工作状态或参数(被控量)自动按预定规律运行。自动控制系统就是能够完成自动控制任务的设备，一般由控制装置和被控对象组成。参与控制的信号来自给定量、扰动量和被控量。

(1) 给定量：决定被控量的物理量，也称为输入量或控制量。

(2) 扰动量：当输入不变时使得输出发生变化的量，如环境温度、开门次数、电压波动等，简称扰动或干扰。它与控制作用相反，是一种不希望的、影响系统输出的不利因素。扰动信号既可来自系统内部，又可来自系统外部，前者称为内部扰动，后者称为外部扰动。

(3) 被控量：系统要控制的物理量，也称为输出量。

图 1-8 是典型自动控制系统的功能框图。图中的每一个方框，代表一个具有特定功能的元件。除被控对象外，系统装置通常由反馈装置、测量元件、比较元件、放大元件、执行机构、校正装置以及给定装置组成。

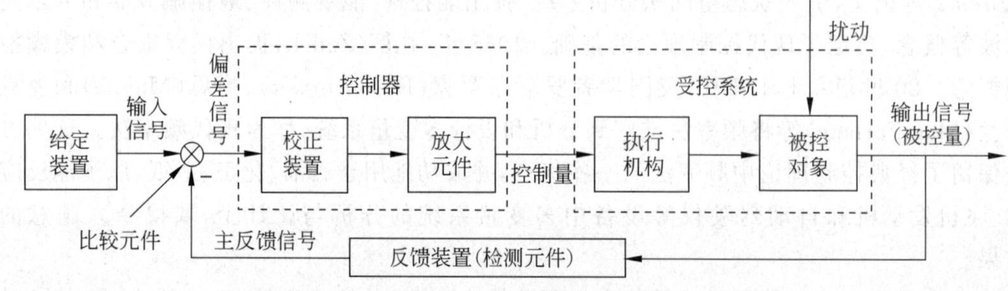

图 1-8 典型自动控制系统的功能框图

(1) 被控对象：生产过程中需要进行控制的工作机械、装置或生产过程，也称被控过程或被控系统，如电炉、电动机。描述被控对象工作状态的、需要进行控制的物理量是被控量。

(2) 给定装置：主要用于产生给定信号或控制输入信号，如给定电位器。

(3) 控制器：一般是外加的具有控制功能的设备或装置。

① 校正装置：按某种规律对偏差信号进行运算，作用于执行机构，以改善系统性能，其结构或参数便于调整。最简单的校正装置是由电阻、电容组成的无源或有源网络，复杂的则用电子计算机。在控制系统中，常把比较环节、校正环节和放大装置合在一起称为控制器。

② 放大元件：用于放大偏差信号的幅值和功率，使之能够推动执行机构调节被控对

象。例如，对电压偏差信号，可用电子管、晶体管、集成电路、晶闸管等组成的电压放大器和功率放大器加以放大。

(4) 比较元件：用于比较输入信号和反馈信号之间的偏差，可以是一个差动电路，也可以是一个物理元件，如差动放大器、机械差动装置和电桥。

(5) 执行机构：根据比较后的偏差，产生执行作用，直接对被控对象进行操作，调节被控量，如阀门、伺服电动机等。执行机构和被控对象合在一起成为受控系统。

(6) 反馈装置：用于检测被控量或输出量，产生反馈信号。如果测出的物理量属于非电量，一般要转换成电量以便处理。例如，测速发电机用于检测电动机轴的速度并将其转换为电压；自整角机用于检测角度并将其转换为电压；热电偶用于检测温度并将其转换为电压。

图 1-1(b)所示的自动水位控制系统，其控制任务为维持水箱内水位恒定。控制装置为气动阀门、控制器；受控对象为水箱、供水系统；被控量为水箱内水位的高度；给定值为控制器刻度盘指针标定的预定水位高度；测量装置为浮子；比较装置为控制器刻度盘；干扰为水的流出量和流入量的变化，两者都将破坏水位的恒定。水位自动控制系统结构图如图 1-9 所示。

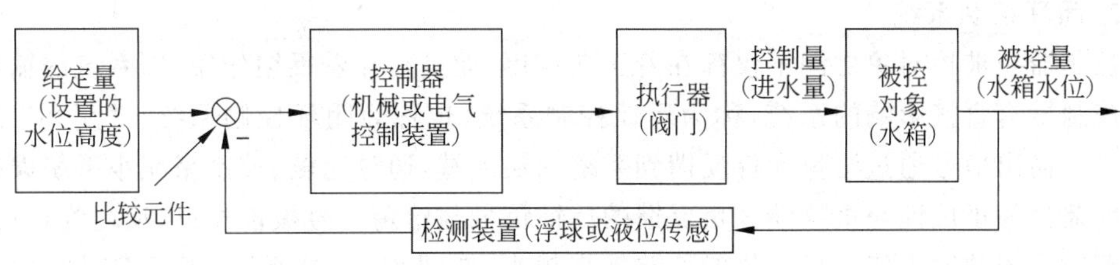

图 1-9　水位自动控制系统结构图

1.4　自动控制系统的分类

按照不同的特征和标准，自动控制系统有不同的分类方法。

1.4.1　按系统结构特点分类

控制系统按其结构可分为开环控制系统、闭环控制系统和复合控制系统。

1. 开环控制系统

系统控制器与控制对象之间只有正向作用而没有反向联系的控制过程称为开环控制，其输出量(即被控量)对系统的控制无任何影响。图 1-10 所示是开环控制系统的结构图。

开环控制的特点是：控制装置只按给定值控制受控对象，因此结构简单，成本低，易维护；信号单方向传递，系统的输出端与输入端之间不存在反馈回路，输出量对系统的控制作用没有影响；对可能出现的被控量偏离给定值的偏差没有任何修正能力，抗干扰能力差，控制精度不高。

图 1-11 所示的烘箱温度控制系统是一个开环控制系统。烘箱是被控对象，烘箱的温

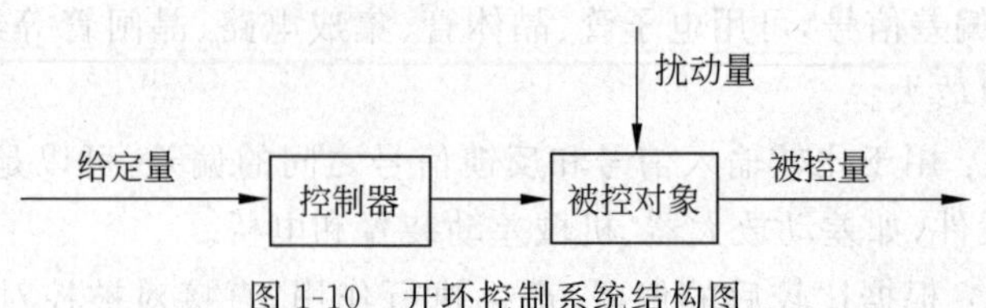

图 1-10 开环控制系统结构图

度是被控量，也称为系统输出量。开关设定位置为系统的给定量或输入量，电阻及加热元件可看作调压器(控制器)。该系统中只有输入量对输出量的单向控制作用，输出量对输入量没有任何影响和关联。洗衣机、数控机床等也属于开环控制系统。

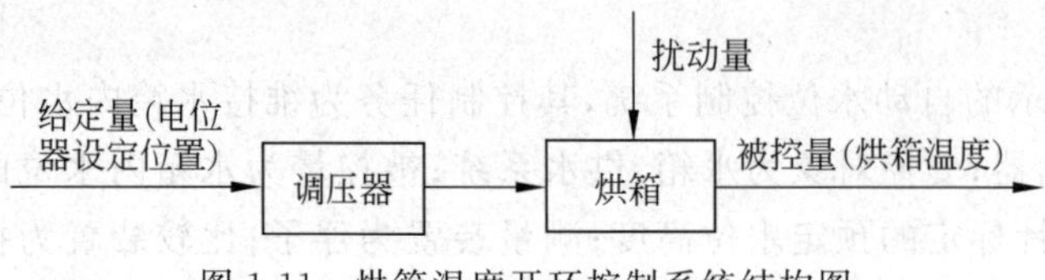

图 1-11 烘箱温度开环控制系统结构图

2. 闭环控制系统

控制器与被控对象之间不仅存在着正向作用，而且存在着反馈作用，即系统的输出信号对控制量有直接影响的系统，称为反馈控制系统，也称为闭环控制系统。"闭环"的含义就是将输出信号通过测量元件反馈到系统的输入端，通过比较、控制来减小系统误差。

反馈分为正反馈与负反馈。负反馈的反馈信号与给定信号极性相反，反之为正反馈。负反馈使系统的输出值与目标值的偏差越来越小，如图 1-12(a)所示；正反馈对初始条件极端敏感，输入端微小的差别会迅速放大到输出端，使系统的输出值与目标值的偏差越来越大，如图 1-12(b)所示，如蝴蝶效应、原子弹引爆装置中要用到的裂变链式反应。

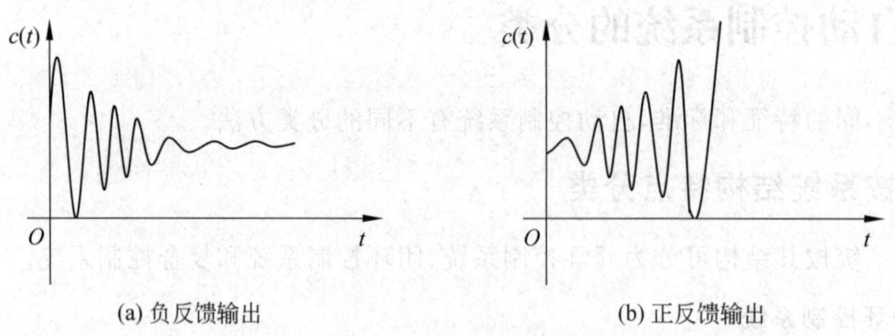

图 1-12 负反馈和正反馈

图 1-8 所示的系统结构就是闭环控制系统。通常，把从系统输入量到输出量之间的通道称为前向通道；从输出量到反馈信号之间的通道称为反馈通道。比较环节的输出量等于各个输入量的代数和。在系统主反馈通道中，只有采用负反馈才能达到控制的目的。将闭环系统中的输出信号引回到输入端，并与输入信号相比较，同时利用所得的偏差信号对系统进行调节，可达到减小偏差或消除偏差的目的。这就是负反馈控制原理，是闭环控制系统的核心机理。

闭环控制的特点是：输入控制输出，输出参与控制；结构复杂；能够有效地抑制各种扰动对系统输出量的影响；可以减小前向通道的参数变化对输出量的影响；控制精度高，自动纠正偏差，具有抗干扰能力。

注意：闭环控制系统会产生系统稳定性问题。对于开环控制系统，只要被控对象稳定，系统就能稳定地工作。而在闭环控制系统中，输出信号被反馈到系统输入端，与参考输入比较后形成偏差信号，控制器再按照偏差信号的大小对被控对象进行控制。在这个过程中，由于控制系统的惯性，可能引起超调，造成系统的等幅或增幅振荡，使系统变得不稳定。

在前述烘箱温度开环控制系统中，加入一些特定装置后可以构成如图 1-13 所示的烘箱温度闭环控制系统。其中，烘箱是被控对象，炉温是被控量，给定量是由给定电位器设定的电压 u_r，表征烘箱温度的期望值。

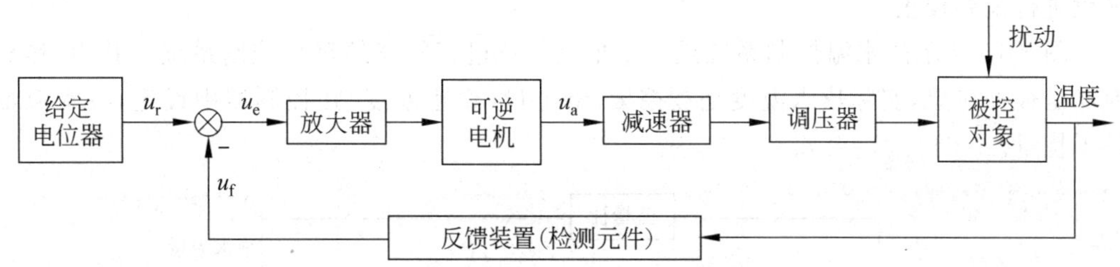

图 1-13　烘箱温度闭环控制系统结构图

3. 复合控制系统

复合控制系统是指开环控制和闭环控制相结合的控制系统，带有负反馈的闭环起主要的调节作用。复合控制实质上是在闭环控制回路的基础上附加一个输入信号(给定或扰动)的前馈通路，对该信号实行加强或补偿，以达到精确的控制效果。按输入量进行控制增加输入补偿装置，如图 1-14(a)所示，附加的输入补偿装置可提供一个前馈控制信号，与原输入信号一起对被控对象进行控制，以提高系统的跟踪能力；按扰动量进行控制(当扰动量可测量时)增加扰动补偿装置，如图 1-14(b)所示，附加的扰动补偿装置所提供的控制作用，主要起到对扰动影响“防患未然”的效果。

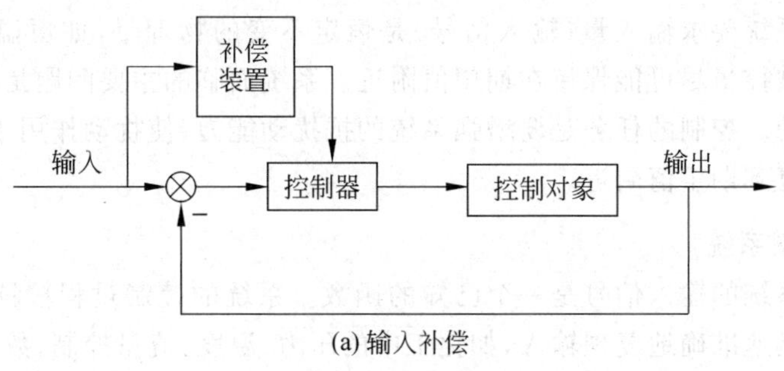

(a) 输入补偿

图 1-14　复合控制系统

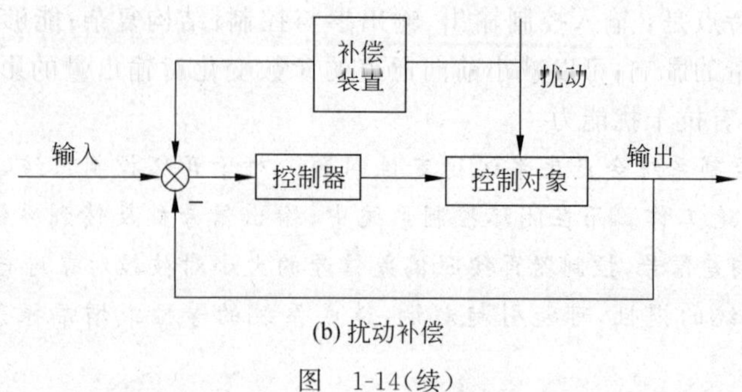

(b) 扰动补偿

图 1-14(续)

复合控制系统中的反馈控制只有在外部作用(输入信号或干扰)对控制对象产生影响之后才能做出相应的控制。前馈控制能使系统及时感受输入信号,使系统在偏差产生之前就进行偏差校正。

图 1-15 所示的水温控制系统是一个根据干扰进行补偿的复合控制系统。其中,热交换器是被控对象,实际热水温度是被控量,给定量(希望温度)在控制器中设定,冷水流量是干扰量。

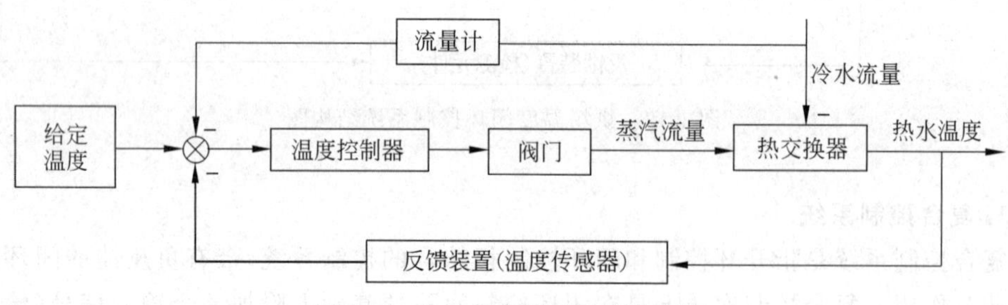

图 1-15 水温复合控制系统结构图

1.4.2 按输入信号特征分类

控制系统按其输入信号特征可分为恒值控制系统、程序控制系统和伺服控制系统。

1. 恒值控制系统

恒值控制系统要求输入量(输入信号)是恒定不变的物理量,如恒温、恒压、恒速等。这类系统要求被控量尽可能保持在期望值附近。系统面临的主要问题是存在使被控量偏离期望值的扰动。控制的任务是要增强系统的抗扰动能力,使扰动作用于系统时,被控量能够尽快地恢复到期望值附近。

2. 程序控制系统

程序控制系统的输入信号是一个已知的函数。系统的控制过程按预定的程序进行,要求被控量能迅速准确地复现输入,如化工中的压力、温度、流量控制、数控机床,电梯等。恒值控制系统可看作输入等于常值的程序控制系统。这类系统的特点是:输入信号按照预先知道的函数变化,如热处理炉温度控制系统中的升温、保温、降温等过程,都是按照预先设定的规律进行的。机械加工的数控机床也是典型的程序控制系统。

3. 伺服控制系统

伺服控制系统(随动系统)的输入信号是一个未知函数。要求控制系统的输出量跟随输入信号的变化而变化,如火炮自动跟踪系统、配钥匙等。伺服控制系统要求有较好的跟踪能力,特点是输入信号是随时间任意变化的函数,要求系统的输出信号紧紧跟随输入信号的变化。此类系统面临的主要矛盾是被控对象和执行机构因惯性等因素的影响,使系统的输出信号不能紧紧跟随输入信号的变化,因此系统控制的任务是提高系统的跟踪能力,使系统的输出信号能跟随难以预知的输入信号的变化。

以上三种系统具有共同特征,即输出跟随输入。这是控制系统的本质特征。

1.4.3　按系统的数学模型分类

控制系统按其数学模型可分为线性系统和非线性系统、定常(时不变)系统和时变系统。

1. 线性系统和非线性系统

当系统各元件输入、输出特性都具备线性特性时,称该系统为线性系统。同时满足叠加性与齐次性的系统均为线性控制系统。从数学表达式来看,叠加性是指 $f(x_1+x_2)=f(x_1)+f(x_2)$,齐次性是指 $f(ax)=af(x)$。

线性系统由线性元件构成,线性元件的静特性是一条过原点的直线,运动规律可用线性微分方程来描述。若构成系统的环节中有一个或一个以上非线性环节,则此系统为非线性系统。非线性系统由非线性微分方程描述,不满足叠加原理与齐次性。非线性的理论研究远不如线性系统那么完整,目前尚无通用的方法可以解决各类非线性系统的各种问题。

2. 定常(时不变)系统和时变系统

如果描述系统运动的微分或差分方程的系数均为常数,则称这类系统为定常系统,又称为时不变系统。定常系统的特点是系统自身性质不随时间而变化,响应特性只取决于输入信号的形状和系统的特性,而与输入信号施加的时刻无关。如果系统的参数或结构随时间而变化,则称这类系统为时变系统。这类系统的特点是系统的响应特性不仅取决于输入信号的形状和系统的特性,而且与输入信号施加的时刻有关。

1.4.4　按系统传递信号的性质分类

控制系统按其传递信号性质可分为连续系统和离散系统。

1. 连续系统

连续系统是系统状态随时间作平滑连续变化的动态系统,包括由于数据采集是在离散时间点上进行而导致的非连续变化。连续系统可用一组微分方程来描述,各部分信号都是时间的连续函数。连续系统中各元件传输的信息在工程上称为模拟量。

2. 离散系统

控制系统中只要有一处信号是脉冲序列或数码时,该系统即为离散系统。系统的状态和性能一般用差分方程来描述。离散信号以脉冲形式传递的系统又叫脉冲控制系统，离散信号以数码形式传递的系统又叫数字控制系统。

另外，如果按照系统输入、输出量的个数划分，系统可分为单输入单输出(SISO)系统和多输入多输出(MIMO)系统。如果按照控制系统闭环回路的数目分类，则可分为单回路控制系统和多回路控制系统。

1.5 自动控制系统的基本要求

控制过程由暂态过程和稳态过程两部分构成。暂态过程也称动态过程，是指被控量处于变化状态的过程。稳态过程也称静态过程，是指被控量处于相对稳定的状态。

控制系统为达到理想的控制目的，必须使系统的输出快速准确地按输入信号要求的期望输出值变化且尽量不受任何扰动的影响。因此，对自动控制系统的基本要求是稳定性、快速性和准确性，简称稳、快、准。“稳”描述系统的稳定性，“快”描述系统的暂态(过渡过程)品质，“准”描述系统的稳态(静态)品质。

1. 稳定性

当扰动作用(或给定值发生变化)时，输出量将偏离原来的稳态值，这时由于反馈的作用，通过系统内部的自动调节，系统可能回到或接近原来的稳态值(或跟随给定值)稳定下来，这样的系统称为稳定系统；反之，称为不稳定系统。稳定性是保证控制系统正常工作的必备条件。稳定性通常由系统的结构决定，与外界因素无关。

2. 快速性

快速性对过渡过程的形式和快慢提出要求，一般称为暂态(或动态)性能。暂态过程产生的原因是系统中储能元件的能量不可能突变，运动加速度不可能太大，需要一个过渡，实际应用中，希望这个过渡过程快速且平稳。

3. 准确性

准确性用稳态误差表示。过渡过程结束后，系统的实际输出与期望输出之差即为稳态误差。显然，这种误差越小，表示系统的输出跟随参考输入的精度越高(跟踪能力)，对扰动的抑制能力越强。

1.6 自动控制系统的分析设计步骤

自动控制系统广泛应用于各个领域，合理的系统设计方案非常重要。一般自动控制系统的分析设计主要包括以下步骤。

(1) 通过理论法或实验法，建立被控对象的数学模型。有关控制系统的数学模型，将在第2章展开介绍。

(2) 对设计好的系统进行分析和检验。一个合理的控制系统应该是稳定且具备较好的动态性能与稳态性能，并满足性能指标要求的。有关控制系统的性能分析，将在第3～5章展开介绍。

(3) 物理实现。对性能指标满足要求的系统，进行参数的优化与物理实现；对性能指标不满足要求的系统，设计合理的控制器与控制参数，对系统校正后，重新进行分析。有关控制系统的校正方法，将在第 6 章展开介绍。

1.7　自动控制系统的计算机仿真环境

MATLAB(matrix laboratory，矩阵实验室)是一种数值计算型科技应用软件，也可以进行控制系统建模与分析，是一种常用的控制系统辅助设计软件。MATLAB 具有编程简单、直观，用户界面友善，开放性强等优点。因此自面世以来，很快就得到了广泛应用。在控制器设计、仿真和分析方面，MATLAB 有 6 个常用的控制类工具箱：系统辨识工具箱(system identification toolbox)、控制系统工具箱(control system toolbox)、鲁棒控制工具箱(robust control toolbox)、模型预测工具箱(model predictive control toolbox)、模糊逻辑工具箱(fuzzy logic toolbox)和非线性控制设计模块(nonlinear control design blocker)。还包括图形交互式的模型输入计算机仿真环境 SIMULINK。

自动控制原理理论性强，现实模型在实验室较难建立。另外，对于复杂的高阶系统，手动进行大量计算十分困难，效率低且很难得到精确的结果。因此，可以利用 MATLAB 软件中的仿真工具进行自动控制系统的建模、分析、设计与仿真实验。此外，MATLAB 还提供了大量辅助进行控制系统分析的函数，能够直观、快速地分析系统的稳定性、动态性能和稳态性能。在工程实践中，经常会利用 MATLAB 进行辅助系统分析。

MATLAB 的出现为控制系统的计算机辅助分析和设计带来了全新的手段。其中，图形交互式的模型输入计算机仿真环境 SIMULINK(软件的名称表明了该系统的两个主要功能：Simu(仿真)和 Link(连接))可以使用户利用鼠标在模型窗口上绘制出所需要的控制系统模型，能够灵活地改变系统的结构和参数，然后对系统进行仿真和分析。SIMULINK 为 MATLAB 应用的进一步推广起到了积极的推动作用。

1.8　本章小结

本章主要介绍了自动控制系统的发展简史、概念、组成、分类与基本要求。

自动控制是指在没有人直接参与的情况下，利用外加设备和装置，使机器、设备或生产过程的某个工作状态或参数自动按预定规律运行。自动控制系统就是能够完成自动控制任务的设备，一般由控制装置和被控对象组成。

根据系统结构特点、输入信号特征、数学模型、传递信号性质等依据可对自动控制系统进行不同的分类。

稳定是系统正常工作的前提，输出必须快速准确地按输入信号要求的期望输出值变化且尽量不受任何扰动的影响，即满足稳、快、准三项基本性能要求。

本章思维导图如图 1-16 所示。

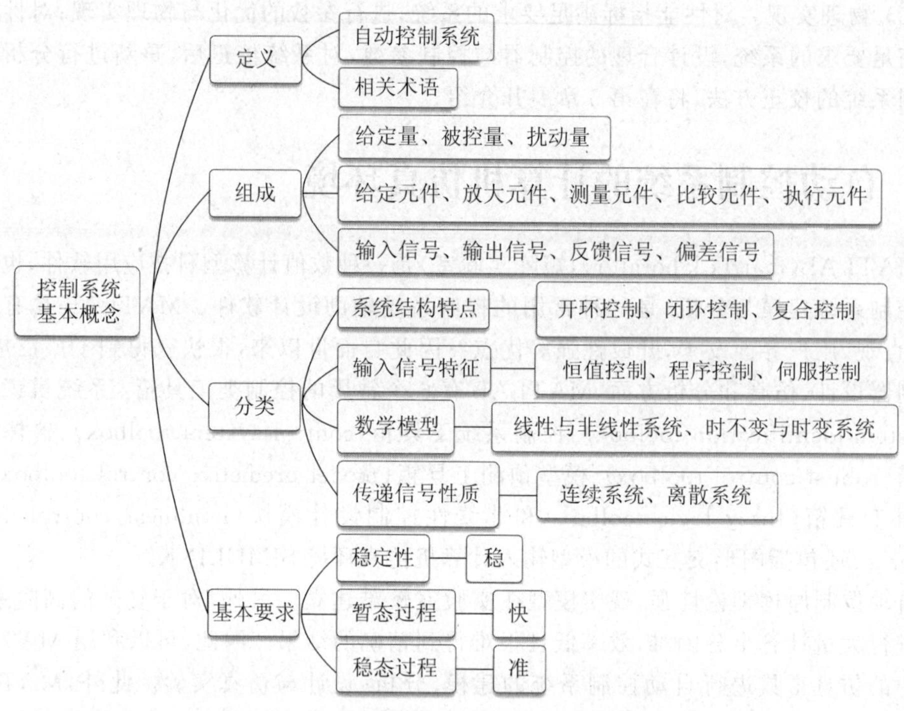

图 1-16 自动控制系统基础知识思维导图

1.9 习题

一、判断题

1. 反馈控制系统对反馈环内前向通道中的扰动具有抑制作用，但对于给定量本身的误差及反馈通道中的扰动没有调节作用。 （ ）

2. 闭环控制系统利用对输出的测量信息，将此测量信号反馈，并与预期的输入进行比较。 （ ）

3. 线性系统能够同时满足叠加性与齐次性。 （ ）

4. 控制系统利用输出量与其期望值的偏差来对系统进行控制。 （ ）

5. 开环控制系统的缺陷是抗干扰能力差。 （ ）

6. 含有测速发电机的电动机速度控制系统，是开环控制系统。 （ ）

7. 在闭环控制系统中，一般情况下都是指正反馈。 （ ）

8. 同时不满足叠加性与齐次性的系统才是非线性系统。 （ ）

9. 开环控制系统对于外部干扰及工作过程中特性参数的变化没有自动补偿的作用。 （ ）

10. 叠加性是指当几个输入信号共同作用于系统时，总的输出等于每个输入单独作用时产生的输出之和。 （ ）

11. 通常控制理论可以分为经典控制理论与现代控制理论两大部分，经典控制理论

以传递函数为基础，现代控制理论以状态空间法为基础。（　　）

12. 如果在系统运行的一定时间间隔内，有一处或几处信号是离散信号，则该系统就是离散系统，计算机控制系统是典型的离散系统。（　　）

13. 随动控制系统的输入信号是预先未知的随时间任意变化的函数，要求输出量以一定的精度和速度跟随输入量变化。（　　）

二、单项选择题

1. 开环控制系统（　　），通过执行机构控制受控对象。

A. 不用反馈　B. 利用反馈　C. 在工程设计中　D. 在工程综合时

2. 闭环反馈控制系统应该具有（　　）的特性。

A. 良好的干扰处置效果　B. 对指令产生预期响应

C. 对受控对象参数波动的灵敏度低　D. 上述全部

3. 以同等精度元件组成的开环控制系统和闭环控制系统，其精度（　　）。

A. 闭环高　B. 开环高　C. 相差不多　D. 一样高

4. 系统的输出信号对控制作用的影响（　　）。

A. 开环有　B. 闭环有　C. 都没有　D. 都有

5. 对于系统抗干扰能力（　　）。

A. 开环强　B. 闭环强　C. 都强　D. 都不强

6. 作为系统（　　）。

A. 开环不振荡　B. 闭环不振荡　C. 开环一定振荡　D. 闭环一定振荡

7. 通过测量输出量，产生一个与输出信号存在函数关系的信号的元件称为（　　）。

A. 给定元件　B. 放大元件　C. 比较元件　D. 反馈元件

8. 在开环控制系统中（　　）。

A. 无反馈元件　B. 无控制器　C. 无执行元件　D. 无放大元件

9. 自动控制系统的（　　）是系统正常工作的先决条件。

A. 稳定性　B. 动态特性　C. 稳态特性　D. 精确性

10. 反馈控制方式是按（　　）进行控制的。

A. 输出　B. 偏差　C. 扰动　D. 给定量

11. 开环控制方式是按（　　）进行控制的。

A. 偏差　B. 输出　C. 扰动　D. 给定量

三、多项选择题

1. 自动控制的基本方式有（　　）。

A. 开环控制　B. 闭环控制　C. 交叉控制　D. 复合控制

2.（　　）为开环控制系统。

A. 水箱液位控制系统　B. 交通红绿灯系统

C. 空调系统　D. 自动售货机系统

3. 典型反馈控制系统中，（　　）元件是必需的。

A. 比较　B. 测量　C. 执行　D. 给定

4. 同时满足（　　）特性的系统称为线性系统。

A. 可除性　　　　B. 叠加性　　　　C. 齐次性　　　　D. 可减性

5. 自动控制系统的基本要求为(　　)。

A. 稳　　　　B. 准　　　　C. 强　　　　D. 快

6. 自动控制系统中常见的执行元件有(　　)。

A. 液压马达　　　　B. 调节阀　　　　C. 电动机　　　　D. 热电偶

7. 在自动控制系统中,(　　)属于测量元件。

A. 热电偶　　　　B. 调节阀　　　　C. 光电编码盘　　　　D. 测速发电机

8. 开环控制系统的特点为(　　)。

A. 控制精度取决于元件和校准精度

B. 结构简单

C. 输出信号对输入信号没有直接影响

D. 对外部干扰没有抑制作用

9. (　　)属于随动控制系统。

A. 水箱液位控制系统　　　　B. 雷达跟踪系统

C. 空调系统　　　　D. 电压跟随系统

10. (　　)属于妨碍控制过程顺利进行的扰动因素。

A. 电网电压的波动　　　　B. 电动机负载的变化

C. 机床的振动　　　　D. 传感器故障

四、填空题

1. 反馈控制原理的实质是利用________来控制偏差,反馈系统相应构成为一个闭环控制系统。

2. 校正元件可以分为________校正元件和反馈校正元件。

3. 在闭环控制系统中,由输入到输出的通道称为前向通道,由输出经反馈到输入的通道称为________通道。

4. 在控制系统中,信号由输入端到输出端的传递是单向的,没有形成一个闭环,这样的系统称为________控制系统。

五、简答题

1. 恒值系统、程序控制系统和随动系统有什么区别,各举一个实际例子。

2. 如何判定一个系统是线性系统?

3. 开环控制系统的特点是什么? 闭环控制系统的特点是什么?

4. 简述控制系统的基本要求。

第 2 章

线性系统的数学模型

学习目标

- 正确理解控制系统数学模型的定义与建立方法。
- 掌握控制系统的微分方程、传递函数数学模型与两者之间的转换关系。
- 掌握控制系统的结构图模型与结构图的等效变换。
- 掌握控制系统的信号流图模型与梅森公式的应用。
- 掌握控制系统的几个典型环节。
- 掌握 MATLAB 中控制系统模型的建立及基本等效变换方法。

控制系统的种类很多,它包含了物理的(物联网系统、工业自动化系统等)和非物理的(生态系统、生物系统、社会经济系统等),本书主要研究物理系统。

控制系统的研究任务主要是设计和分析系统,设计与分析的前提是建立系统的数学模型。数学模型是对系统运动规律的定量描述,将物理量之间的相互关系用数学的表示方法加以描述,是实际问题与数学工具之间必不可少的桥梁。控制系统的数学模型是系统输入量、输出量以及内部各物理量(或变量)之间相互关系的数学表达式。

本章主要介绍线性系统的数学模型,包括系统建模的方法、微分方程模型、传递函数模型、控制系统的典型环节、结构图模型、信号流图模型。

2.1 系统建模的方法

建立系统模型的方法主要有分析法和实验法两大类。

(1) 分析法是一种机理分析建模方法,通过对系统内在机理的分析,从基本的物理定律及系统的结构数据来推导出描述系统运动的数学表达式。分析法又常称为“白箱”建模。分析法建模能较好地描述系统内部特性,但是当系统内部过程并不清晰或者内部结构比较复杂时,分析法具有一定的局限性,很难准确地描述系统,也难以满足实时控制的要求,机理模型与实际系统之间容易存在建模误差。

(2) 实验法是一种系统辨识法,对系统施加一定的实验信号,测量系统的输入和输出,分析测量到的实验数据与正常运行的数据,构造出数学模型。分析法又常称为“黑箱”建模,用户不必了解系统的内部结构,系统建模仅依赖于实验得到的输入与输出关系,但采用实验法建模，建模对象必须存在并能够进行实验，并且不能反应系统的内部结构和描述系统本质。

实际建模过程中，人们常常不能详细准确地描述系统内部结构，但又能够了解一部分，如果能利用已经了解的系统类型、阶次等特性，先分析提取出模型，再结合实验法观测到的数据来估计与调整模型参数，将机理分析与系统辨识相结合，会是更有效的建模方法，常称为“灰箱”建模。

本章介绍的控制系统模型为采用分析法建立的线性系统数学模型。

2.2 线性系统微分方程描述

2.2.1 线性系统微分方程的建立

控制系统的微分方程是在时间域描述系统性能的数学模型，是系统输出量及各阶导数与系统输入量及各阶导数之间的关系式。要写出系统的微分方程模型，需要了解构成电路的基本元件、工作原理和运行规律。

运用分析法建立线性系统数学模型的基本步骤如下。

(1) 根据系统的物理结构、工作原理等，确定系统输入量与输出量。

(2) 根据元件的物理或化学规律，从系统输入端开始，列出微分方程。

(3) 消除中间变量，得到仅包含输入与输出变量的微分方程。

(4) 把与输入量有关的项置于方程左边，与输出量有关的项置于方程右边，各导数项按降幂排列，完成标准化显示。

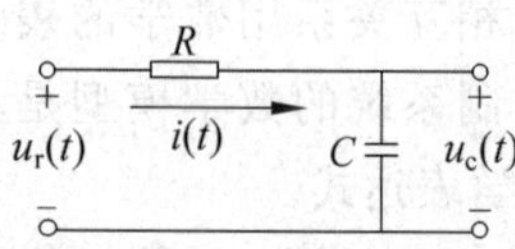

图 2-1 例 2-1 的 RC 电路

【例 2-1】 已知 RC 电路的电路图如图 2-1 所示，给定输入电压 u_r 为系统输入量，电容上的电压 u_c 为系统输出量，列出该 RC 电路的微分方程。

解 (1) 确定输入变量为 $u_r(t)$，输出变量为 $u_c(t)$。

(2) 根据电阻与电容的物理特性，元件两端电压、电流与元件参数间的关系，列微分方程

$$Ri(t)+u_c(t)=u_r(t)$$

$$i(t)=C\frac{\mathrm{d}u_c(t)}{\mathrm{d}t}$$

(3) 消去中间变量 $i(t)$，并将微分方程标准化，可得

$$RC\frac{\mathrm{d}u_c(t)}{\mathrm{d}t}+u_c(t)=u_r(t)$$

由系统微分方程可看出，RC 电路的数学模型为一阶线性常系数微分方程，时间常数 $T=RC$。即

$$T\frac{\mathrm{d}u_c(t)}{\mathrm{d}t}+u_c(t)=u_r(t)$$

【例 2-2】 已知 LRC 电路的电路图如图 2-2 所示，给定输

图 2-2 例 2-2 的 LRC 电路

入电压 u_r 为系统输入量，电容上的电压 u_c 为系统输出量，列出该 LRC 电路的微分方程。

解　(1) 确定输入变量为 $u_r(t)$，输出变量为 $u_c(t)$。

(2) 根据电感、电阻与电容的物理特性，元件两端电压、电流与元件参数间的关系，列微分方程

$$u_R(t)=Ri(t)$$

$$u_L(t)=L\frac{\mathrm{d}i(t)}{\mathrm{d}t}$$

$$i(t)=C\frac{\mathrm{d}u_c(t)}{\mathrm{d}t}$$

根据基尔霍夫电压定律，可得

$$Ri(t)+L\frac{\mathrm{d}i(t)}{\mathrm{d}t}+u_c(t)=u_r(t)$$

(3) 消去中间变量 $i(t)$，并将微分方程标准化，可得

$$LC\frac{\mathrm{d}u_c^2(t)}{\mathrm{d}t^2}+RC\frac{\mathrm{d}u_c(t)}{\mathrm{d}t}+u_c(t)=u_r(t)$$

由系统微分方程可看出，LRC 电路的数学模型为二阶线性常系数微分方程。

一般 n 阶线性系统的微分方程可表示为

$$\begin{aligned}&a_n\frac{\mathrm{d}^n c(t)}{\mathrm{d}t^n}+a_{n-1}\frac{\mathrm{d}^{n-1}c(t)}{\mathrm{d}t^{n-1}}+\cdots+a_1\frac{\mathrm{d}c(t)}{\mathrm{d}t}+a_0c(t)\\&=b_m\frac{\mathrm{d}^m r(t)}{\mathrm{d}t^m}+b_{m-1}\frac{\mathrm{d}^{m-1}r(t)}{\mathrm{d}t^{m-1}}+\cdots+b_1\frac{\mathrm{d}r(t)}{\mathrm{d}t}+b_0r(t)\end{aligned}\tag{2.1}$$

式中，$n\geqslant m$；$c(t)$为系统输出量；$r(t)$为系统输入量；$a_i(i=0,1,2,\cdots,n)$和 $b_j(j=0,1,2,\cdots,m)$是与系统结构和参数有关的常系数。

2.2.2　线性系统微分方程求解

工程实践中，线性系统微分方程求解常常采用拉普拉斯变换法，基本步骤如下。

(1) 通过拉普拉斯变换将时域的线性微分方程转换为复数域的代数方程。

(2) 在复数域求解代数方程。

(3) 再通过拉普拉斯反变换得到时域微分方程的解。

【例 2-3】　假设例 2-1 的 RC 电路中时间常数 $T=1\mathrm{s}$，输入电压 $u_r(t)=1\mathrm{V}$，在零初始条件下，该系统突然接通输入电压时，系统输出为多少？

解　(1) 由例 2-1 结果可知

$$T\frac{\mathrm{d}u_c(t)}{\mathrm{d}t}+u_c(t)=u_r(t)$$

将微分方程两边取拉普拉斯变换，可得

$$TsU_c(s)+U_c(s)=U_r(s)$$

(2) 突然接通的输入电压可用阶跃输入近似模拟，$u_r(t)=1(t)$，其拉普拉斯变换为

$U_r(s)=1/s$，将 $U_r(s)$ 代入并整理后可得

$$U_c(s)=\frac{1}{Ts+1}\cdot\frac{1}{s}$$

(3) 对 $U_c(s)$ 取拉普拉斯反变换并代入时间常数 T，可得

$$u_c(t)=1-e^{-t}$$

从求解得到的表达式可看出，系统的输出响应为一条从 0 开始按指数规律单调上升的曲线。

2.3 控制系统的传递函数

微分方程是分析系统性能最直接的方法，但是微分方程比较复杂，而且当某个系统参数或结构改变时，要重新列写求解微分方程。采用拉普拉斯变换可以把微分方程描述的数学模型转换成复数域中代数形式的数学模型，简化计算。

2.3.1 传递函数的定义

线性定常系统在零初始条件下，系统输出量的拉普拉斯变换与系统输入量的拉普拉斯变换之比，称为该系统的传递函数。

在式(2.1)所表示的一般 n 阶线性系统的微分方程中，设 $t=0$，则 $r(t)$、$c(t)$ 及其各阶导数均为 0，即零初始条件，对式(2.1)中各项分别求拉普拉斯变换，可得

$$(a_ns^n+a_{n-1}s^{n-1}+\cdots+a_1s+a_0)C(s)=(b_ms^m+b_{m-1}s^{m-1}+\cdots+b_1s+b_0)R(s) \tag{2.2}$$

由传递函数的定义，可得到传递函数的表达式为

$$G(s)=\frac{C(s)}{R(s)}=\frac{b_ms^m+b_{m-1}s^{m-1}+\cdots+b_1s+b_0}{a_ns^n+a_{n-1}s^{n-1}+\cdots+a_1s+a_0}\quad(n\geqslant m) \tag{2.3}$$

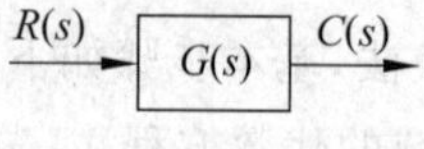

R(s) → G(s) → C(s)

图 2-3 用传递函数表示系统

用传递函数表示系统如图 2-3 所示，其中，$C(s)=R(s)G(s)$。

传递函数可以表征系统的动态性能，而且可以用来研究系统的结构或参数变化对系统的影响，是经典控制理论中系统模型的重要概念。

2.3.2 传递函数的表示形式

传递函数可用不同的形式表示，常见的三种为有理分式形式、零极点形式和时间常数形式。

1. 有理分式形式

2.3.1 小节中所描述的传递函数形式为有理分式形式

$$G(s)=\frac{b_m s^m+b_{m-1}s^{m-1}+\cdots+b_1 s+b_0}{a_n s^n+a_{n-1}s^{n-1}+\cdots+a_1 s+a_0}=\frac{N(s)}{D(s)}\quad (n\geqslant m) \tag{2.4}$$

传递函数中的分母多项式 $D(s)$ 称为系统的特征方程，$D(s)=0$ 的根称为系统的特征根或极点。分子多项式 $N(s)=0$ 的根称为系统的零点。分母多项式的阶次 n 定义为系统的阶次。

2. 零极点形式

将系统传递函数在复数范围内进行因式分解，分解后的分子分母每个因式的 s 系数为1的形式称为零极点形式，简称为首1形式。基本表达式如式(2.5)所示。

$$G(s)=\frac{k\prod_{j=1}^{m}(s-z_j)}{\prod_{i=1}^{n}(s-p_j)} \tag{2.5}$$

式中，$z_i(i=0,1,2,\cdots,m)$ 为系统零点；$p_j(j=0,1,2,\cdots,n)$ 为系统极点；k 为系统的根轨迹放大系数。在零极点图中，零点用"○"表示，极点用"×"表示。这种表示形式常在根轨迹分析中使用。

3. 时间常数形式

将系统传递函数在复数范围内进行因式分解，分解后的分子、分母每个因式的常数项为1的形式称为时间常数形式，简称为尾1形式。基本表达式如式(2.6)所示。

$$G(s)=\frac{K\prod_{j=1}^{m_1}(\tau_j s\pm 1)\prod_{k=1}^{m_2}(\tau_k^2 s^2\pm 2\zeta_k\tau_k s+1)}{s^v\prod_{i=1}^{n_1}(T_j s\pm 1)\prod_{l=1}^{n_2}(T_l^2 s^2\pm 2\zeta_l\, T_l s+1)} \tag{2.6}$$

式中，K 为系统的放大系数，也称为传递系数；v 为系统积分环节数；τ 与 T 为系统时间常数；ζ 为阻尼比。这种表示形式常在频域分析中使用。

【例 2-4】 已知系统闭环传递函数为 $G(s)=\frac{(2s+2)(s-2)}{(s+3)(s^2+2s+2)}$，试将传递函数用三种形式表示，并绘制出零极点图。

解 (1) 有理分式形式表示。将分子分母展开，得到

$$G(s)=\frac{2s^2-2s-4}{s^3+5s^2+8s+6}$$

(2) 零极点形式表示。将分子、分母因式分解，转换 s 项系数为1，得到

$$G(s)=\frac{(2s+1)(s-2)}{(s+3)(s+1+j)(s+1-j)}$$

$$k=2,\quad z=[-1,2],\quad p=[-3,-1-j,-1+j]$$

零极点图如图2-4所示

(3) 时间常数形式表示。将分子、分母因式分解，转换常数项系数为1，得到

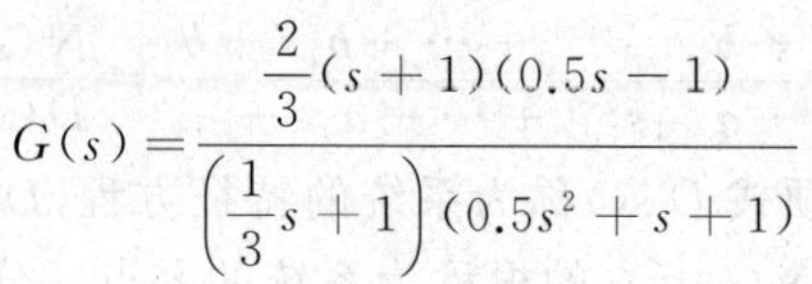

$$G(s)=\frac{\frac{2}{3}(s+1)(0.5s-1)}{\left(\frac{1}{3}s+1\right)(0.5s^2+s+1)}$$

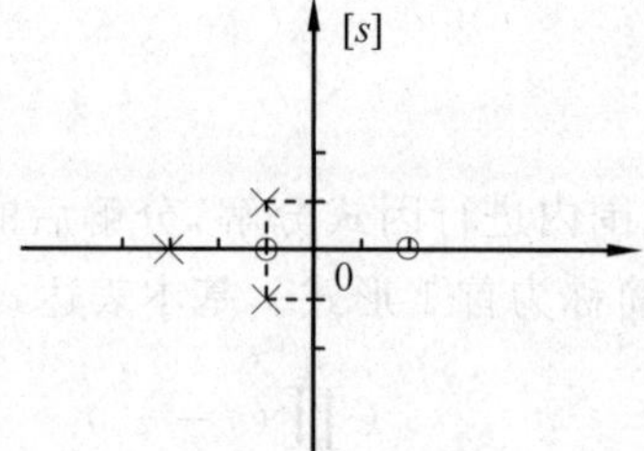

图 2-4 例 2-4 零极点图

2.3.3 传递函数的性质

传递函数的性质包括以下几点。

(1) 传递函数是微分方程经拉普拉斯变换得到的。拉普拉斯变换是线性积分运算，因此传递函数概念只适用于线性定常系统。

(2) 同一系统的传递函数具有唯一性。

(3) 传递函数不反映系统的物理结构和性质,不同物理结构的系统可能具有相同的传递函数(相似系统)。

(4) 传递函数与输入量无关,只取决于系统或元件的结构和参数。

(5) 传递函数在零初始条件下定义,原则上不反映系统非零初始条件下的运动规律。

2.3.4 传递函数的求取

传递函数的求取方法很多,主要有以下五种方法。

(1) 由系统原理图求传递函数。

(2) 由系统微分方程求传递函数。

(3) 由系统结构图求传递函数。

(4) 由系统响应曲线求传递函数。

(5) 由系统频率特性曲线求传递函数。

【例 2-5】 已知系统电路图如图 2-2 所示,求该系统的传递函数。

解 本范例通过系统微分方程求传递函数。

(1) 由例 2-2 的结果可知,系统微分方程为

$$LC\frac{\mathrm{d}u_c^2(t)}{\mathrm{d}t^2}+RC\frac{\mathrm{d}u_c(t)}{\mathrm{d}t}+u_c(t)=u_r(t)$$

(2) 零初始条件下,对微分方程进行拉普拉斯变换,得

$$LCs^2U_c(s)+RCsU_c(s)+U_c(s)=U_r(s)$$

(3) 整理可得

$$G(s)=\frac{C(s)}{R(s)}=\frac{U_c(s)}{U_r(s)}=\frac{1}{LCs^2+RCs+1}$$

其他传递函数的求取方法将在后续内容中展开介绍。

2.4　基于 MATLAB 的传递函数模型仿真实例

系统微分方程与传递函数之间需要进行拉普拉斯变换与反变换，复杂微分方程的求解及方程间的变换可以通过 MATLAB 辅助完成，从而快速地完成变换过程。

1. dsolve 函数

功能：求微分方程的解。

用法：见表 2-1。

表 2-1　dsolve 函数用法

格　　式	功能与参数
y=dsolve('eqn1','eqn2',…,'cond1','cond2',…,'var')	eqni 表示方程，condi 表示初值，var 表示微分方程中的自变量，系统默认为 t，可任意指定自变量'x'、'u'等。 微分方程各阶导数项以大写字母"D"作为标识，后连接阶数(D2 表示二阶微分，D3 表示三阶微分)，再连接变量名。 初始条件以符号代数方程给出，例如'y(a)=b'，'Dy(a)=b'，a 与 b 为常数

【例 2-6】　求微分方程$\frac{d^2y}{d^2t}+2\frac{dy}{dt}+2y=0$ 的解，初始条件为 $y(0)=1,\frac{dy(0)}{dy}=0$。

解　在 MATLAB 命令窗口中输入如下命令。

```
f=dsolve('D2y+2*Dy+2*y=0','y(0)=1','Dy(0)=0')                %求解微分方程
```

运行结果如下。

```
f =
  exp(-t)*cos(t)+exp(-t)*sin(t)
```

2. laplace 与 ilaplace 函数

功能：进行拉普拉斯变换与拉普拉斯反变换运算。

用法：见表 2-2。

表 2-2　laplace 与 ilaplace 函数用法

格　　式	功能与参数
laplace(f)	对 f(t)进行拉普拉斯变换，其结果为 F(s)，即默认变量为 s
laplace(f,v)	对 f(t)进行拉普拉斯变换，并用 v 替代 s，其结果为 F(v)
laplace(f,v,u)	对 f(v)进行拉普拉斯变换，并用 u 替代 v，其结果为 F(u)
ilaplace(F)	对 F(s)进行拉普拉斯反变换，其结果为 f(t)，即默认变量为 t

续表

格　式	功能与参数
ilaplace(F,v)	对 F(s)进行拉普拉斯反变换,并用 v 替代 s,其结果为 f(v)
ilaplace(F,v,u)	对 F(s)进行拉普拉斯反变换,并用 u 替代 v,其结果为 f(u)

【例 2-7】 求 $f(t)=\frac{5}{2}-3e^{-1}+\frac{1}{2}e^{-2t}$ 的拉普拉斯变换。

解 在 MATLAB 命令窗口中输入如下命令。

```
syms t;                                   %定义变量 t
f=5/2-3*exp(-t)+1/2*exp(-2*t);            %建立多项式
Gs=laplace(f)                             %求解拉普拉斯变换
simplify(Gs)                              %将函数简化为一种简洁形式
pretty(Gs)                                %将函数转换为手写形式
```

运行结果如下。

```
Gs =
  1/(2*(s+2)) -3/(s+1) +5/(2*s)
ans =
  1/(2*(s+2)) -3/(s+1) +5/(2*s)
     1          3     5
  -------- - ----- + ---
  2(s+2)      s+1    2s
```

【例 2-8】 求 $\frac{1}{s+2}-\frac{2}{s+1}+\frac{5}{s}$ 的拉普拉斯反变换。

解 在 MATLAB 命令窗口中输入如下命令。

```
syms s t;                                 %定义变量 s、t
Gs=1/(s+2)-2/(s+1) +3/s;                  %建立多项式
f=ilaplace(Gs)                            %求解拉普拉斯反变换
```

运行结果如下。

```
f =
  exp(-2*t) -2*exp(-t) +3
```

3. tf 函数(Transfer Function)

功能：建立有理分式形式传递函数模型。

用法：见表 2-3。

表 2-3　tf 函数用法

格　式	功能与参数
Gs＝tf(num,den)	生成有理分式形式的传递函数模型,num、den 分别为模型分子和分母多项式系数向量
s＝tf('s')	生成以 s 为变量的传递函数 s。此时,s 既是传递函数也是变量

【例2-9】 在MATLAB中以有理分式形式表示传递函数$G(s)=\dfrac{s^3+5s^2+9s+3}{s^4+2s^3+3s+7}$。

解　在MATLAB命令窗口中输入如下命令。

```
num=[1,5,9,3];              %构造分子多项式系数向量
den=[1,2,0,3,7];            %构造分母多项式系数向量,如遇缺项须用0补齐
Gs=tf(num,den)              %构造有理分式形式传递函数
```

运行结果如下。

```
Gs =
  s^3 +5 s^2 +9 s +3
  ----------------------------
  s^4 +2 s^3 +3 s +7
```

【例2-10】 在MATLAB中以有理分式形式表示传递函数$G(s)=\dfrac{10(s+2)}{(s+1)(s^2+2s+1)}$。

解　方法1：在MATLAB命令窗口中输入如下命令。

```
syms s;
f1=10 * s * (s+2);              %构造分子多项式
f1=expand(f1)                   %展开分子多项式
f2=(s+1) * (s^2+2 * s+1);       %构造分母多项式
f2=expand(f2)                   %展开分母多项式,见表2-5
```

可得到分子与分母的展开多项式如下。

```
f1 =
  10 * s^2 +20 * s
f2 =
  s^3 +3 * s^2 +3 * s +1
num=[10,20,0];                  %构造分子多项式系数向量
den=[1,3,3,1];                  %构造分母多项式系数向量,如遇缺项须用0补齐
Gs=tf(num,den)                  %构造传递函数
```

运行结果如下。

```
Gs =
      10 s^2 +20 s
  ----------------------------
  s^3 +3 s^2 +3 s +1
```

方法2：在MATLAB命令窗口中输入如下命令。

```
Gs=tf(conv([10,0],[1,2]), conv([1,1],[1,2,1]))
                                %conv()函数用于计算向量的卷积和多项式乘法
```

运行结果如下。

```
Gs =
        10 s^2 +20 s
   ------------------------------
   s^3 +3 s^2 +3 s +1
```

4. zpk 函数

功能：生成零极点形式传递函数模型。

用法：见表 2-4。

表 2-4 zpk 函数用法

格式	功能与参数
Gs=zpk(z,p,k)	建立系统 zpk 模型传递函数。其中，z 为零点向量，p 为极点向量，k 为增益值

【例 2-11】 在 MATLAB 中以零极点形式表示传递函数 $G(s)=\dfrac{10s(s+2)}{(s+0.5)(s+1)(s+4)}$。

解 在 MATLAB 命令窗口中输入如下命令。

```
k=10;                          %增益
z=[0 -2];                      %零点向量
p=[-0.5 -1 -4];                %极点向量
Gs=zpk(z,p,k)                  %构造零极点形式传递函数
```

运行结果如下。

```
Gs =
        10 s (s+2)
   ------------------------
   (s+0.5) (s+1) (s+4)
```

5. 部分常用函数

在 MATLAB 系统分析的过程中，有时需要一些函数进行辅助，比如多项式展开，图形窗口的构建、标题与注释的添加等，表 2-5 所示是常用函数。

表 2-5 常用函数

格式	功能与参数
simplify(G)	将函数 G 简化为一种简洁形式
minreal(G)	对传递函数 G 化简
pretty(G)	将 G 转换为手写格式
expand(f)	将函数 f 展开为多项式表达式
w=conv(u,v)	返回向量 u 和 v 的卷积。如果 u 和 v 是多项式系数的向量，则对它们进行卷积相当于将两个多项式相乘
factor(f)	将函数 f 因式分解
figure(*n*)	建立新窗口用于显示图形，数字 *n* 必须为 1～2147483646 的标量整数

续表

格　　式	功能与参数
title('title')	添加标题
text(x,y,'text')	在图形窗口中显示文本。x、y 为文本 text 在图形窗口中显示的坐标
gtext('text')	图形窗口中出现十字坐标时，单击十字中心，即可在自定义位置显示文本
plot(X,Y,LineSpec)	X 是由所有输入点坐标的 x 值组成，Y 是由与 X 中包含的 x 对应的 y 组成的向量。LineSpec 是用户指定的绘图样式，包括实线、虚线、点线和点画线，默认为实线

2.5　系统结构图

原理图能够体现系统的物理结构，但不能体现系统内变量的定量关系。微分方程与传递函数以纯数学表达式的方式描述系统的输入、输出特性，但又不能够体现出系统中变量的关系及信号的传递过程，因此引入系统结构图描述系统。系统结构图以图形化的方式，既描述系统内变量的定量关系，又形象直观地体现系统中变量的关系及信号的传递过程。系统结构图又称为方框图或方块图。

2.5.1　系统结构图的基本组成与绘制

1. 结构图的组成

系统结构图由信号线、方框、引出点、比较点 4 个基本部分组成。

(1) 信号线：带箭头的线段，表示信号传递的路径，箭头方向为信号传递方向。

(2) 方框(或环节)：对输入信号进行的数学变换，通常在方框中写入传递函数或频率特性，表示输入/输出信号之间的动态传递关系。

(3) 引出点(或分支点、测量点)：引出或测量信号的位置。从同一引出点引出的信号数值与性质完全相同。

(4) 比较点(或相加点、综合点)：表示两个或两个以上信号在该点进行相加(＋)或相减(－)计算。比较点需标明信号的计算方式，加号可以省略不写。

对于相同的系统，研究方法与过程有可能不同，因此结构图也可能不同，且并不唯一。但是，同一系统的不同结构图经过等效变换后，所得到的系统传递函数是唯一的。

系统结构图示例如图 2-5 所示。

2. 结构图的绘制

系统结构图绘制的基本步骤如下。

(1) 根据系统结构明确输入量和输出量。

(2) 根据系统结构和工作原理，建立控制系统各环节的传递函数。

(3) 绘出各环节的动态框图，在框图中标明它们的传递函数。

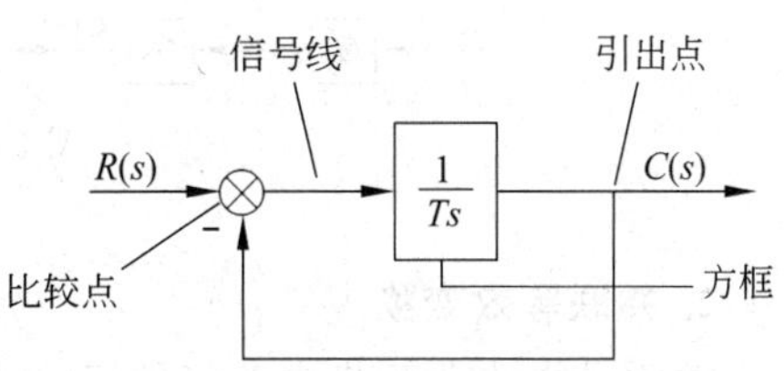

图 2-5　系统结构图示例

（4）将系统的输入量放在最左边，输出量放在最右边，标明输入量与输出量，并按照信号的传递顺序把各框图依次连接起来。

【例 2-12】 绘制图 2-1 所示 RC 电路的结构图。

解 （1）根据电路图列出以下方程。

$$I(s)=\frac{U_r(s)-U_c(s)}{R}$$

对应的结构图如图 2-6(a)所示。

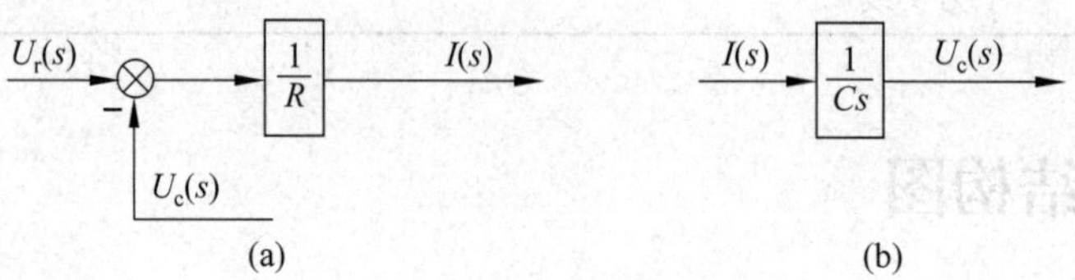

图 2-6 系统两个环节对应的结构图

（2）在零初始条件下，有

$$U_c(s)=\frac{I(s)}{Cs}$$

对应的结构图如图 2-6(b)所示。

（3）将两个环节结合在一起，得到完整的系统结构图，如图 2-7 所示。

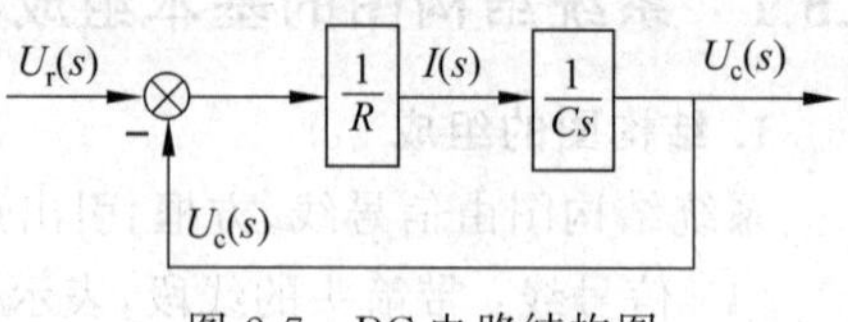

图 2-7 RC 电路结构图

2.5.2 系统结构图的等效变换

一个复杂的系统通常由多个环节组合而成。在系统分析过程中，需要将结构图做等效变换，求取系统的传递函数。等效变换的原则是系统的输入和输出都不变。

系统结构图中的基本连接方式包括串联、并联和反馈。当遇到环路交叉时，为了简化系统结构图，可以对信号的引出点或比较点进行移动变位以消除交叉，并求出总的传递函数。

1. 串联等效变换

串联是指环节首尾相连。两个或两个以上串联结构等效变换的结果为串联通道上每个串联结构传递函数的乘积。如图 2-8 所示。

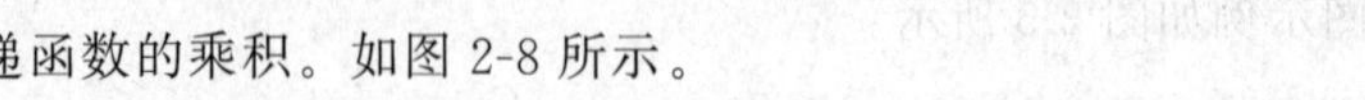

$R(s)$ → G_1 → G_2 → $C(s)$ ⟹ $R(s)$ → G_1G_2 → $C(s)$

图 2-8 串联等效变换

2. 并联等效变换

并联是指几个环节输入信号相同，输出信号相加减。两个或两个以上并联结构等效变换的结果为并联通道上每个并联结构传递函数相加减。如图 2-9 所示。

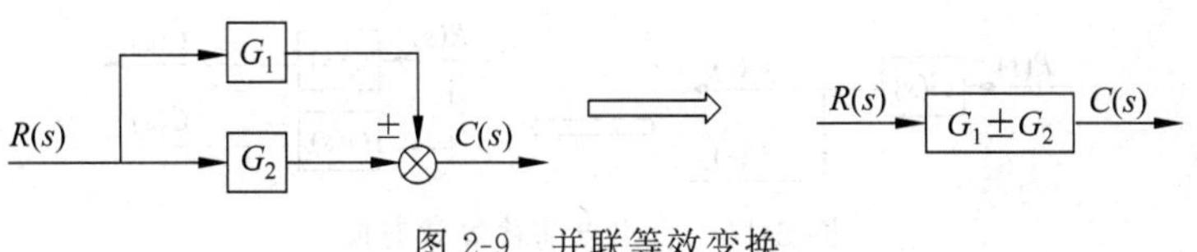

图 2-9 并联等效变换

3. 反馈连接等效变换

反馈连接由前向通道和反馈通道组成，反馈信号取正时为正反馈，取负时为负反馈。反馈连接等效变换如图 2-10 所示。

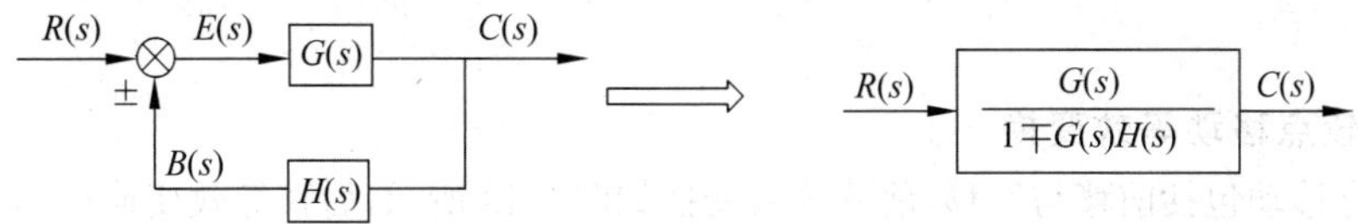

图 2-10 反馈连接等效变换

图 2-10 中，由输入信号开始经 $G(s)$到输出信号的通道称为主通道，也称前向通路；由输出信号经反馈装置到主反馈信号 $B(s)$的通道称为反馈通道，也称反馈通路；$R(s)$为输入信号；$C(s)$为输出信号；$B(s)$为反馈信号；$E(s)$为偏差信号，$E(s)=R(s)-B(s)$；$G(s)$为前向通路传递函数，是输出信号与偏差信号之比，即 $G(s)=\dfrac{C(s)}{E(s)}$；$H(s)$为反馈回路传递函数，是反馈信号与输出信号之比，即 $H(s)=\dfrac{B(s)}{C(s)}$；$G(s)$、$H(s)$为开环传递函数，是反馈信号与偏差信号之比，即 $G_k(s)=\dfrac{B(s)}{E(s)}=G(s)H(s)$。

以负反馈为例，闭环传递函数的推导过程如下。

$B(s)=C(s)H(s)$

$C(s)=E(s)G(s)=(R(s)-B(s))G(s)=(R(s)-C(s)H(s))G(s)$

展开，可得到

$$C(s)=R(s)G(s)-C(s)G(s)H(s)$$

等式左右两侧同除以 $R(s)$，可得到

$$\frac{C(s)}{R(s)}=G(s)-\frac{C(s)}{R(s)}G(s)H(s)$$

移项，可得负反馈等效变换表达式，也称为系统的闭环传递函数。

$$\frac{C(s)}{R(s)}=\frac{G(s)}{1+G(s)H(s)}$$

4. 引出点移动等效变换

引出点移动包括前移与后移，前移等效变换如图 2-11 所示，后移等效变换如图 2-12 所示。

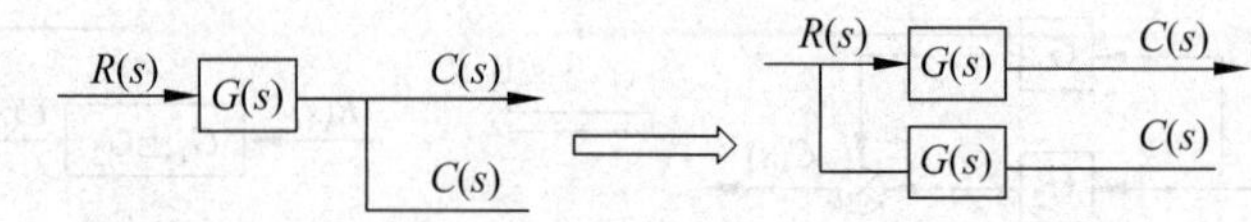

图 2-11 引出点前移等效变换

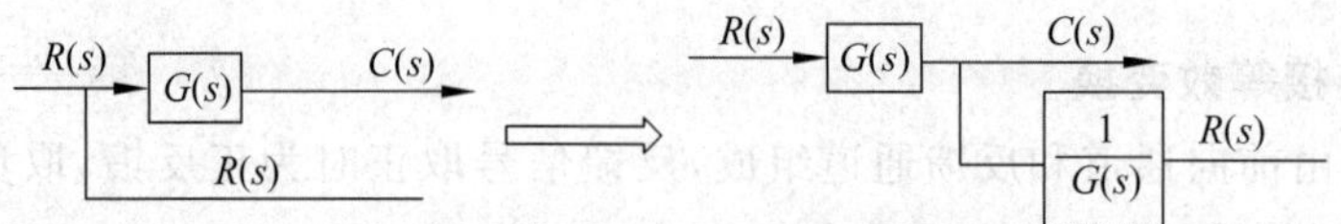

图 2-12 引出点后移等效变换

5. 比较点移动等效变换

比较点移动包括前移与后移，前移等效变换如图 2-13 所示，后移等效变换如图 2-14 所示。

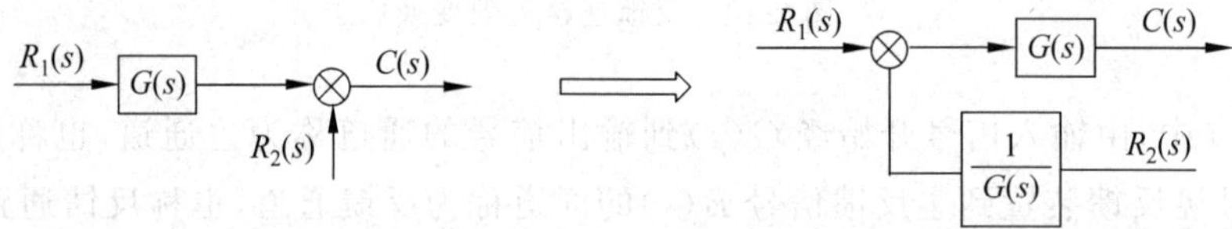

图 2-13 比较点前移等效变换

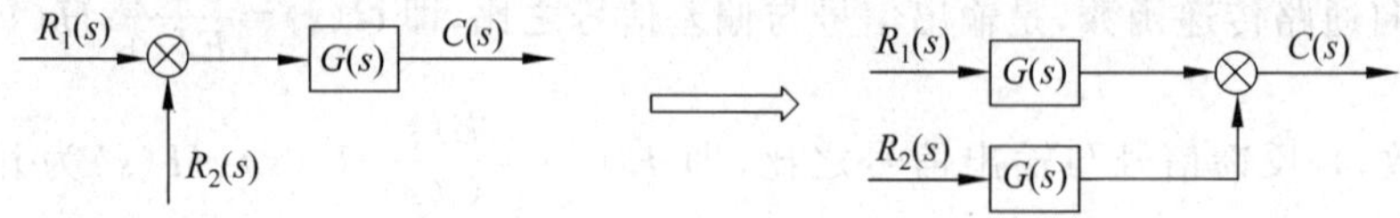

图 2-14 比较点后移等效变换

6. 相邻分支点位置交换等效变换

相邻分支点引出的是同一信号，因此位置可以任意交换，相邻分支点位置交换等效变换如图 2-15 所示。

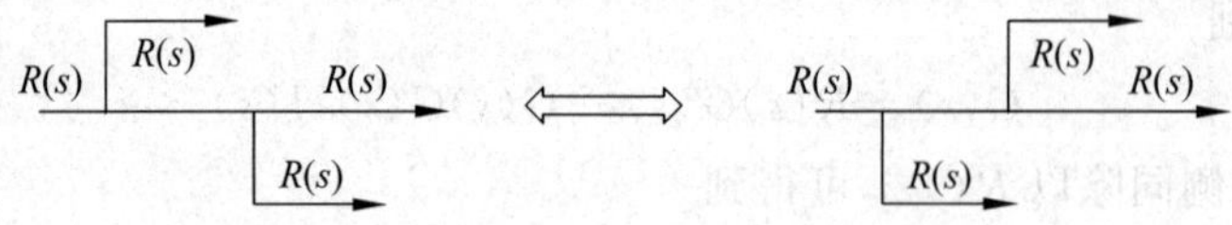

图 2-15 相邻分支点位置交换等效变换

7. 相邻比较点位置交换等效变换

相邻比较点位置交换不会影响系统输入、输出关系，因此位置可以任意交换，相邻比较点位置交换等效变换如图 2-16 所示。

8. 相邻引出点与比较点位置不可简单交换

结构图等效变换过程中，需要特别注意，相邻引出点与比较点前后位置不可直接做简单的互换，如图 2-17 所示。

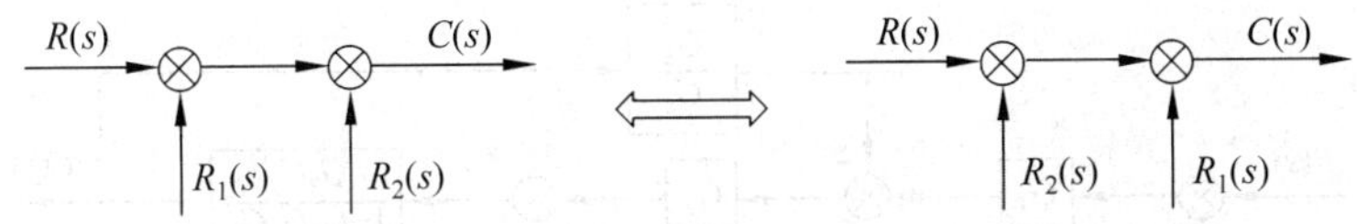

图 2-16 相邻比较点位置交换等效变换

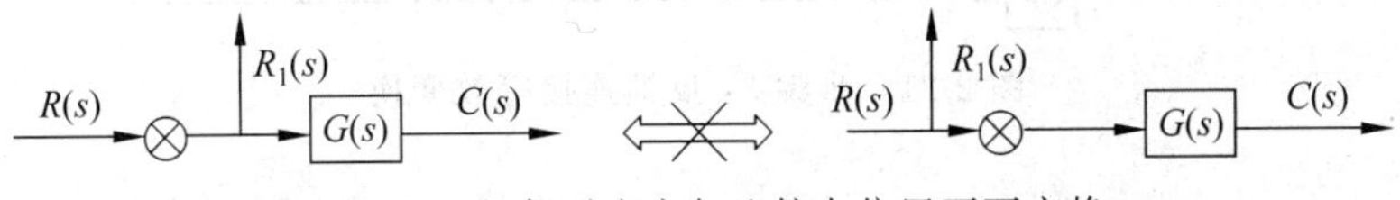

图 2-17 相邻引出点与比较点位置不可交换

复杂系统往往是多回路系统，结构图中会形成交叉或嵌套，进行等效变换时的关键问题在于设法消除环路与环路之间的交叉或形成大环套小环的形式。消除交叉比较有效的方法是移动引出点或比较点，相邻的引出点和比较点也可以进行互换。

【例 2-13】 已知系统结构图如图 2-18 所示，求系统传递函数。

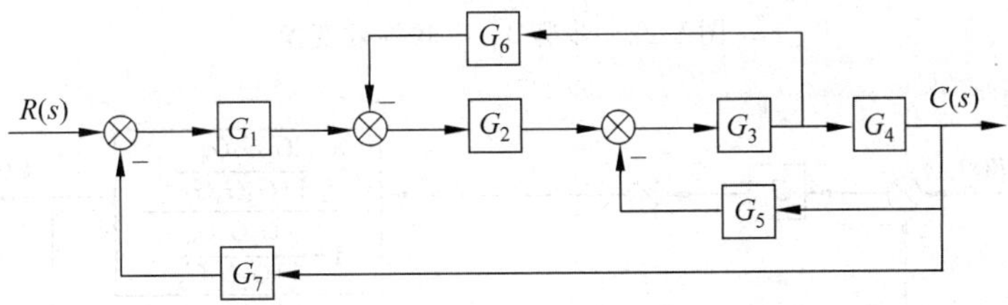

图 2-18 例 2-13 系统结构图

解 从系统结构图可以看出，存在两个环路的交叉，先通过移动引出点消除此交叉可以简化结构图。等效变换过程如图 2-19～图 2-25 所示。

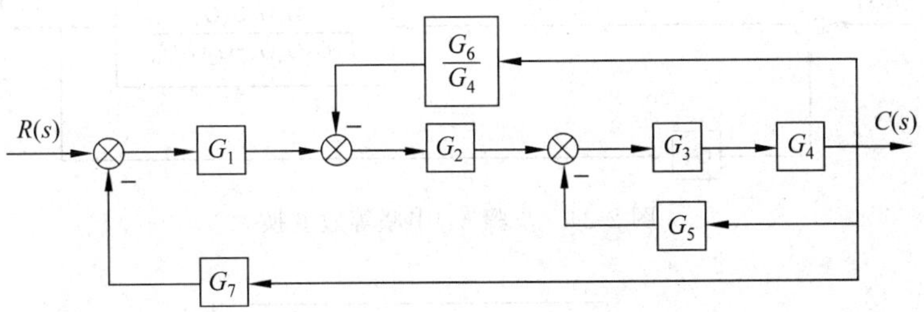

图 2-19 步骤 1：引出点后移消除交叉

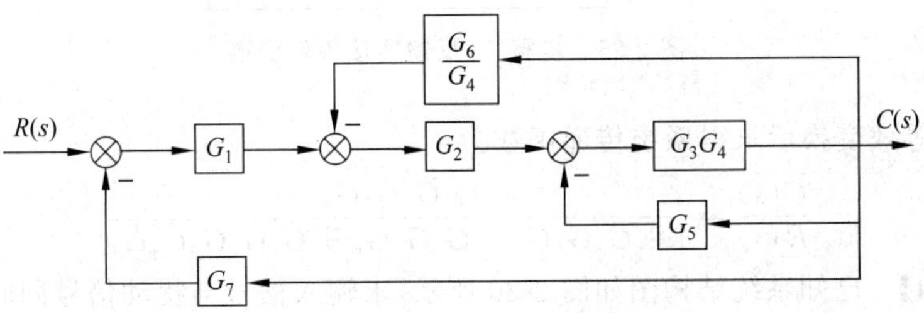

图 2-20 步骤 2：串联等效变换

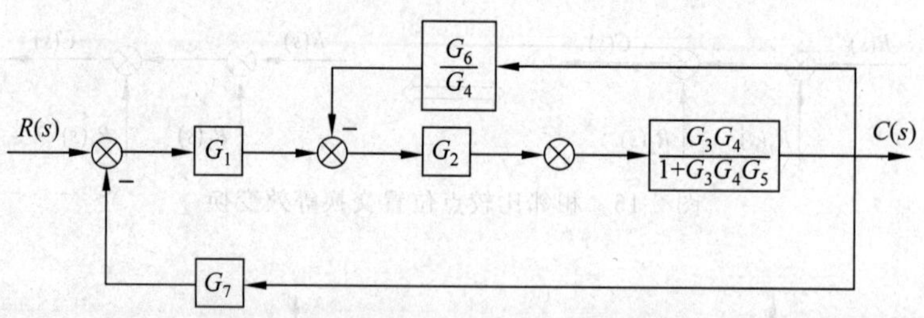

图 2-21 步骤 3：反馈连接等效变换

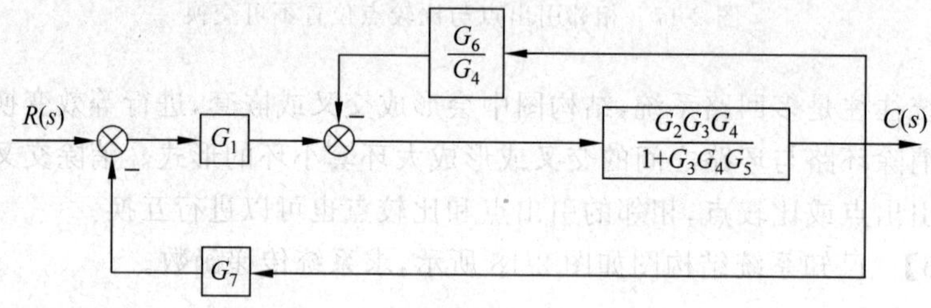

图 2-22 步骤 4：串联等效变换

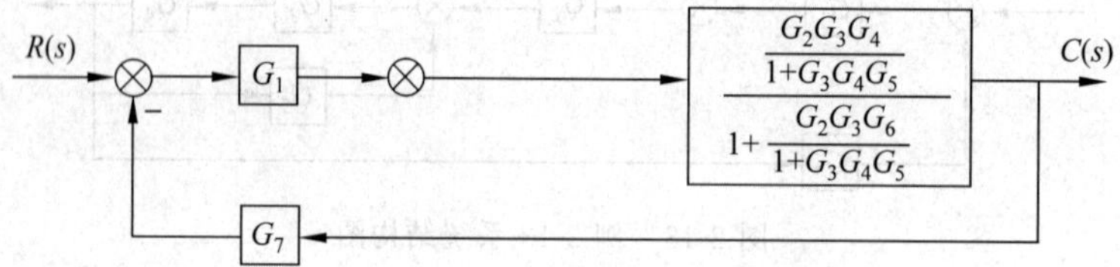

图 2-23 步骤 5：反馈连接等效变换

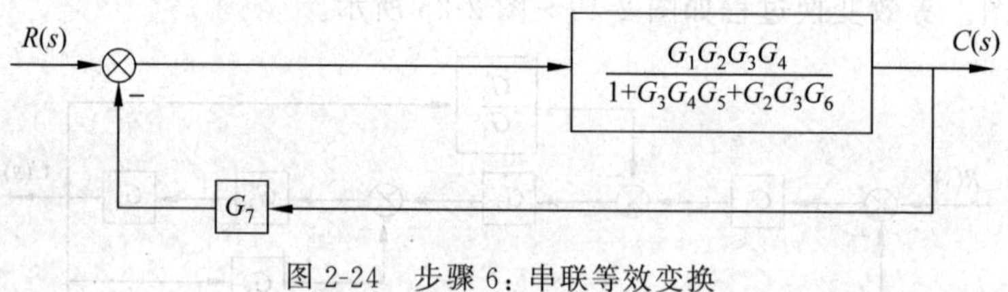

图 2-24 步骤 6：串联等效变换

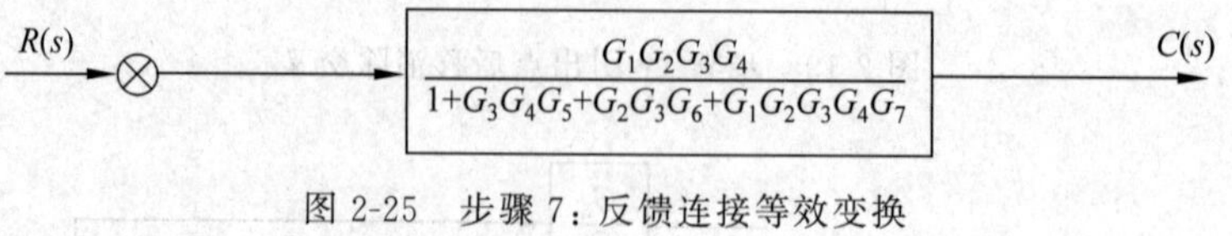

图 2-25 步骤 7：反馈连接等效变换

结构图等效变换后求得系统传递函数为

$$\frac{C(s)}{R(s)}=\frac{G_1G_2G_3G_4}{1+G_3G_4G_5+G_2G_3G_6+G_1G_2G_3G_4G_7}$$

【例 2-14】 已知系统结构图如图 2-26 所示，求输入信号与扰动信号同时作用时的系统输出。

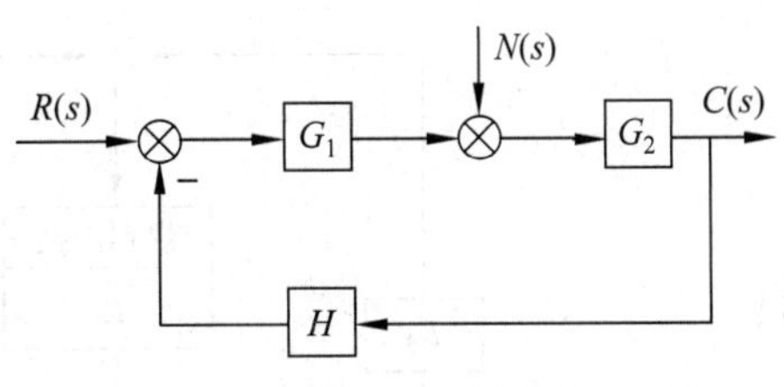

图 2-26　例 2-14 系统结构图

解　从系统结构图可以看出，系统包含给定输入和扰动输入，根据线性系统的叠加性原理，系统输出为给定输入的输出与扰动输入的输出之和。

设 $N(s)=0$，即只有给定输入作用于系统，传递函数为

$$\frac{C(s)}{R(s)}=\frac{G_1G_2}{1+G_1G_2H}$$

设 $R(s)=0$，即只有扰动输入作用于系统，等效结构图如图 2-27 所示。

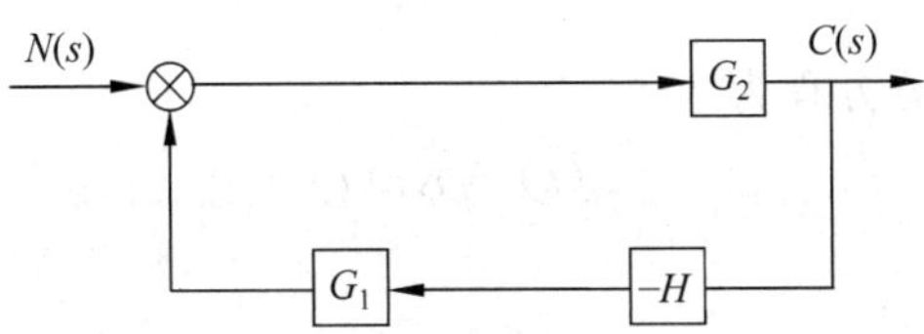

图 2-27　只有扰动输入的等效结构图

只有扰动输入作用于系统时的传递函数为

$$\frac{C(s)}{N(s)}=\frac{G_2}{1+G_1G_2H}$$

因此，系统总输出为

$$C(s)=\frac{G_1G_2R(s)}{1+G_1G_2H}+\frac{G_2N(s)}{1+G_1G_2H}=\frac{G_1G_2R(s)+G_2N(s)}{1+G_1G_2H}$$

2.6　控制系统的典型环节

图 2-28 所示为某发动机速度控制系统结构图，系统结构由燃料增益、火花增益、空气支路、燃料汇流腔和动力学特性等环节组成。只要建立了每个环节的传递函数，就可以得到整个控制系统的传递函数。不同的控制系统物理结构和工作原理有很大差别，但抛开具体结构和物理特点，从数学模型上看，都是由若干个简单的低阶环节组成的，因此称为典型环节。

构成控制系统的典型环节包括比例环节、积分环节、微分环节、惯性环节、振荡环节和延迟环节。

1. 比例环节

比例环节又称为放大环节，其输出量与输入量成正比，不失真也不延迟地将输入量按一定比例复现。

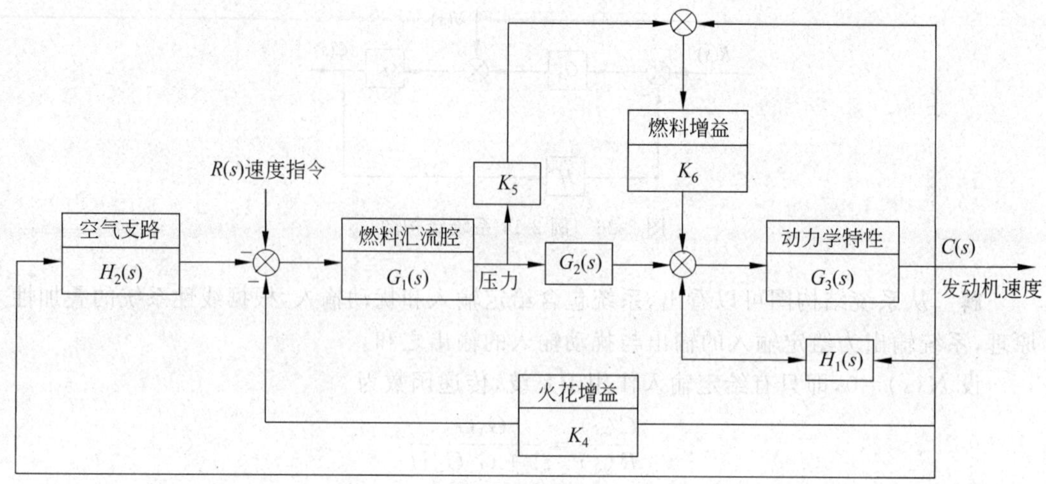

图 2-28　某发动机速度控制系统结构图

比例环节的时域微分方程为

$$c(t)=Kr(t) \tag{2.7}$$

对应的传递函数为

$$G(s)=K \tag{2.8}$$

式中，K 为比例系数或放大系数。当 $r(t)=1$ 时，$c(t)=K$。

比例环节结构图与阶跃响应曲线如图 2-29 所示。

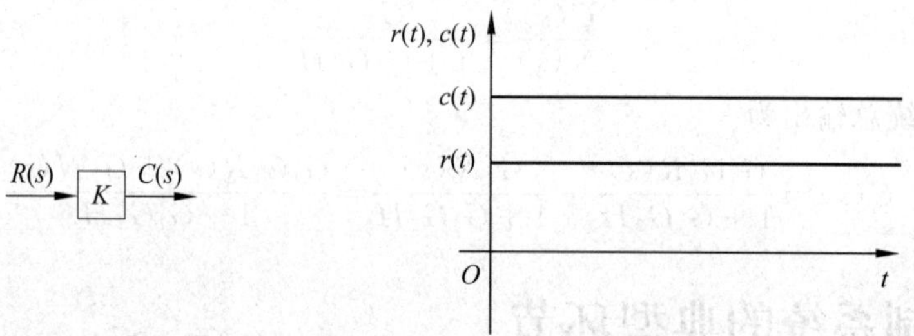

图 2-29　比例环节结构图与阶跃响应曲线

比例环节实例有分压器、齿轮、杠杆、弹簧、电阻等。比例环节是自动控制系统中使用最多的一种。

2. 积分环节

积分环节输出量与输入量对时间的积分成正比。若时间突变，输出值要等待时间 T 后才能等于输入值，因此有滞后作用。输出累积一段时间后，即使输入量为零，输出量也保持不变，具有记忆功能。只有当输入反相时，输出才反相积分下降。

积分环节的时域微分方程为

$$c(t)=\frac{1}{T}\int r(t)\mathrm{d}t \tag{2.9}$$

对应的传递函数为

$$G(s)=\frac{1}{Ts} \tag{2.10}$$

式中，T 为积分时间常数。当 $r(t)=1$ 时，$c(t)=t/T$。

积分环节结构图与阶跃响应曲线如图 2-30 所示。

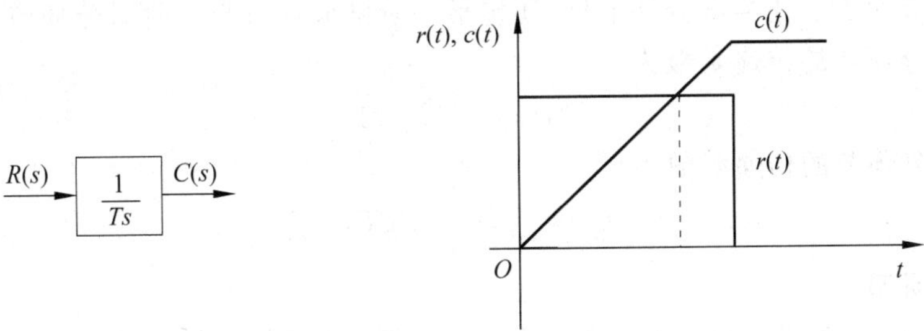

图 2-30　积分环节结构图与阶跃响应曲线

积分环节实例有电动机角速度与角度之间的传递函数(忽略惯性和摩擦)、减速器、放大器等。积分环节常用来改善控制系统的稳态性能。

3. 微分环节

微分环节输出量与输入量对时间的微分成正比，输出量反映了输入量的变化率，能表征输入量的变化趋势，能加快系统控制调节作用。

微分环节的时域微分方程为

$$c(t)=T\frac{\mathrm{d}r(t)}{\mathrm{d}t} \tag{2.11}$$

对应的传递函数为

$$G(s)=Ts \tag{2.12}$$

式中，T 为微分时间常数。当 $r(t)=1$ 时，$c(t)=T\delta(t)$。当 $t=0$ 时，输出是一个宽度为零，幅度无穷大的理想脉冲。

理想微分环节结构图与阶跃响应曲线如图 2-31 所示。

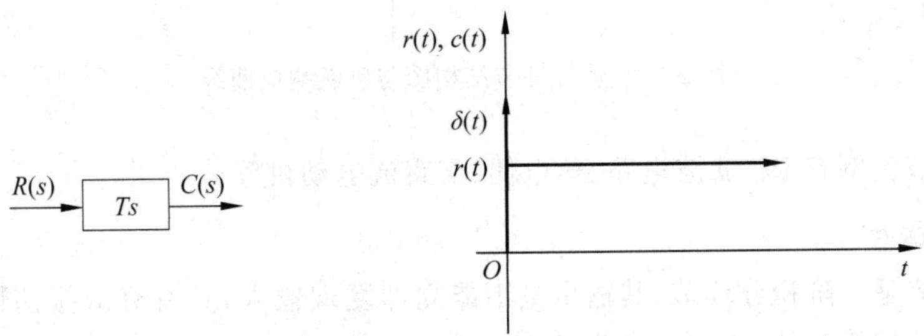

图 2-31　理想微分环节结构图与阶跃响应曲线

实际应用中，理想微分环节实际的物理装置是不可能实现的，常用近似微分环节代替，近似微分环节传递函数为

$$G(s)=\frac{Ts}{Ts+1} \tag{2.13}$$

当 $T\ll 1$ 时，$G(s)\approx Ts$。

实际系统中，由于存在惯性，单独的微分环节是不存在的，一般是微分环节加惯性环节，如测速发电机与无源微分电路。微分环节常用来改善控制系统的动态性能。

微分环节除了上述纯微分环节外，还包括一阶微分环节与二阶微分环节。

一阶微分环节的传递函数为

$$G(s)=Ts+1 \tag{2.14}$$

二阶微分环节的传递函数为

$$G(s)=T^2s^2+2\zeta Ts+1 \tag{2.15}$$

4. 惯性环节

惯性环节是一阶积分环节，其输出量不能立即产生与输入量一致的变化，存在时间上的惯性，输出量随着时间呈指数规律上升，但最后会跟上输入，变化快慢取决于时间常数。

惯性环节的时域微分方程为

$$T\frac{\mathrm{d}c(t)}{\mathrm{d}t}+c(t)=r(t) \tag{2.16}$$

对应的传递函数为

$$G(s)=\frac{1}{Ts+1} \tag{2.17}$$

式中，T 为惯性时间常数。当 $r(t)=1$ 时，$c(t)=1-\mathrm{e}^{-\frac{t}{T}}$。

惯性环节结构图与阶跃响应曲线如图 2-32 所示。

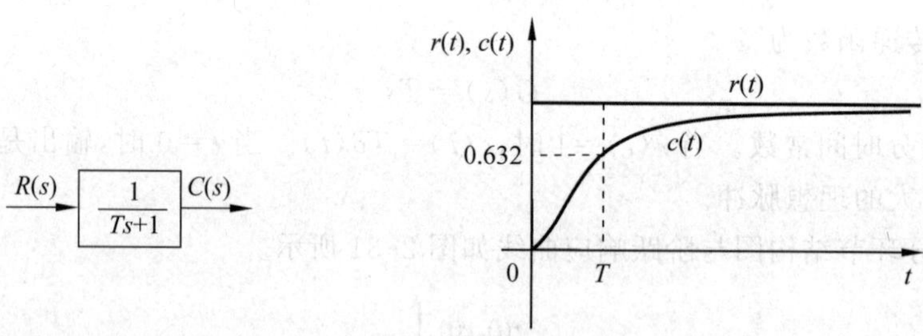

图 2-32 惯性环节结构图与阶跃响应曲线

惯性环节实例有 RC 滤波电路、热电偶、交直流电动机等。

5. 振荡环节

振荡环节是二阶积分环节，其输出量不能立即复现输入，具有衰减振荡性质，一般含有两个独立的储能元件，所储存的能量能相互转换。

振荡环节的时域微分方程为

$$T^2\frac{\mathrm{d}^2c(t)}{\mathrm{d}t^2}+2\zeta T\frac{\mathrm{d}c(t)}{\mathrm{d}t}+c(t)=r(t) \tag{2.18}$$

对应的传递函数为

$$G(s)=\frac{1}{T^2s^2+2\zeta Ts+1} \tag{2.19}$$

式中，T 为时间常数；ζ 为阻尼比。

或者写成

$$G(s)=\frac{\omega_n^2}{s^2+2\zeta\omega_n s+\omega_n^2} \tag{2.20}$$

式中，ζ 为阻尼比；ω_n 为自然振荡频率。

当 $0<\zeta<1$ 时，阶跃响应曲线衰减振荡，振荡环节结构图及阶跃响应曲线如图 2-33 所示。

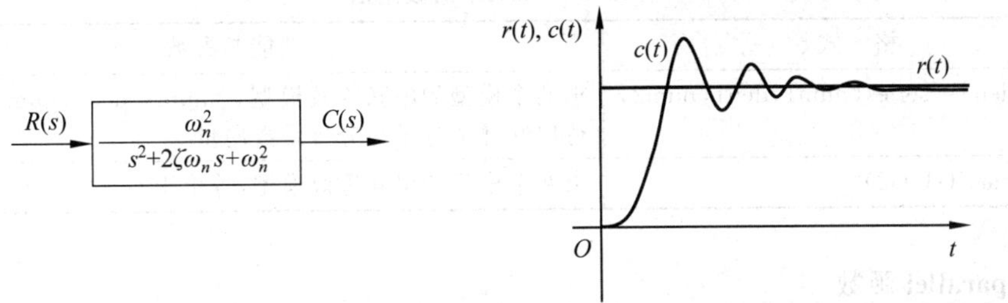

图 2-33　振荡环节结构图与阶跃响应曲线

振荡环节实例有 RLC 无源网络、弹簧阻尼系统、他励直流电动机回路等。

6. 延迟环节

延迟环节也称为时滞环节，输出波形与输入波形相同，但是延迟了时间 τ。延迟环节的时域微分方程为

$$c(t)=r(t-\tau) \tag{2.21}$$

对应的传递函数为

$$G(s)=\mathrm{e}^{-\tau s} \tag{2.22}$$

式中，τ 为延迟时间。

延迟环节结构图及阶跃响应曲线如图 2-34 所示。

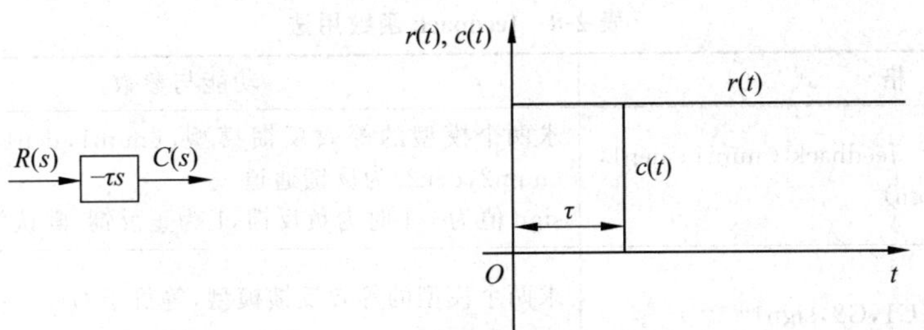

图 2-34　延迟环节结构图与阶跃响应曲线

线性定常系统的数学模型不包括延迟环节，当 τ 很小时，在一定条件下，可近似为惯性环节 $\frac{1}{\tau s+1}$。延迟环节的存在对系统稳定性不利。

2.7 基于MATLAB的结构图等效变换仿真实例

系统结构图的等效变换，主要包括串联、并联、反馈、引出点移动、比较点移动，其中串联、并联、反馈等效变换可以通过MATLAB中的相关函数辅助完成。

1. series 函数

功能：串联等效变换。

用法：见表2-6。

表2-6 series函数用法

格 式	功能与参数
[num,den]=series(num1,den1,num2,den2)	求两个模型的串联等效模型。(num1,den1,num2,den2)为待串联环节分子与分母系数向量
Gs=series(G1,G2)	求两个模型的串联等效模型，等价于 $G(s)$=G1×G2

2. parallel 函数

功能：并联等效变换。

用法：见表2-7。

表2-7 parallel函数用法

格 式	功能与参数
[num,den]=parallel (num1,den1,num2,den2)	求两个模型的并联等效模型。(num1,den1,num2,den2)为待并联环节分子与分母系数向量
Gs=parallel (G1,G2)	求两个模型的并联等效模型，等价于 $G(s)$=G1+G2

3. feedback 函数

功能：反馈等效变换。

用法：见表2-8。

表2-8 feedback函数用法

格 式	功能与参数
[num,den]=feedback(num1,den1,num2,den2,sign)	求两个模型的等效反馈模型，(num1,den1)为前向通道，(num2,den2)为反馈通道。 sign值为−1时为负反馈，1为正反馈，默认为负反馈
Gs=feedback(G1,G2,sign)	求两个模型的等效反馈模型，等价于 $G(s)=\frac{G_1}{1+G_1G_2}$。 sign值为−1时为负反馈，1为正反馈，默认为负反馈

【例2-15】 已知控制系统结构图如图2-35所示，其中，$G_1=\frac{s+1}{s+2}$，$G_2=\frac{10}{s}$，$G_3=\frac{5}{0.1s+1}$，$H=2$，求系统传递函数。

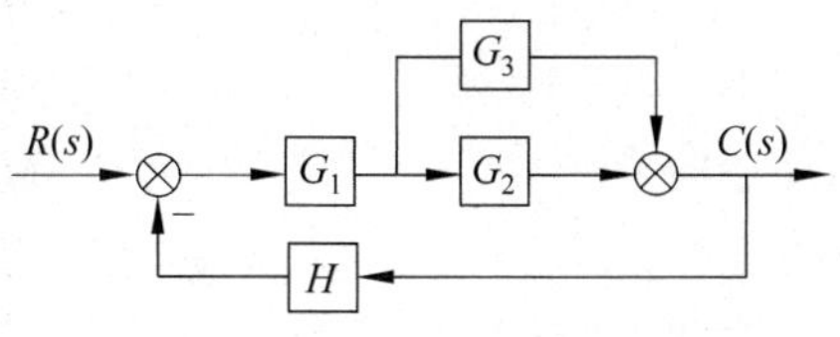

图 2-35　例 2-15 系统结构图

解　分析系统结构图，进行等效变换的过程为 G_2 与 G_3 并联后，再与 G_1 串联，最后与 H 进行反馈等效变换。

在 MATLAB 命令窗口中输入如下命令。

```
clear;
G1=tf([1,1],[1,2]);
G2=tf(10,[1,0]);
G3=tf(5,[0.1,1]);
H=2;
G23=parallel(G2,G3)
G123=series(G1,G23)
Gs=feedback(G123,H)
```

运行结果如下。

```
G23 =
      6 s +10
   --------------
   0.1 s^2 +s
G123 =
        6 s^2 +16 s +10
   ---------------------
   0.1 s^3 +1.2 s^2 +2 s
Gs =
            6 s^2 +16 s +10
   ----------------------
   0.1 s^3 +13.2 s^2 +34 s +20
```

【例 2-16】　已知控制系统结构图如图 2-18 所示，设 $G_1=\dfrac{1}{s+1}$，$G_2=\dfrac{6.1}{17s+1}$，$G_3=\dfrac{1}{2s+1}$，$G_4=\dfrac{3s+1}{3s}$，$G_5=\dfrac{1}{0.3s+1}$，$G_6=\dfrac{2}{3s+2}$，$G_7=2$，用 MATLAB 进行辅助等效变换，求系统传递函数。

解　方法 1：分析系统结构图，根据结构图进行等效变换的过程在 MATLAB 命令窗口中输入如下命令。

```
clear;
G1=tf(1,[1,1]);
```

```
G2=tf(6.1,[17,1]);
G3=tf(1,[2,1]);
G4=tf([3,1],[3,0]);
G5=tf(1,[0.3,1]);
G6=tf([2],[3,2]);
G7=2;
G64=G6/G4;
G34=series(G3,G4);
G345=feedback(G34,G5);
G2345=series(G2,G345);
G23456=feedback(G2345,G64);
G123456=series(G1,G23456);
G1234567=feedback(G123456,G7);
Gstf=minreal(G1234567)
Gszpk=zpk(Gstf)
```

运行结果如下。

```
Gstf =
             0.1794 s^3 +0.7775 s^2 +0.6379 s +0.1329
  ---------------------------------------------------------
  s^6 +5.559 s^5 +10.71 s^4 +9.756 s^3 +5.731 s^2 +2.23 s +0.2876
Gszpk =
             0.17941 (s+3.333) (s+0.6667) (s+0.3333)
  ---------------------------------------------------------------
  (s+2.61) (s+1.644) (s+0.7934) (s+0.2104) (s^2 +0.3011s +0.4015)
```

方法 2：根据例 2-12 的等效变换结果直接求系统传递函数，在 MATLAB 命令窗口中输入如下命令。

```
clear;
G1=tf(1,[1,1]);
G2=tf(6.1,[17,1]);
G3=tf(1,[2,1]);
G4=tf([3,1],[3,0]);
G5=tf(1,[0.3,1]);
G6=tf([2],[3,2]);
G7=2;
Gs=(G1*G2*G3*G4)/(1+G3*G4*G5+G2*G3*G6+G1*G2*G3*G4*G7);
Gstf=minreal(Gs)
Gszpk=zpk(Gstf)
```

运行结果如下。

```
Gstf =
          0.1794 s^6 +1.047 s^5 +1.939 s^4 +1.695 s^3 +0.775 s^2 +0.1794 s +0.01661
  ------------------------------------------------------------------------------
```

```
s^9 +7.059 s^8 +19.8 s^7 +30.12 s^6 +29.09 s^5 +19.48 s^4 +9.151 s^3 +2.82 s^2 +
0.4944 s +0.03595
Gszpk =
             0.17941 (s+3.333) (s+0.6667) (s+0.5)^3 (s+0.3333)
   ---------------------------------------------------------------
    (s+2.61) (s+1.644) (s+0.7934) (s+0.5)^3 (s+0.2104) (s^2 +0.3011s +0.4015)
```

由于 minreal 函数在化简时有时无法达到最简，因此转换为零极点模式进行比较，可以发现，分子、分母中的(s+0.5)^3 没有消除，消除后两种方法求得的传递函数结果是一致的。

2.8　信号流图与梅森增益公式

结构图是应用广泛的系统描述方式，但是当系统复杂，回路较多时，消除回路交叉比较麻烦。针对这一问题，美国学者梅森(Mason)于 1953 年引入了信号流图，并在 1956 年提出了梅森增益公式。信号流图用图形表示线性代数方程，能够描述信号的流动情况，比结构图更简洁，更易于绘制。梅森增益公式完善了信号流图，解决了复杂信号流图的化简问题，通过梅森增益公式可以在不消除回路交叉的情况下求得信号流图对应的系统传递函数。

2.8.1　信号流图的组成

图 2-36 所示为信号流图，信号流图主要由节点和支路组成。应用信号流图及梅森增益公式，需要了解信号流图的一些相关基本术语。

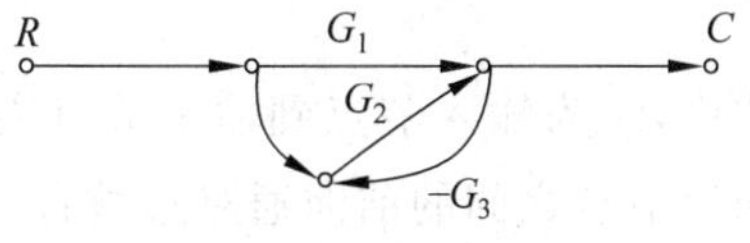

R　G_1　C　G_2　$-G_3$

图 2-36　信号流图

(1) 节点：用于描述系统中的信号或变量，用小圆圈表示。

(2) 支路：连接两个节点带箭号的定向线段，箭头方向表示信号传递的方向。支路的增益或传输值标在支路旁边，如图 2-35 中的 G_1、G_2、$-G_3$，增益为 1 时可以省略。经支路传递的信号应乘以支路的增益。

(3) 源节点：只有输出没有输入的节点。一般对应系统的输入信号，也称为输入节点。

(4) 阱节点：只有输入没有输出的节点。一般对应系统的输出信号，也称为输出节点。

(5) 混合节点：既有输入又有输出的节点。

(6) 通路：沿支路箭头方向穿过各相连支路的路径。

(7) 前向通路：信号从输入节点到输出节点传递时，每个节点只经过一次的通路。

(8) 回路：始端与终端重合，且信号通过每一个节点不多于一次的闭合通路。

(9) 不接触回路：没有任何公共节点的回路。

2.8.2 信号流图的性质

信号流图的性质包括以下几点。

(1) 信号流图是根据系统微分方程组经拉普拉斯变换后绘制或由结构图转换得到的,因此信号流图只适用于线性定常系统。

(2) 信号只能沿支路上的箭头方向传递。

(3) 混合节点中,输入的信号可以各不相同,但输出的信号是同一个信号。

(4) 描述同一系统的方程可以为不同形式,结构图也不唯一,因此描述同一系统的信号流图是不唯一的。

(5) 同一系统的信号流图不唯一,但经梅森增益公式计算后得到的系统传递函数是唯一的。

2.8.3 梅森增益公式

梅森增益公式是信号流图中一个输入节点与输出节点之间总增益或总传递函数的计算公式。它在按克莱姆(Cramer)法则求解线性方程组时,将解的分子多项式和分母多项式与信号流图巧妙联系起来,使得在求解过程中,不需要简化信号流图,直接求取从输入节点到输出节点的传递函数即可。

使用梅森增益公式主要涉及前向通路、回路和不接触回路三个概念(见 2.8.1 小节)。

梅森增益公式的形式如下。

$$G=\frac{1}{\Delta}\sum_{k=1}^{n}p_k\Delta_k \tag{2.23}$$

式中,G 为输入节点到输出节点之间的总增益;Δ 为信号流图的特征式;n 为输入节点到输出节点之间的前向通路总数;p_k 为第 k 条前向通路的总增益;Δ_k 为与第 k 条前向通路不接触部分的 Δ 值,称为第 k 条前向通路特征式的余因子。

特征式 Δ 值的计算公式如下。

$$\Delta=1-\sum L_1+\sum L_2-\sum L_3+\cdots+(-1)^m\sum L_m \tag{2.24}$$

式中,L_1 为所有回路的增益乘积之和;L_2 为两个互不接触回路的增益乘积之和;L_3 为三个互不接触回路的增益乘积之和,以此类推。

应用梅森增益公式求信号流图总增益的具体步骤如下。

(1) 观察信号流图,找出图中所有的独立回路并写出每条独立回路的增益。

(2) 找出所有可能互不接触的回路组合,并写出互不接触的回路增益乘积。

(3) 计算特征式 Δ 值。

(4) 观察信号流图,找出图中所有的前向通路并写出每条前向通路的增益 p_k。

(5) 分别写出每条前向通路对应的前向通路特征式余因子 Δ_k。

(6) 将步骤(1)～(5)中求得的数值代入梅森公式相应变量中,求出系统的总传递函数。

【例 2-17】 已知控制系统信号流图如图 2-36 所示，求该系统的传递函数。

解 （1）观察信号流图，图中包含 1 条独立回路，增益为

$$L_1=-G_2G_3$$

（2）计算特征式。

$$\Delta=1-\sum L_1=1+G_2G_3$$

（3）观察信号流图，图中包含 2 条前向通路，$n=2$，增益为

$$P_1=G_1;\quad P_2=G_2$$

（4）2 条前向通路对应的前向通路特征式余因子为

$$\Delta_1=1;\quad \Delta_2=1$$

（5）应用梅森公式求得系统传递函数。

$$G=\frac{1}{\Delta}\sum_{k=1}^{n}p_k=\Delta_k=\frac{G_1+G_2}{1+G_2G_3}$$

【例 2-18】 已知控制系统信号流图如图 2-37 所示，求该系统的传递函数。

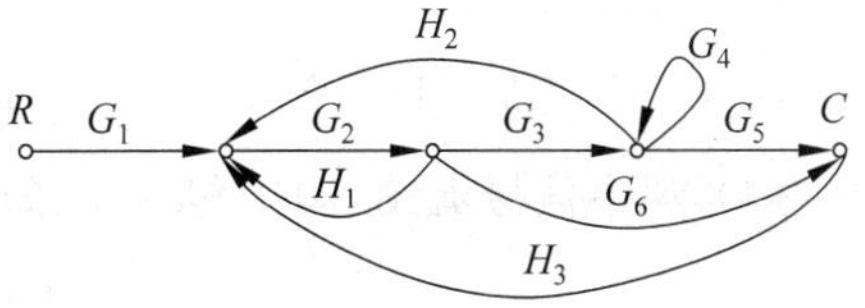

图 2-37　例 2-18 信号流图

解 （1）观察信号流图，图中包含 5 条独立回路，增益为

$$L_1=G_2H_1;\quad L_2=G_2G_3H_2;\quad L_3=G_4;$$
$$L_4=G_2G_3G_5H_3;\quad L_5=G_2G_6H_3$$

（2）5 条回路中，两两互不接触的回路有两组，分别为 L_1 与 L_3、L_3 与 L_5，不接触回路增益乘积为

$$L_{13}=G_2G_4H_1;\quad L_{35}=G_2G_4G_6H_3$$

（3）计算特征式。

$$\begin{aligned}\Delta&=1-\sum L_1+\sum L_2\\&=1-(G_2H_1+G_2G_3H_2+G_4+G_2G_3G_5H_3+G_2G_6H_3)+G_2G_4H_1+G_2G_4G_6H_3\end{aligned}$$

（4）观察信号流图，图中包含 2 条前向通路，$n=2$，增益为

$$P_1=G_1G_2G_6;\quad P_2=G_1G_2G_3G_5$$

（5）2 条前向通路对应的前向通路特征式余因子为

$$\Delta_1=1-G_4;\quad \Delta_2=1$$

（6）应用梅森公式求得系统传递函数。

$$\begin{aligned}G&=\frac{1}{\Delta}\sum_{k=1}^{n}p_k\Delta_k\\&=\frac{G_1G_2G_6-G_1G_2G_4G_6+G_1G_2G_3G_5}{1-(G_2H_1+G_2G_3H_2+G_4+G_2G_3G_5H_3+G_2G_6H_3)+G_2G_4H_1+G_2G_4G_6H_3}\end{aligned}$$

2.8.4　结构图与信号流图的转换

若已知系统结构图，可以根据它与信号流图的对应关系直接绘制信号流图。结构图

中的比较点对应节点；引出点合并至节点，信号直接从节点引出；信号线对应支路；传递函数对应信号流图相应位置的增益。

【例 2-19】 将图 2-18 所示的结构图转换为信号流图。

解 将图 2-18 所示结构图中的比较点、引出点、方框和传递函数对应至信号流图的节点、支路与增益，可绘制出如图 2-38 所示的信号流图。

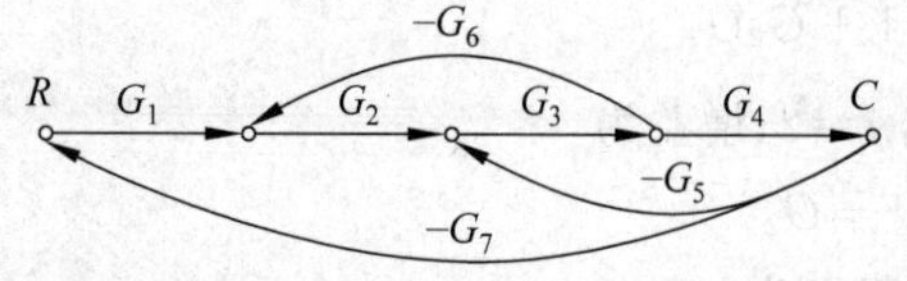

图 2-38 结构图 2-18 转换的信号流图

用梅森增益公式求此信号流图对应系统的传递函数。

(1) 观察信号流图，图中包含 3 条独立回路，增益为

$$L_1 = -G_3G_4G_5; \quad L_2 = -G_2G_3G_6; \quad L_3 = -G_1G_2G_3G_4G_7$$

(2) 3 条回路相互接触。

(3) 计算特征式。

$$\Delta = 1 - \sum L_1 = 1 + G_3G_4G_5 + G_2G_3G_6 + G_1G_2G_3G_4G_7$$

(4) 观察信号流图，图中包含 1 条前向通路，$n=1$，增益为

$$P_1 = G_1G_2G_3G_4$$

(5) 前向通路对应的前向通路特征式余因子为

$$\Delta_1 = 1$$

(6) 应用梅森公式求得系统传递函数。

$$G = \frac{1}{\Delta}\sum_{k=1}^{n} p_k\Delta_k = \frac{G_1G_2G_3G_4}{1 + G_3G_4G_5 + G_2G_3G_6 + G_1G_2G_3G_4G_7}$$

计算结果与例 2-12 中对结构图 2-18 的等效变换结果相同，转换正确。

2.9 本章小结

本章主要介绍了自动控制系统的数学模型，包括微分方程、传递函数、结构图与信号流图。微分方程在时间域描述系统性能的数学模型，是系统输出量及各阶导数与系统输入量及各阶导数之间的关系式；传递函数是微分方程经拉普拉斯变换后得到的代数方程，在零初始条件下，系统输出量的拉普拉斯变换与系统输入量的拉普拉斯变换之比；结构图与信号流图以图示法描述控制系统的结构与信号方向。抛开不同的控制系统物理结构和工作原理，单从数学模型上看，都是由若干个简单的低阶环节组成，比如比例环节、积分环节、微分环节、惯性环节、振荡环节和延迟环节。仿真部分主要介绍了 MATLAB 中传递函数的建立与结构图的等效变换。

本章思维导图如图 2-39 所示。

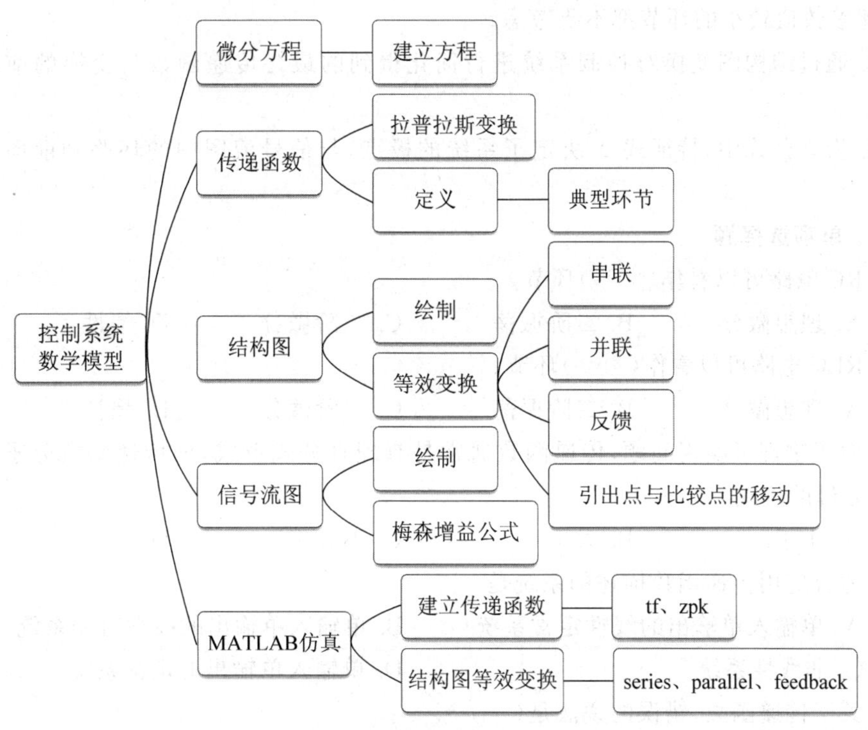

图 2-39　控制系统数学模型思维导图

2.10　习题

一、判断题

1. 实际系统都能够线性近似。（　　）

2. 不同的物理系统可以有相同的数学模型。（　　）

3. 仅仅依据数据和算法，无法建立系统的数学模型。（　　）

4. 系统的传递函数定义在零初始条件下。（　　）

5. 传递函数是在零初始条件下，系统输出的拉普拉斯变换与输入的拉普拉斯变换之比。传递函数不仅与系统本身的结构和参数有关，还与系统输入、输出的具体形式有关。（　　）

6. 利用梅森公式可以一次性求取复杂框图模型的传递函数。（　　）

7. 传递函数能够反映控制系统的内部特性。（　　）

8. 控制系统的信号流图只适用于线性系统。（　　）

9. 在控制工程中，任何复杂系统的框图主要由相应环节的方框经过串联和并联两种基本方式连接而成。（　　）

10. 延迟环节为稳定环节，在控制系统中增加延迟环节可以提高系统的稳定性。（　　）

11. 建立系统的数学模型时候，可以把那些对系统性能影响较小的一些次要因素略

去,因此参数值较小的环节都不要考虑。 ( )

12. 通过结构图变换对控制系统进行简化得到的最终传递函数与变换的前后顺序无关。 ( )

13. 梅森公式中,特征式 Δ 决定了系统的极点,与信号流图中的环路和前向通路都有关。 ( )

二、单项选择题

1. RC 电路可以看作( )环节。

A. 理想微分 B. 二阶振荡 C. 二阶微分 D. 惯性

2. RLC 电路可以看作( )环节。

A. 理想微分 B. 二阶振荡 C. 二阶微分 D. 惯性

3. 由于物理可实现问题,传递函数通常是有理真分式形式,即传递函数分子的阶次( )分母的阶次。

A. 小于 B. 大于 C. 不大于 D. 等于

4. 适合应用传递函数描述的系统是( )。

A. 单输入单输出的线性定常系统 B. 单输入单输出的线性时变系统

C. 非线性系统 D. 单输入单输出的定常系统

5. 关于传递函数,错误的说法是( )。

A. 传递函数不仅取决于系统的结构参数,还与外部输入和扰动形式有关

B. 传递函数一般为复变量 s 的真分式

C. 闭环传递函数的极点决定了系统的稳定性

D. 传递函数只适用于线性定常系统

6. 系统的数学模型是系统( )的数学表达式。

A. 输出信号 B. 特征方程 C. 输入信号 D. 动态特性

7. 已知单位负反馈系统的开环传递函数为$\dfrac{2s+1}{s^2+6s+100}$,则该系统的闭环特征方程为( )。

A. $s^2+6s+101=0$ B. $s^2+6s+100=0$

C. $s^2+8s+101=0$ D. $s^2+8s+100=0$

8. 自动控制系统的结构图表示了系统中信号的传递和变换关系,经过等效变换可以求出系统输入与输出之间的关系,对于复杂系统,还有相互交错的局部反馈,必须经过相应的变换才能求出系统的传递函数,等效变换方法有( )。

A. 串联连接、并联连接、反馈连接、引出点的前移和后移、比较点的前移和后移、引出点合并、比较点合并、引出点与比较点位置互换

B. 串联连接、并联连接、反馈连接、引出点的前移和后移、比较点的前移和后移、引出点合并、比较点合并

C. 串联连接、并联连接、反馈连接、引出点的前移和后移、比较点的前移和后移、引出点与比较点位置互换

D. A、B、C 都不对

9. 惯性环节的传递函数为(　　)。

A. $0.5s$　　B. $\frac{1}{Ts+1}$　　C. $e^{-\tau s}$　　D. $\frac{\omega_n^2}{s^2+2\zeta\omega_n s+\omega_n^2}$

10. 在信号流图中,信号从输入节点到输出节点传递时,每个节点只通过一次的连接路径,称为(　　)。

A. 前向通路　　B. 反馈通路　　C. 不接触回路　　D. 回路

三、多项选择题

1. 传递函数与系统微分方程二者之间(　　)。

A. 不可以互相转换　　B. 不具有一一对应关系

C. 具有一一对应关系　　D. 可以互相转换

2. 在控制工程中,任何复杂系统的框图主要由相应环节的方框经过(　　)这些基本方式连接而成。

A. 串联　　B. 并联　　C. 交叉　　D. 反馈

3. (　　)属于控制系统的典型环节。

A. 比例环节　　B. 振荡环节　　C. 惯性环节　　D. 微分环节

4. 在复杂的闭环控制系统中,具有相互交错的局部反馈时,为了简化系统的动态结构图,通常需要将信号的引出点和比较点进行前移和后移,在将引出点和比较点进行前移和后移时(　　)。

A. 相邻两个引出点和相邻两个比较点可以相互换位

B. 比较点和引出点之间一般不能换位

C. 比较点和引出点之间一般能换位

D. 相邻两个引出点和相邻两个比较点不可以相互换位

5. 下面有关信号流图的术语中,正确的是(　　)。

A. 节点表示系统中的变量或信号

B. 只有输出支路的节点称为输入节点,只有输入支路的节点称为输出节点,既有输入支路又有输出支路的节点称为混合节点

C. 支路是连接两个节点的有向线段,支路上的箭头表示信号传递的方向,传递函数标在支路上

D. 前向通道为从输入节点开始到输出节点终止,且每个节点通过一次的通道,前向通道增益等于前向通道中各个支路增益的乘积

6. 关于系统的传递函数与特征多项式,下列说法正确的是(　　)。

A. 特征方程式的根为传递函数的特征根

B. 分子多项式的根是传递函数的零点

C. 令特征多项式等于零,即为系统的特征方程式

D. 传递函数的分母多项式即为系统的特征多项式

四、综合题

1. 已知控制系统结构图如图 2-40 所示,求系统传递函数。

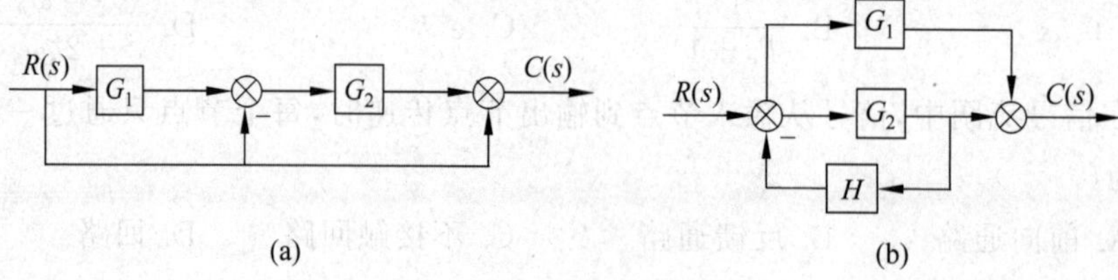

图 2-40 第 1 题系统结构图

2. 已知控制系统结构图如图 2-41 所示,求系统传递函数。

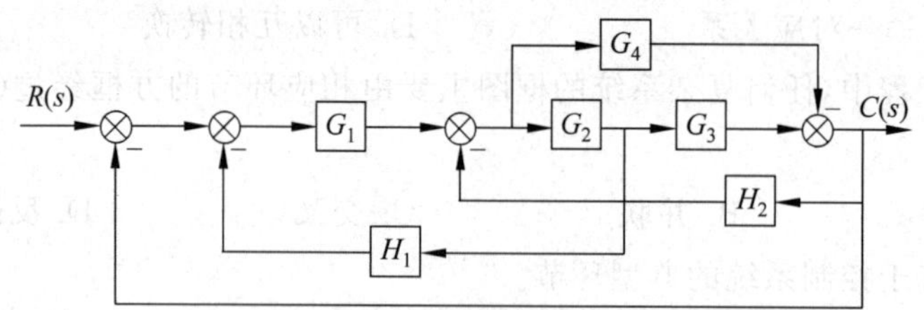

图 2-41 第 2 题系统结构图

3. 已知控制系统信号流图如图 2-42 所示,求系统传递函数。

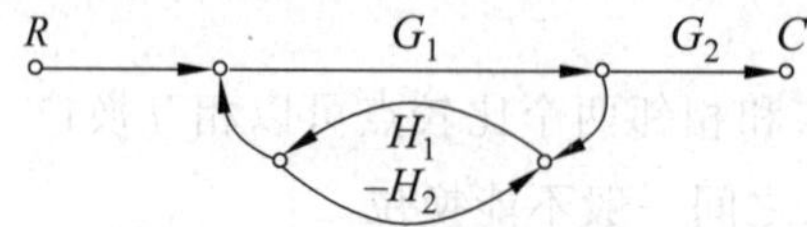

图 2-42 第 3 题信号流图

4. 已知控制系统信号流图如图 2-43 所示,求系统传递函数。

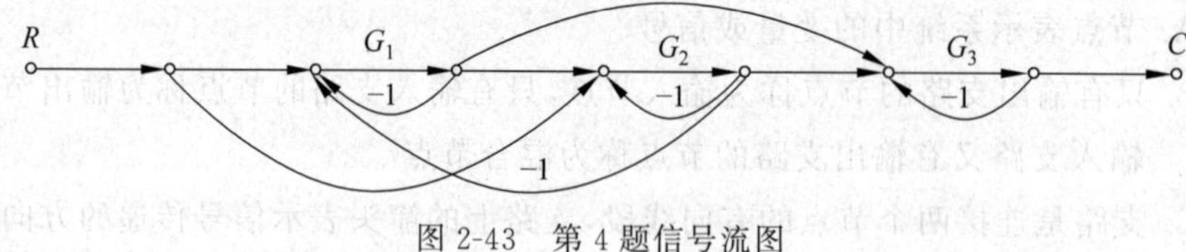

图 2-43 第 4 题信号流图

2.11 基于 MATLAB 的数学模型综合仿真实验题

1. 实验目的

(1) 熟练掌握拉普拉斯变换及拉普拉斯反变换方法。

(2) 熟练掌握系统传递函数模型的建立。

(3) 熟练掌握结构图的等效变换辅助方法。

2. 实验原理

（1）控制系统时间域描述系统性能的数学模型是微分方程，微分方程的求解比较复杂，分析系统时常常将微分方程通过拉普拉斯变换转换为代数方程，也可以通过拉普拉斯反变换做逆运算。拉普拉斯变换与拉普拉斯反变换可通过 laplace 函数与 ilaplace 函数求得。

（2）传递函数为零初始条件下，系统输出量的拉普拉斯变换与系统输入量的拉普拉斯变换之比，主要表示形式包括有理分式形式、零极点形式与时间常数形式。MATLAB 中可通过 tf 函数建立有理分式形式传递函数，通过 zpk 函数建立零极点形式传递函数。

（3）结构图基本等效变换包括串联、并联与反馈。MATLAB 中 series 函数为串联等效变换函数，parallel 函数为并联等效变换函数，feedback 函数为反馈等效变换函数。

3. 实验内容

（1）① 求传递函数 $G(s)=\dfrac{8s+5}{s^2+3s+4}$ 的时间函数 $f(t)$。（提示：用拉普拉斯反变换）

② 将求得的时间函数 $f(t)$ 进行拉普拉斯变换，验证结果是否与 $G(s)$ 一致。

（2）已知系统的传递函数为 $G(s)=\dfrac{3(s+3)(s^2+5s+3)^2}{s(s+1)^3(s^3+3s^2+2s+5)}$，在 MATLAB 中建立系统的有理分式形式模型。（提示：用 expand 或 conv 展开多项式）

（3）已知系统的传递函数为 $G(s)=\dfrac{10(s+2)}{s(s+1.5)(s+3)}$，在 MATLAB 中建立系统的零极点形式模型。

（4）已知控制系统结构图如图 2-44 所示，设 $G_1=\dfrac{1}{s+1}$，$G_2=\dfrac{6.1}{17s+1}$，$G_3=\dfrac{1}{2s+1}$，$G_4=\dfrac{3s+1}{3s}$，用 MATLAB 进行辅助等效变换，求系统传递函数。

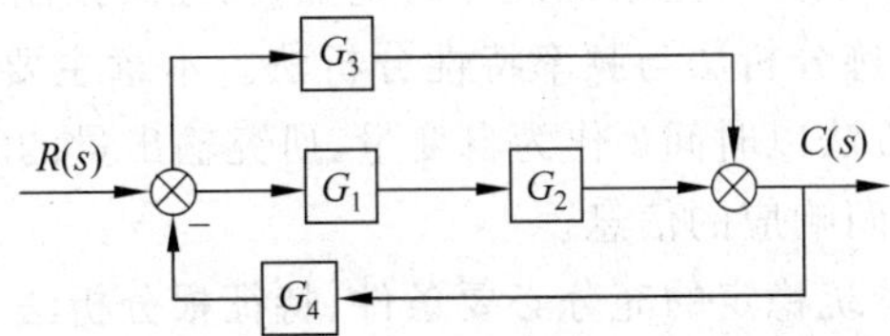

图 2-44　仿真实验第 4 题系统结构图

（5）已知控制系统结构图如图 2-41 所示，设 $G_1=\dfrac{1}{s+1}$，$G_2=\dfrac{6.1}{17s+1}$，$G_3=\dfrac{1}{2s+1}$，$G_4=\dfrac{3s+1}{3s}$，$H_1=1$，$H_2=\dfrac{1}{s}$，用 MATLAB 进行辅助等效变换，求系统传递函数。

第 3 章

控制系统时域分析法

学习目标

- 正确理解系统稳定的充分必要条件，熟练应用特征根分析法与劳斯稳定判据（简称劳斯判据）进行系统稳定性判定。
- 掌握控制系统的典型输入信号。
- 掌握控制系统的动态性能指标。
- 掌握一阶系统的数学模型和典型时间响应，能够熟练计算一阶系统的动态性能指标参数值。
- 掌握二阶系统的数学模型和典型时间响应，能够熟练计算二阶系统的动态性能指标参数值。
- 正确理解稳态误差的概念，熟练掌握输入信号引起的稳态误差与扰动信号引起的稳态误差计算方法。
- 理解高阶系统的主导极点分析法。

建立合理的系统数学模型后，可以采用不同的方法分析系统性能，主要包括稳定性、动态性能和稳态性能。系统分析是系统设计的基础，在经典控制理论中，主要采用的分析方法有时域分析法、根轨迹分析法与频率特性分析法。本章主要介绍线性定常系统的时域分析方法。时域分析方法以时间 t 作为自变量，研究输出量的时间表达式，具有直观准确的优点，可提供系统时间响应的信息。

本章内容主要包括系统稳定的充分必要条件、特征根分析法与劳斯稳定判据；典型的输入信号；动态性能指标与分析方法；高阶系统主导极点分析法；稳态性能指标与分析方法。

3.1 稳定性分析

3.1.1 系统稳定性的概念

稳定性是控制系统的基本性质，是系统正常工作的首要条件。俄国学者李雅普诺夫于 1982 年建立了具有普遍性的稳定性理论，不仅适用于线性定常系统，也适用于时变系统和非线性系统。这里我们只介绍线性定常系统。

线性系统处于某一初始平衡状态下，受到扰动作用而偏离了原来的平衡状态，当扰动撤销后，系统输出响应经过足够长的时间，最终能够回到原平衡状态或原平衡点附近，则称控制系统是稳定的或具有稳定性；如果系统的输出响应逐渐增大趋于无穷，或者进入振荡状态，则系统是不稳定的。

图 3-1(a)中，两个小球均处于初始平衡状态，位置 a 为平衡点，图 3-1(b)中位置 d 为平衡点。假设小球受到外界扰动偏离了原来的平衡点，不论扰动引起的偏差有多大，当扰动撤销后，图 3-1(a)中的小球都能以足够的准确度恢复到初始平衡点，而图 3-1(b)中的小球都不能恢复到初始平衡点。因此，图 3-1(a)所示为稳定系统，图 3-1(b)所示为不稳定系统。

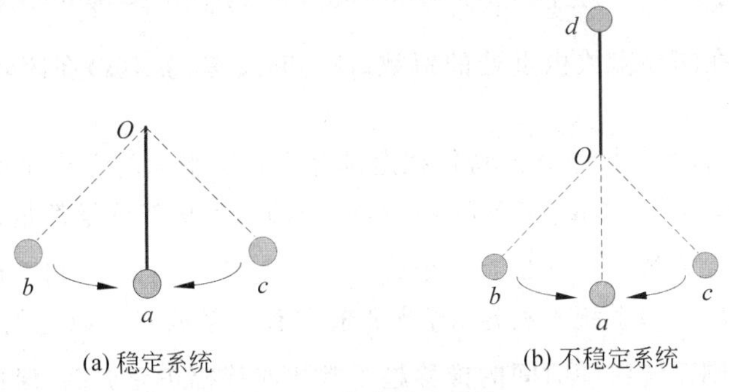

(a) 稳定系统　　(b) 不稳定系统

图 3-1 小球运动系统

若随着时间的推移，控制系统虽不能回到原平衡工作点，但可以保持在原平衡工作点附近的某一有限区域内运动，则称系统临界稳定。

控制系统稳定性是指扰动消失后，系统自身的一种恢复能力，取决于系统自身的结构和参数，而与系统的初始条件和外部作用无关，这是系统的固有特性。稳定性分析又分为绝对稳定性分析与相对稳定性分析。其中，绝对稳定性分析是指判定系统是否稳定的问题；相对稳定性分析则是指对稳定或不稳定系统进一步分析其稳定或不稳定的程度，以衡量系统的稳定度。

3.1.2 系统稳定的充分必要条件

由稳定性的概念可知，稳定性讨论的是系统在没有参考输入或者扰动作用撤销后的状态，当输入为零时，输出也为零，当扰动信号作用于系统时，系统偏离原平衡点。将理想单位脉冲信号看作一种典型的扰动信号，假设系统在零输入状态下，作用了一个理想单位脉冲信号 $\delta(t)$，系统的输出响应为脉冲响应 $c(t)$。若 t 趋于无穷大时，系统的输出响应 $c(t)$能收敛到原来的平衡点，即

$$\lim_{t\to\infty} c(t)=0 \tag{3.1}$$

则该系统是稳定的。以此为思路建立数学模型分析控制系统稳定的充分必要条件。

设控制系统的闭环传递函数为

$$\phi(s)=\frac{C(s)}{R(s)}=\frac{b_m s^m+b_{m-1}s^{m-1}+\cdots+b_1 s+b_0}{a_n s^n+a_{n-1}s^{n-1}+\cdots+a_1 s+a_0} \tag{3.2}$$

则系统的特征方程为

$$D(s)=a_n s^n+a_{n-1}s^{n-1}+\cdots+a_1 s+a_0=0 \tag{3.3}$$

设特征方程式有 k 个实根 λ_i，r 对共轭负根 $\sigma_i \pm j\omega_{n_i}$，即闭环极点，则系统的脉冲响应拉普拉斯变换为

$$C(s)=\phi(s)\cdot 1=\frac{K\prod_{i=1}^{m}(s-z_j)}{\prod_{j=1}^{r}(s-p_j)\prod_{k=1}^{q}(s^2+2\zeta_k\omega_{nk}s+\omega_{nk}^2)} \tag{3.4}$$

式中，$r+2q=n>m$，取拉普拉斯反变换，得到系统的脉冲响应为

$$c(t)=\sum_{j=1}^{r}A_j e^{p_j t}+\sum_{k=1}^{q}e^{-\zeta_k\omega_{nk}t}\left[B_k\cos(\omega_{nk}\sqrt{1-\zeta_k^2})t+C_k\sin(\omega_{nk}\sqrt{1-\zeta_k^2})t\right] \tag{3.5}$$

式中，A_j 是 $C(s)$ 在闭环实数极点处的留数；B_k 和 C_k 是与 $C(s)$ 在闭环复数极点处的留数有关的常系数。

由式(3.5)可知，若线性系统的特征根全部分布在 s 平面的左半平面，具有负实部，即 $p_j<0(j=1,2,\cdots,r)$ 且 $-\zeta_k\omega_{nk}<0(k=1,2,\cdots,q)$ 时，各瞬态分量都是衰减的，$\lim\limits_{t\to\infty}c(t)=0$，系统稳定；若线性系统的特征根有一个或一个以上具有正实部，则该根对应的瞬态分量是发散的，$\lim\limits_{t\to\infty}c(t)\to\infty$，系统不稳定；若特征根中有一个或一个以上的零实部根，其余特征根为负实部根，则系统将随时间的推移趋于常数或等幅正弦振荡，保持在原平衡工作点附近的某一有限区域内运动，系统临界稳定。临界稳定处于稳定与不稳定之间，但实际上等幅振荡不可能永远维持下去，会因为参数的微小变化或者外部扰动而导致不稳定。因此，在经典控制理论中将临界稳定系统划归为不稳定系统。

综上分析，可得到线性定常系统稳定的充要条件为：系统的全部特征根或闭环极点都具有负实部，或者说都位于复平面的左半平面。

由韦达定理，特征方程的根 λ_i 与系数 a_i 间存在如下关系。

$$\frac{a_{n-1}}{a_n}=-\sum_{i=1}^{n}s_i$$

$$\frac{a_{n-2}}{a_n}=\sum_{i,j=1}^{n}s_i s_j \quad (i\neq j)$$

$$\frac{a_{n-3}}{a_n}=-\sum_{i,j,k=1}^{n}s_i s_j s_k \quad (i\neq j\neq k)$$

$$\cdots$$

$$\frac{a_0}{a_n}=(-1)^n\prod_{i=1}^{n}s_i$$

如果上面的比值存在负值，或者为 0，则至少有一个正实部根。这意味着特征方程要没有正实部根，系数 a_i 必须同号，而且都不为零。假设$\dfrac{a_{n-1}}{a_n}$为负，正实部根的实部之和必须大于负实部根的实部之和的绝对值，就必须有正实部根。据此，可推论出系统稳定的必要条件为系统特征方程的各项系数同号，且都不为零(不缺项)。在满足必要条件的前提下，只能判定系统可能稳定，还需要进一步通过特征根分析法和劳斯判据等方法进行系统的稳定性判定。

3.1.3　特征根分析法

由系统稳定的充分必要条件可知，若已知线性定常系统的特征方程，计算特征方程的特征根，判定特征根（即闭环极点）在 s 平面的位置，可以判定系统的稳定性。

若一阶系统的特征方程为

$$a_0 s + a_1 = 0 \tag{3.6}$$

则其特征根为

$$s = -\frac{a_1}{a_0} \tag{3.7}$$

若二阶系统的特征方程为

$$a_0 s^2 + a_1 s + a_2 = 0 \tag{3.8}$$

则其特征根为

$$s_{1,2} = \frac{-a_1 \pm \sqrt{a_1^2 - 4a_0 a_2}}{2a_0} \tag{3.9}$$

【例 3-1】 已知系统的闭环传递函数为 $G(s)=\dfrac{s+7}{3s^2+8s+7}$，判断系统的稳定性。

解　由系统闭环传递函数可得到系统的特征方程为

$$3s^2 + 8s + 7 = 0$$

通过公式计算出特征根为 $-1.3333+0.7454\mathrm{i}$，$-1.3333-0.7454\mathrm{i}$，是一对具有负实部的共轭根，在 s 平面的左半平面，该系统稳定。

一阶系统与二阶系统的特征根求解相对简单，若遇到三阶或以上的高阶系统，特征根求解比较困难，此时可通过劳斯稳定判据进行系统稳定性分析。

3.1.4　劳斯稳定判据

3.1.3 小节所述判定系统稳定性的方法，需要求解特征方程的特征根。当遇到求解不便时，也可采用代数稳定判据来判别系统的稳定性。最早的代数稳定判据是劳斯稳定判据和赫尔维茨稳定判据，其中赫尔维茨稳定判据计算起来相对烦琐，尤其是对高阶系统而言，劳斯稳定判据用起来更方便，是目前应用较广泛的时域判据。

劳斯稳定判据：根据系统特征方程式的各项系数来判断特征根在 s 平面的位置，首先按一定规则将特征方程的各项系数做简单的运算并排列成劳斯表，然后通过表中第一列数据的正、负符号变化情况来判定系统的稳定性，不必求解具体的特征根数值。若系统不稳定，还能进一步确定不稳定系统在 s 平面虚轴上和右半平面特征根的个数。

对于线性定常系统，特征方程一般可写成如下标准形式。

$$D(s) = a_n s^n + a_{n-1} s^{n-1} + \cdots + a_1 s + a_0 = 0 \tag{3.10}$$

该系统稳定的必要条件是特征方程的各项系数均大于 0，即 $a_i > 0 (i=0,1,2,\cdots,n)$。

由此可知，使用劳斯稳定判据判定系统稳定性之前，要满足一个必要条件：控制系统特征方程各项系数为正，且不缺项（即系数不为 0）。如果特征方程各项系数同时为负，左右同乘以 -1，使它们都变成正值。

满足必要条件的一阶与二阶系统稳定,高阶系统未必稳定,高阶系统在特征方程满足必要条件的前提下,还需要使用劳斯稳定判据来判定系统的稳定性。

劳斯稳定判据以构造劳斯表为基础,表中前两行由特征方程系数直接构成,第一行由1,3,5,…项系数组成,第二行由2,4,6,…项系数组成,其他各行按规则逐行计算,凡在运算过程中出现空位,均置为零。计算过程一直进行到第 $n+1$ 行全部算完为止,其中第 $n+1$ 行,仅第一列有值,各系数排列呈上三角形。

$$
\begin{array}{llllll}
s^n & a_n & a_{n-2} & a_{n-4} & a_{n-6} & \cdots \\
s^{n-1} & a_{n-1} & a_{n-3} & a_{n-5} & a_{n-7} & \cdots \\
s^{n-2} & b_1=\dfrac{a_{n-1}a_{n-2}-a_na_{n-3}}{a_{n-1}} & b_2=\dfrac{a_{n-1}a_{n-4}-a_na_{n-5}}{a_{n-1}} & b_3=\dfrac{a_{n-1}a_{n-6}-a_na_{n-7}}{a_{n-1}} & b_4 & \cdots \\
s^{n-3} & c_1=\dfrac{b_1a_{n-3}-a_{n-1}b_2}{b_1} & c_2=\dfrac{b_1a_{n-5}-a_{n-1}b_3}{b_1} & c_3=\dfrac{b_1a_{n-7}-a_{n-1}b_4}{b_1} & c_4 & \cdots \\
\cdots & \cdots & \cdots & \cdots & \cdots & \cdots \\
s^0 & \cdots & \cdots & \cdots & \cdots & \cdots
\end{array}
$$

最后,根据劳斯表中第一列的元素符号来判别特征方程的根在 s 平面的分布情况。

劳斯稳定判据判定系统稳定的充分必要条件是:特征方程的全部系数都是正数且不缺项,并且劳斯表第一列所有元素均为正数。如果第一列中出现负数,则系统不稳定,第一列中元素改变符号的次数,就是特征方程中具有正实部根的个数。

【例 3-2】 已知系统特征方程为 $D(s)=5s^4+s^3+3s^2-2s+1=0$,试判定系统稳定性。

解 特征方程中系数的符号不相同,不满足系统稳定的必要条件,因此不稳定。

【例 3-3】 已知系统特征方程为 $D(s)=2s^6+5s^5+3s^4+4s^3+6s^2+15s+7=0$,试判定系统稳定性。

解 特征方程系数均大于零且不缺项,满足系统稳定的必要条件,可能稳定,继续用劳斯判据进行判定。

构造劳斯表:

$$
\begin{array}{lllll}
s^6 & 2 & 3 & 6 & 7 \\
s^5 & 5 & 4 & 15 & 0 \\
s^4 & \dfrac{5\times3-2\times4}{5}=\dfrac{7}{5} & \dfrac{5\times6-2\times15}{5}=0 & \dfrac{5\times7-2\times0}{5}=7 & \\
s^3 & \dfrac{\frac{7}{5}\times4-5\times0}{\frac{7}{5}}=4 & \dfrac{\frac{7}{5}\times15-5\times7}{\frac{7}{5}}=-10 & 0 & \\
s^2 & \dfrac{4\times0-\frac{7}{5}\times(-10)}{4}=\dfrac{7}{2} & \dfrac{4\times7-\frac{7}{5}\times0}{4}=7 & & \\
s^1 & \dfrac{\frac{7}{5}\times(-10)-4\times7}{\frac{7}{2}}=-18 & 0 & &
\end{array}
$$

$$s^0 \qquad \frac{(-18)\times 7-\dfrac{7}{2}\times 0}{(-18)}=7$$

由于劳斯表第一列不全为正，所以系统不稳定，符号改变了两次，有两个具有正实部的特征根。

在列劳斯表时，可能会遇到一种特殊情况：劳斯表中某一行的第一列元素数值为 0，其余元素不为 0 或不全为 0，在下一行的第一个元素会出现无穷大，使计算不能继续进行。此时用一个无穷小的正数 ε 代替这个 0，然后继续列劳斯表，完成后令 ε→∞，再进行判断。

【例 3-4】 已知系统特征方程为 $D(s)=s^4+3s^3+s^2+3s+1=0$，试判定系统稳定性。

解 特征方程系数均大于零且不缺项，满足系统稳定必要条件，可能稳定，继续用劳斯判据进行判定。

构造劳斯表：

s^4	1	1	1
s^3	3	3	0
s^2	ε	1	
s^1	$1-\dfrac{3}{\varepsilon}$	0	
s^0	1		

因为 ε 是一个很小的正数，所以 $1-\dfrac{3}{\varepsilon}<0$，劳斯表第一列数符号变化两次，系统不稳定，有两个具有正实部的特征根。

在列劳斯表时，还可能遇到另一种特殊情况：劳斯表中的某一行元素数值全部为 0。这表明特征方程存在一些绝对值相同，但符号相异的特征根，这些根包括大小相等且符号相异的实根、共轭纯虚根以及对称于实轴的共轭负根。此时可利用全零行的上一行构成辅助多项式，将辅助多项式对 s 求导，得到新的多项式，用新多项式的系数代替全零行元素，然后继续列劳斯表。

【例 3-5】 已知系统特征方程为 $D(s)=s^6+2s^5+6s^4+8s^3+10s^2+4s+4=0$，试判定系统稳定性。

解 特征方程系数均大于零且不缺项，满足系统稳定必要条件，可能稳定，继续用劳斯判据进行判定。

构造劳斯表：

s^6	1	6	10	4
s^5	2	8	4	0
s^4	2	8	4	
s^3	0	0	0	

由于出现全零行，采用上一行系数构造辅助多项式如下。

$$F(s) = 2s^4 + 8s^2 + 4 = 0$$

该辅助多项式对复变量 s 求导,得到导数多项式如下。

$$F'(s) = 8s^3 + 16s = 0$$

用导数多项式系统代替全零行各元素,便可继续按规则完成劳斯表的计算,结果如下。

s^6	1	6	10	4	
s^5	2	8	4	0	
s^4	2	8	4		$F(s)=2s^4+8s^2+4=0$
s^3	8	16			$F'(s)=8s^3+16s=0$
s^2	4	4			
s^1	8	0			
s^0	4				

由于劳斯表第一列元素符号没有改变,所以系统没有在 s 右半平面的根。但劳斯表出现全零行,说明特征方程存在绝对值相同,但符号相异的特征根,又由于全零行上下第一列元素同号,系统存在共轭纯虚根。

求解辅助多项式

$$F(s) = 2s^4 + 8s^2 + 4 = 0$$

解得

$$s_{1,2} = \pm \mathrm{j}\sqrt{0.586} = \pm \mathrm{j}0.766$$

$$s_{3,4} = \pm \mathrm{j}\sqrt{3.414} = \pm \mathrm{j}1.848$$

系统存在共轭纯虚根,临界稳定。

综上所述,应用劳斯稳定判据判定系统稳定性时,一般步骤如下。

(1) 确定系统是否满足稳定的必要条件。特征方程各项系数是否均大于 0 且不缺项,即 $a_i > 0 (i = 0,1,2,\cdots,n)$。

(2) 构造劳斯表。若劳斯表第一列所有元素均为正数,系统稳定;反之,系统不稳定。符号变化次数为具有正实部特征根的个数。

(3) 若计算劳斯表时出现第一个元素为 0 其余不为 0 或某一行元素全部为 0 两种特殊情况,按相应的方法处理,构造完整劳斯表,进行系统稳定性判断。

3.1.5 劳斯稳定判据的应用

劳斯稳定判据能够判定一个系统是否稳定以及特征根中具有正实部根的个数,即判定系统的绝对稳定性。在知道稳定性的基础上,我们还期望知道系统有多稳定,即系统的相对稳定性。在稳定的高阶系统中,若特征根的负实部紧靠虚轴,即负实部很小,则系统的动态过程将具有缓慢的非周期特性或强烈的振荡。因此,希望 s 左半平面上的系统特征根与虚轴之间具有一定的距离。

用劳斯稳定判据检验系统的相对稳定性的方法如下。

(1) 在 s 左半平面上画一条 $s=-a$ 的垂线，a 为给定期望的系统特征根与虚轴之间的距离，这个距离称为稳定裕度。

(2) 用 $s=s_1-a$ 代替原特征方程中的 s，得到新的特征方程，再应用劳斯稳定判据判断新的特征方程有几个特征根位于新的虚轴的右边。

(3) 如果所有特征根位于新的虚轴的左边，则说明系统具有稳定裕度 a。

用此方法，还能够辅助确定系统的一个或多个可调参数的取值范围及对系统的影响。

【例 3-6】 已知系统的特征方程为 $2s^3+10s^2+13s+4=0$，试判定：①系统是否稳定；②若系统稳定，是否具有 $a=1$ 的稳定裕度；③若不具备 $a=1$ 的稳定裕度，在 $s=-1$ 的右半平面有多少个根。

解 (1) 用劳斯判据判定系统稳定性，构造劳斯表如下。

s^3	2	13
s^2	10	4
s^1	12.2	
s^0	4	

劳斯表中第一列元素均为正，系统在 s 右半平面没有根，系统是稳定的。

(2) 令 $s=s_1-1$，坐标虚轴向左平移 1，如图 3-2 所示。

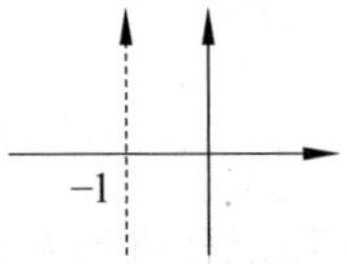

图 3-2　坐标平移

得新特征方程为

$$2s_1^3+4s_1^2-s_1-1=0$$

此特征方程中各项系数符号不同，不满足系统稳定的必要条件，该系统不具有 1 的稳定裕度。

(3) 对新的特征方程，构造劳斯表如下：

s_1^3	2	-1
s_1^2	4	-1
s_1^1	-0.5	
s_1^0	-1	

劳斯表中第一列元素不全为正，且第一列元素符号改变了一次，所以系统在 $s=-1$ 的右半平面有一个根。

【例 3-7】 已知系统的结构图如图 3-3 所示，试判定要求系统具有稳定裕度 1 时的 K 值取值范围。

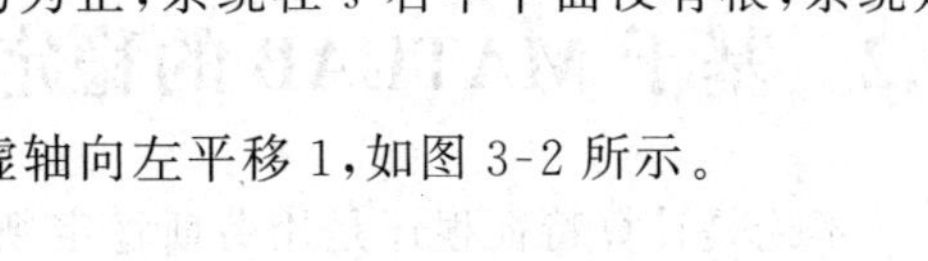

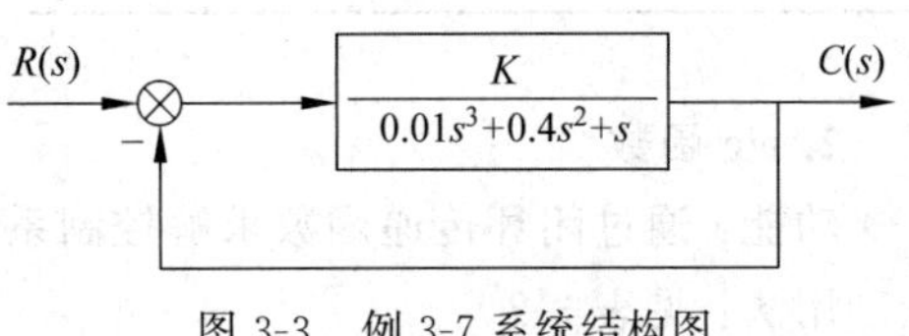

图 3-3　例 3-7 系统结构图

解 由系统的结构图，可得到系统的闭环传递函数为

$$\phi(s)=\frac{K}{0.01s^3+0.4s^2+s+K}$$

系统特征方程为

$$s^3+4s^2+100s+100K=0$$

令 $s=s_1-1$，坐标平移，得新特征方程为

$$s_1^3+37s_1^2+23s_1+(100K-61)=0$$

用劳斯判据判定系统稳定性，构造劳斯表如下。

$$\begin{array}{lll} s_1^3 & 1 & 23 \\ s_1^2 & 37 & 100K-61 \\ s_1^1 & \dfrac{37\times 23+61-100K}{37} & \\ s_1^0 & 100K-61 & \end{array}$$

根据劳斯判据，要使系统稳定，需要满足以下条件。

$$\frac{37\times 23+61-100K}{37}>0$$

$$100K-61>0$$

求解连立方程组，可得到使系统极点全部落在 s 平面 $s=-1$ 的左半平面，即系统具有稳定裕度 1 的 K 值取值范围为

$$0.61<K<9.12$$

3.2 基于 MATLAB 的稳定性分析仿真

不论是计算特征根还是用劳斯稳定判据，都需要进行计算，通过 MATLAB 进行稳定性分析，可以节约大量的时间。MATLAB 中辅助进行稳定性分析的方法主要有 3 种：①通过 roots 函数、eig 函数计算特征根；②通过 tf2zpk 函数或 zpkdata 函数求出系统传递函数的零点和极点；③通过 pzmap 函数绘制出系统的零极点图进行辅助判定。

1. roots 函数

功能：通过特征方程求解控制系统特征方程的根。

用法：见表 3-1。

表 3-1 roots 函数用法

格 式	功能与参数
r＝roots(den)	den 为待求解控制系统特征方程的多项式系数向量。 返回值 r 为由 den 表示的多项式的根

2. eig 函数

功能：通过闭环传递函数求解控制系统特征方程的根。

用法：见表 3-2。

表 3-2 eig 函数用法

格 式	功能与参数
r＝eig(Gs)	Gs 为待求解控制系统的闭环传递函数。 返回值 r 为闭环传递函数 Gs 特征方程的根

3. tf2zpk 与 zpk2tf 函数

功能：实现系统传递函数有理分式形式与零极点形式的相互转换。

用法：见表 3-3。

表 3-3　tf2zpk 与 zpk2tf 函数用法

格　　式	功能与参数
[z,p,k]=tf2zpk(num,den)	将系统传递函数有理分式(tf)模型转换为零极点(zpk)模型。(num,den)中的参数为由向量 num 和 den 表示的连续系统。返回值 z 为零点向量,p 为极点向量,k 为增益值
[num,den]=zpk2tf(z,p,k)	将系统传递函数零极点(zpk)模型转换为有理分式(tf)模型。参数同上

4. zpkdata 函数

功能：求解控制系统的零点、极点与增益。

用法：见表 3-4。

表 3-4　zpkdata 函数用法

格　　式	功能与参数
[z,p,k]=zpkdata(Gs)	Gs 为待求解控制系统的闭环传递函数。返回值 z 为零点向量,p 为极点向量,k 为增益值

5. pzmap 函数

功能：绘制传递函数的零极点图。

用法：见表 3-5。

表 3-5　pzmap 函数用法

格　　式	功能与参数
pzmap(num,den)	(num,den)中参数为由向量 num 和 den 表示的连续系统
pzmap(Gs)	Gs 为待求解控制系统的闭环传递函数

【例 3-8】　已知系统的闭环传递函数为 $G(s)=\dfrac{s^2+s+7}{s^3+1.5s^2+8s+7}$,判断系统的稳定性。

解　通过 MATLAB 用三种方法辅助判定系统的稳定性。

方法 1：通过 roots 函数或 eig 函数计算特征根。

由系统闭环传递函数可得到系统的特征方程为

$$s^3+1.5s^2+8s+7=0$$

可得特征方程系数向量[1,1.5,8,7],注意输入命令时需用半角符号。

在 MATLAB 命令窗口中输入如下命令。

```
r=roots([1,1.5,8,7])                    %通过特征方程求解特征根
```

运行结果如下。

```
r =
    -0.2816 +2.7190i
    -0.2816 -2.7190i
    -0.9368 +0.0000i
```

或在 MATLAB 命令窗口中输入如下命令。

```
Gs=tf([1,1,7],[1,1.5,8,7]);
r=eig(Gs)           %通过闭环传递函数求解特征根
```

roots 与 eig 两个函数均可求出该系统特征根为－0.2816＋2.7190i，－0.2816－2.7190i，－0.9368＋0.0000i，都具有负实部，在 s 平面的左半平面，可判定该系统稳定。

方法 2：通过系统极点在 s 平面位置判定系统稳定性。

(1) 通过 tf2zpk 函数将传递函数转换成零极点模型，获取极点。

在 MATLAB 命令窗口中输入如下命令。

```
[z,p,k]=tf2zpk([1,1,7],[1,1.5,8,7]);
```

运行结果如下。

```
z =
    0.0000 +0.0000i
    -0.5000 +2.5981i
    -0.5000 -2.5981i
p =
    -0.2816 +2.7190i
    -0.2816 -2.7190i
    -0.9368 +0.0000i
k =
    1
```

(2) 通过 zpkdata 函数计算系统的极点。

在 MATLAB 命令窗口中输入如下命令。

```
Gs=tf([1,1,7],[1,1.5,8,7]);
[z,p,k]=zpkdata(Gs)                    %求系统的零点、极点与增益
```

运行结果如下。

```
z =
    1×1 cell 数组
      {2×1 double}
p =
    1×1 cell 数组
      {3×1 double}
k =
      1
```

再输入如下命令。

```
p{1}                                          %返回元胞数组 p 中的数据
```

运行结果如下。

```
ans =
  -0.2816 +2.7190i
  -0.2816 -2.7190i
  -0.9368 +0.0000i
```

两种计算结果中的 p 是闭环系统的极点，也就是特征根。可以看出，数值与方法 1 中求解的特征根一致，都具有负实部，在 s 平面的左半平面，可判定该系统稳定。

方法 3：通过 pzmap 函数绘制出系统的零极点图进行辅助判定。

零极点图将零点与极点的位置在坐标轴上直观地显示，×表示极点，○表示零点。

在 MATLAB 命令窗口中输入如下命令。

```
Gs=tf([1,1,7],[1,1.5,8,7]);
pzmap (Gs)
```

运行结果如图 3-4 所示。

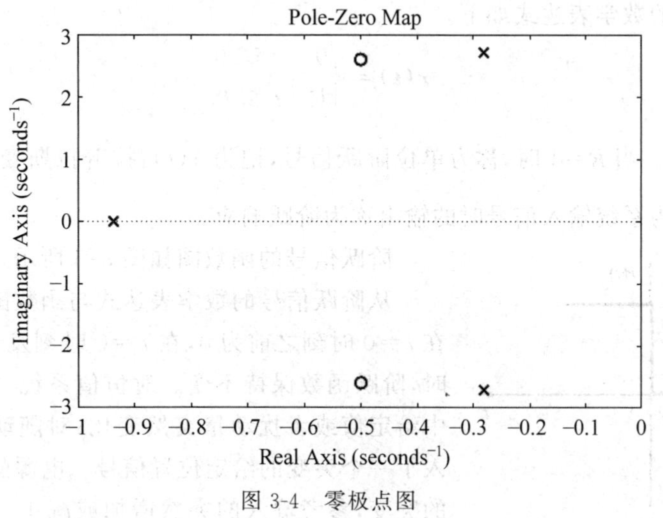

图 3-4　零极点图

从图中可以看出，有三个“×”表示的极点，都具有负实部，在 s 平面的左半平面，可判定该系统稳定。

3.3　典型输入信号

控制系统的输出响应不仅取决于系统本身的结构参数，也与输入信号有关。实际输入的信号是多样化的，具有很强的随机性和不确定性，有些输入信号无法事先预知，更无法用函数表达。为了便于分析和比较系统的动态性能和稳态性能,规定一些典型的基本信号作为系统输入信号。常见的典型输入信号有阶跃信号、斜坡信号、加速度信号、脉冲信号与正弦信号。这五种信号数学表达简单,在控制现场或实验室容易产生,当进行系统分析时选择与系统正常运行情况下的实际输入信号接近的信号作为输入信号。

典型输入信号如表 3-6 所示。

表 3-6 典型输入信号

名　称	时域表达式	拉普拉斯变换
单位阶跃函数	$1(t),t\geqslant 0$	$\frac{1}{s}$
单位斜坡函数	$t,t\geqslant 0$	$\frac{1}{s^2}$
单位加速度函数	$\frac{1}{2}t^2,t\geqslant 0$	$\frac{1}{s^3}$
单位脉冲函数	$\delta(t),t=0$	1
正弦函数	$A\sin\omega t$	$\frac{A\omega}{s^2+\omega^2}$

1. 阶跃信号

阶跃信号的数学表达式如下。

$$r(t)=\begin{cases}0 & t<0\\ R & t\geqslant 0\end{cases} \tag{3.11}$$

式中,R 为常数。当 $R=1$ 时,称为单位阶跃信号,记为 $1(t)$,拉普拉斯变换为 $R(s)=\frac{1}{s}$。以阶跃信号作为系统输入信号时的输出称为阶跃响应。

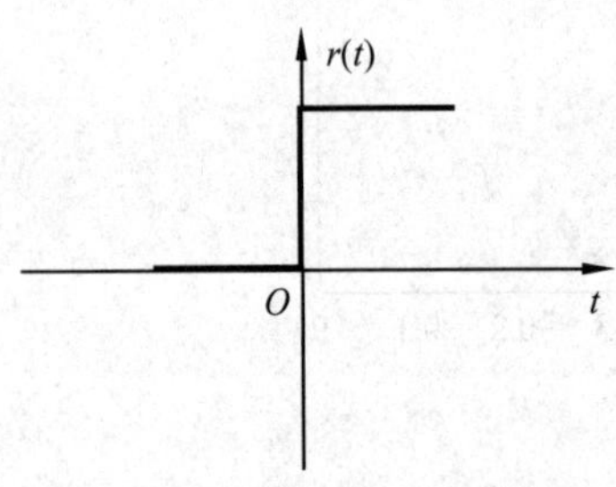

图 3-5 阶跃信号的函数图

阶跃信号的函数图如图 3-5 所示。

从阶跃信号的数学表达式与函数图可以看出,信号在 $t=0$ 时刻之前为 0,在 $t=0$ 时刻发生突变。当 $t>0$ 时,阶跃函数保持不变。对恒值系统,相当于控制系统中给定值或者扰动量突然变化;对随动系统,相当于加入了一个突变的给定位置信号。电源的突然开关,负载的突变,参考输入的突然增加或减小,方位角位置的突然改变等都可以视为阶跃信号输入。

通常,在对控制系统进行比较和分析时,采用阶跃信号作为统一的典型输入信号。

2. 斜坡信号

斜坡信号又称为等速度信号,其数学表达式如下。

$$r(t)=\begin{cases}0 & t<0\\ Rt & t\geqslant 0\end{cases} \tag{3.12}$$

式中,R 为常数,表示斜坡信号的作用强度。斜坡函数代表随时间匀速变化的信号。当

$R=1$ 时，$r(t)=t$，称为单位斜坡信号，拉普拉斯变换为 $R(s)=\frac{1}{s^2}$。以斜坡信号作为系统输入信号时的输出称为斜坡响应。

斜坡信号的函数图如图 3-6 所示。

从斜坡信号的数学表达式与函数图可以看出，斜坡信号随时间的变化率为常数。对恒值系统，相当于控制系统中加入一个按恒值变化的位置信号。若控制系统的输入信号为随时间线性增长的信号，可选择斜坡信号作为输入信号，比如机械手等速移动、大型船闸匀速升降系统、数控机床加工斜面进给系统等。

通常，单位斜坡函数是考察系统对等速率信号跟踪能力的实验信号。

3. 加速度信号

加速度信号又称为抛物线信号，其数学表达式如下。

$$r(t)=\begin{cases}0 & t<0\\ \frac{1}{2}Rt^2 & t\geqslant 0\end{cases}\tag{3.13}$$

式中，R 为常数，是输入信号的加速度。加速度函数代表随时间匀加速变化的信号。当 $R=1$ 时，$r(t)=\frac{1}{2}t^2$，称为单位加速度信号，拉普拉斯变换为 $R(s)=\frac{1}{s^3}$。

加速度信号的函数图如图 3-7 所示。

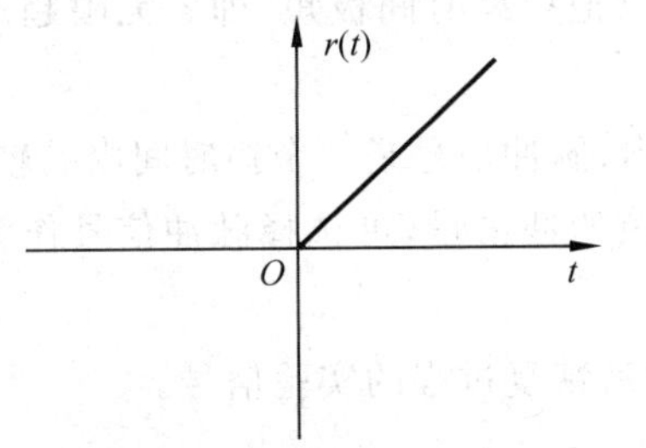

图 3-6　斜坡信号的函数图

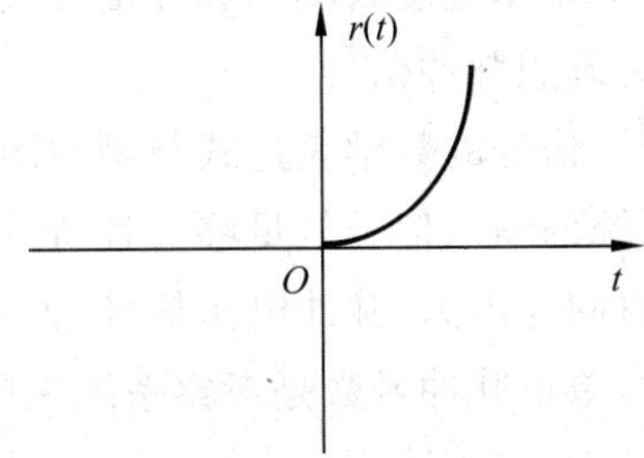

图 3-7　加速度信号的函数图

从加速度信号的数学表达式与函数图可以看出，加速度信号随时间以等加速度增长。若控制系统的输入信号为随时间等加速度增长的信号，可选择加速度信号作为输入信号，比如自动火炮系统、宇宙飞船控制系统、电梯的启动等。

通常，单位加速度函数是考察系统机动跟踪能力的实验信号。

4. 脉冲信号

脉冲信号数学表达式如下。

$$r(t)=\begin{cases}\frac{R}{\varepsilon} & 0<t<\varepsilon\\ 0 & t<0,t>\varepsilon\end{cases}\tag{3.14}$$

式中，R 为常数。脉冲函数代表一个瞬时扰动信号。当 $R=1$ 时，称为单位脉冲信号，是一个矩形脉冲，宽度为 ε，高度为 $1/\varepsilon$，当 $\varepsilon \to 0$ 时，可得到理想的单位脉冲函数 $\delta(t)$，数学表达式如下。

$$\begin{cases} \delta(t)=\begin{cases}\infty & t=0 \\ 0 & t\neq 0\end{cases} \\ \int_{-\infty}^{+\infty}\delta(t)\,\mathrm{d}t=1 \end{cases} \tag{3.15}$$

单位脉冲信号拉普拉斯变换为 $R(s)=1$。

脉冲信号的函数图如图 3-8 所示。

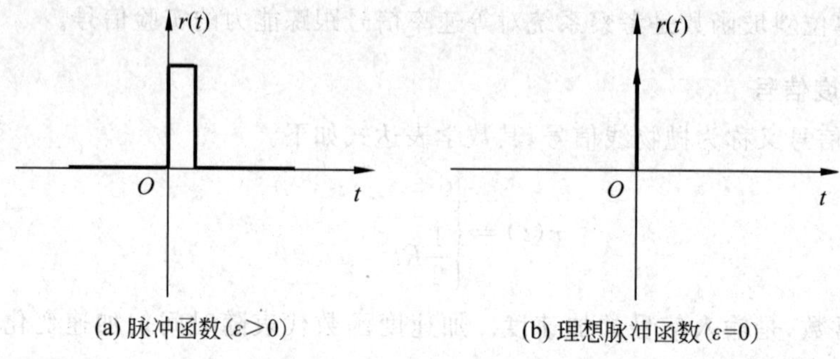

(a) 脉冲函数($\varepsilon>0$)　　(b) 理想脉冲函数($\varepsilon=0$)

图 3-8　脉冲信号的函数图

理想脉冲函数是一个理论上的函数，是一个重要的数学工具，但实际上是不存在的，测试时一般采用宽度较小的脉冲信号代替。可以把持续时间极短，即 ε 无限趋近于 0 的信号，视为理想脉冲信号。

从脉冲信号的数学表达式与函数图可以看出，脉冲信号是一个短时间内的较大信号。若控制系统的输入信号是足够大且持续时间很短的冲击量，可选择脉冲信号作为输入信号，比如瞬间冲击力、脉冲电压信号、大气湍流等。

通常，单位脉冲函数是考察系统在脉冲扰动后恢复过程的实验信号。

5. 正弦信号

正弦信号数学表达式如下。

$$r(t)=\begin{cases}0 & t<0 \\ A\sin\omega t & t\geqslant 0\end{cases} \tag{3.16}$$

A 为振幅或幅值，ω 是振荡角频率。正弦函数代表随时间周期性变化的信号。当 $R=1$ 时，称为单位正弦信号，拉普拉斯变换为 $R(s)=\frac{\omega}{s^2+\omega^2}$。

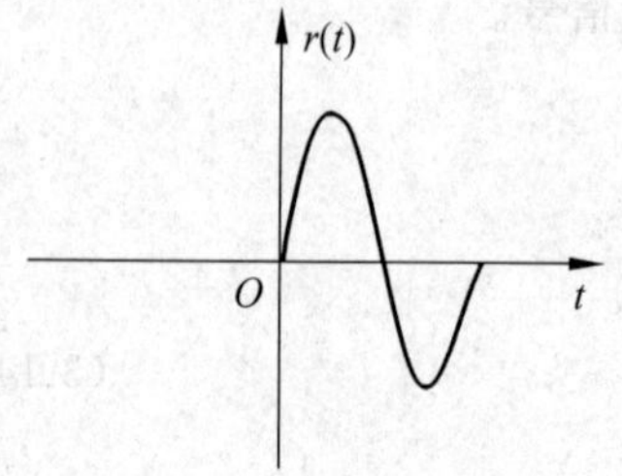

图 3-9　正弦信号的函数图

正弦信号的函数图如图 3-9 所示。

从正弦信号的数学表达式与函数图可以看出，正弦信号呈现周期性。若控制系统的输入信号为具有周期变化特征的信号，可选择正弦信号作为输入信号，比如电源的波动、机械振动、元件的噪声干扰、海浪对舰艇的扰动力、设备上受到的振动力等。

通常，正弦信号主要用于分析控制系统的频率特性，进行系统的分析与设计。

3.4　控制系统时域分析

无论选择哪种典型输入信号，同一系统响应过程所表征的系统特性是统一的。任何时间响应都由动态过程和稳态过程两部分组成。通常进行时域分析时以阶跃信号作为输入测试信号，通过动态性能指标与稳态性能指标，对两个过程进行分析。

3.4.1　动态性能指标

动态过程又称为暂态过程或过渡过程，是指系统在输入典型信号作用下，从施加输入信号的瞬时开始，到系统输出达到稳态值之前的响应过程。动态过程主要表现为衰减、发散和等幅振荡几种形式，表征系统的稳定性和响应的快速性。

分析动态过程的动态性能指标主要包括延迟时间 t_d，上升时间 t_r，峰值时间 t_p，调节时间 t_s，超调量 σ。

系统典型阶跃响应包括单调上升和衰减振荡。响应图及动态性能指标如图 3-10 所示。

(1) 延迟时间 t_d。阶跃响应从零开始，上升到稳态值的 50％所需要的时间为延迟时间 t_d。

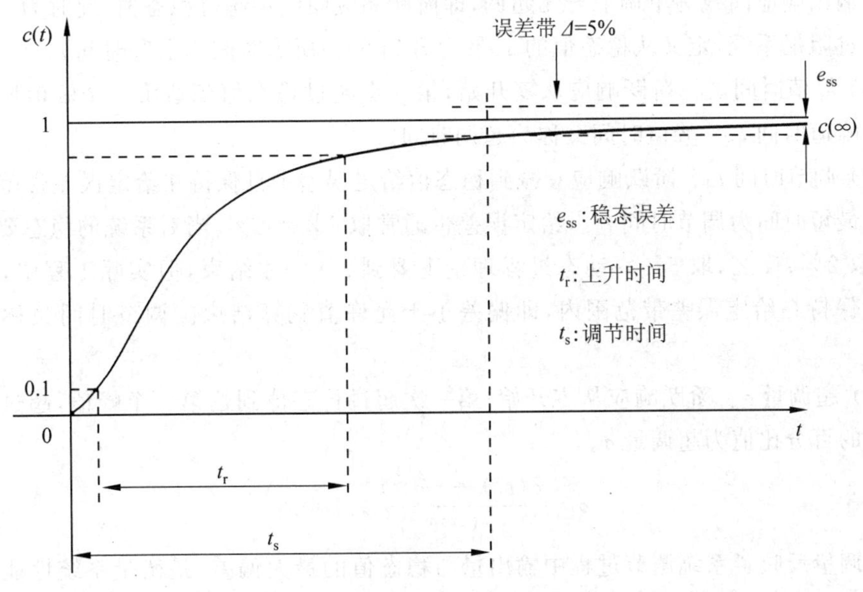

(a) 单调变化的单位阶跃响应

图 3-10　响应图及动态性能指标

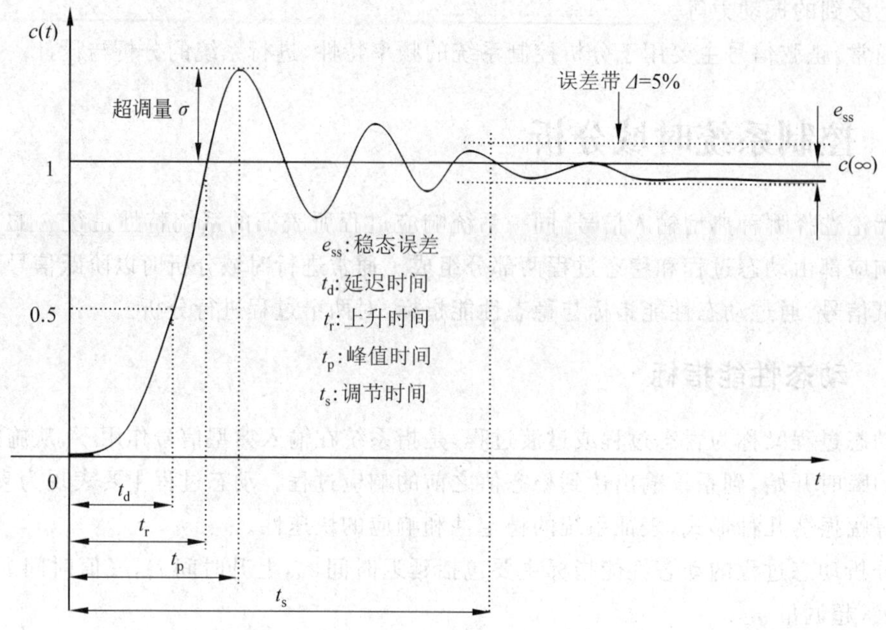

(b) 衰减振荡的单位阶跃响应

图 3-10(续)

(2) 上升时间 t_r。阶跃响应从零开始,第一次上升到稳态值所需要的时间为上升时间。若输出响应曲线为单调上升无超调,即阶跃响应曲线不超过稳态值,此时为一阶系统或二阶过阻尼系统,定义从稳态值的 10%上升到 90%所需时间为上升时间 t_r。

(3) 峰值时间 t_p。阶跃响应从零开始,第一次超过稳态值到达第一个峰值所需要的时间为峰值时间 t_p。峰值时间又称为超调时间。

(4) 调节时间 t_s。阶跃响应衰减到稳态值给定误差带且保持在给定误差带范围内所需要的最短时间为调节时间 t_s。给定误差带通常取 2%或 5%,当对系统的稳态要求比较高时,取 2%;反之,取 5%。动态过程理论上要到 $t\to\infty$ 才结束,但实际工程中,只要系统响应保持在给定误差带范围内,即偏差小于允许值就算结束。调节时间又称为过渡时间。

(5) 超调量 σ。阶跃响应从零开始,第一次超过稳态值到达第一个峰值,超过部分与稳态值的百分比值为超调量 σ。

$$\sigma=\frac{c(t_p)-c(\infty)}{c(\infty)}\times 100\% \tag{3.17}$$

超调量反映了系统调节过程中输出量与稳态值的最大偏差,是衡量系统性能的一个重要指标。对不可逆系统,不能出现超调,如水泥搅拌。

延迟时间 t_d、上升时间 t_r、峰值时间 t_p、调节时间 t_s 反映了系统的响应速度。响应快的系统,各项数值较小;反之,较大。超调量 σ(%)反映了系统过渡的平稳,通常认为不宜超过 50%,具体数值根据实际情况而定。目前,习惯采用上升时间 t_r,调节时间 t_s,超调

量 σ 作为动态性能的主要指标。

3.4.2　稳态性能指标

稳态过程是指当时间趋于无穷大时系统的输出状态。表征系统输出量复现输入量的程度,体现了系统的精度或抗干扰能力。

分析稳态过程的稳态性能指标是稳态误差 $e(t)$。稳态误差用稳态下系统输出值与期望值之间的差来衡量。由于系统自身结构与外界干扰的存在,稳态误差不可避免,通常情况下的控制系统为有差系统。只有当稳态误差足够小到可以忽略时,将其近似看作零差系统。系统设计的时候应当尽可能减小稳态误差。

3.5　动态性能分析

具有相同数学模型的线性系统,对同一输入信号的输出响应是相同的,但物理意义可能不同。以下均采用单位阶跃信号为输入信号,对典型的一阶系统与二阶系统进行动态性能分析。

3.5.1　一阶系统动态性能分析

1. 一阶系统的数学模型

假设一阶系统的输入为 $r(t)$,输出为 $c(t)$,一阶系统的微分方程为

$$T\frac{\mathrm{d}c(t)}{\mathrm{d}t}+c(t)=r(t) \tag{3.18}$$

当系统的初始条件为零时,传递函数为

$$\phi(s)=\frac{C(s)}{R(s)}=\frac{1}{Ts+1} \tag{3.19}$$

一阶系统的动态结构如图 3-11 所示。

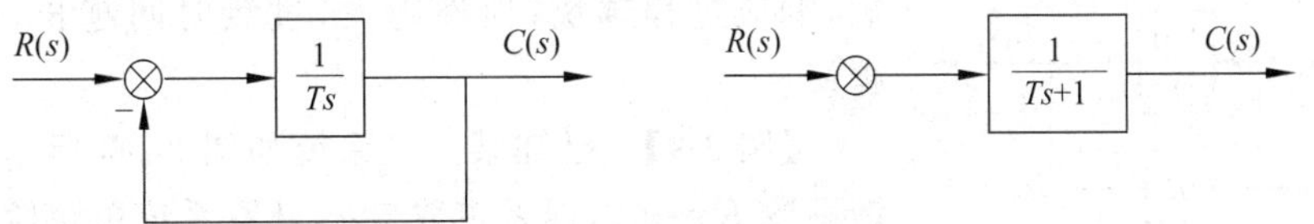

图 3-11　一阶系统的动态结构

其中,T 为时间常数,代表系统的惯性,当一阶系统作为一个复杂系统的某一环节时被称为惯性环节。一阶系统的响应性能指标与时间常数 T 密切相关,对不同的系统,T 具有不同的物理意义。

2. 一阶系统的单位阶跃响应

当 $r(t)=1(t)$,即 $R(s)=\frac{1}{s}$时,系统的单位阶跃响应拉普拉斯变换为

$$C(s)=\phi(s)R(s)=\frac{1}{Ts+1}\cdot\frac{1}{s} \tag{3.20}$$

系统的单位阶跃响应为

$$c(t)=\mathscr{L}^{-1}[C(s)]=1-\mathrm{e}^{-t/T} \tag{3.21}$$

式中,1 为稳态分量;$\mathrm{e}^{-t/T}$为暂态分量,又称为瞬态分量。

暂态分量随着$t\to\infty$逐渐衰减为 0,系统响应为一条单调上升曲线,如图 3-12 所示,且系统响应不会超过稳态值 1。

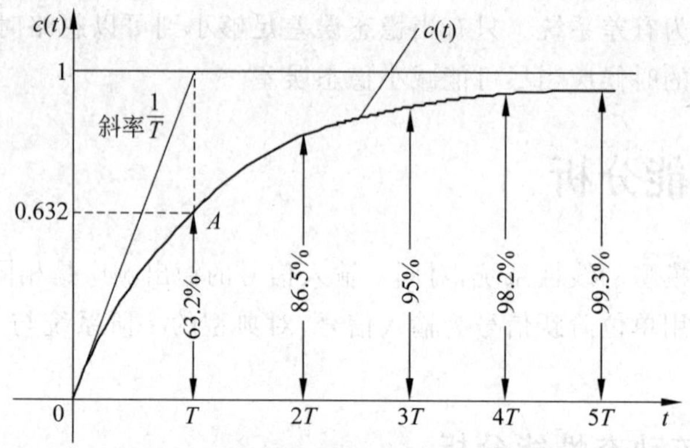

图 3-12 一阶系统输出与时间变化关系图

时间常数 T 可通过实验获得。随着时间 t 的变化,系统输出从 0 单调上升到稳态值,当 $t=T$ 时,系统输出达到相应过程总变化量的 63.2%,其他一些相应的变化关系如图 3-12 所示。

从图 3-12 可以看出,输出响应从零开始按指数规律上升,最后趋于 1。当 $t=3T$ 时,系统输出进入 5%的误差带;当 $t=4T$ 时,系统输出进入 2%的误差带。根据系统动态性能指标的定义,一阶系统的动态性能指标为 $t_{\mathrm{d}}=0.69T$,$t_{\mathrm{r}}=2.20T$。当取 5%的误差带时,$t_{\mathrm{s}}=3T$;当取 2%的误差带时,$t_{\mathrm{s}}=4T$,无 σ 与 t_{p}。一阶系统惯性越小,过渡时间越短,响应过程越快;惯性越大,过渡时间越长,响应过程越慢。

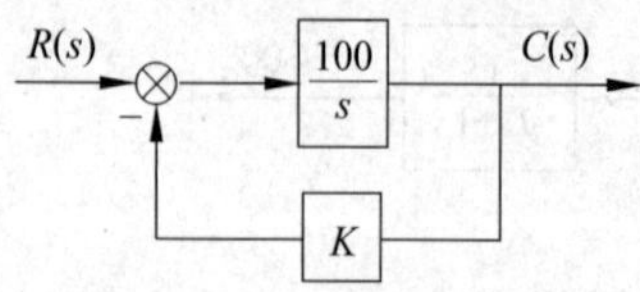

图 3-13 例 3-9 系统结构图

【例 3-9】 已知某一阶系统如图 3-13 所示。①若反馈系数 $K=0.2$,误差带取 5%,计算系统单位阶跃响应过渡时间;②若要求系统的过渡时间小于 0.1s,求反馈系数 K 的取值范围。

解 (1) 由系统的结构图,可得到系统的闭环传递函数如下。

$$\phi(s)=\frac{C(s)}{R(s)}=\frac{\frac{100}{s}}{1+\frac{100}{s}\cdot K}=\frac{\frac{1}{K}}{\frac{s}{100K}+1}$$

由系统闭环传递函数可得时间常数为

$$T=\frac{1}{100K}$$

若反馈系数 $K=0.2$，误差带取 0.05，则

$$T=\frac{1}{100K}=\frac{1}{100\times 0.2}=0.05$$

$$t_s=3T=0.15$$

(2) 若要求系统的过渡时间小于 0.1s，即

$$t_s=3T=3\times\frac{1}{100K}<0.1$$

可推导出反馈系数 K 的取值范围为

$$K>0.3$$

3.5.2 二阶系统动态性能分析

1. 二阶系统的数学模型

假设二阶系统的输入为 $r(t)$，输出为 $c(t)$，二阶系统的微分方程为

$$T^2\frac{\mathrm{d}^2c(t)}{\mathrm{d}t^2}+2\zeta T\frac{\mathrm{d}c(t)}{\mathrm{d}t}+c(t)=r(t) \tag{3.22}$$

当系统的初始条件为零时，传递函数为

$$\phi(s)=\frac{C(s)}{R(s)}=\frac{1}{T^2s^2+2\zeta Ts+1}=\frac{\omega_n^2}{s^2+2\zeta\omega_n s+\omega_n^2} \tag{3.23}$$

式中，T 为时间常数；ζ 为阻尼比；ω_n 为无阻尼自然振荡角频率。阻尼是指摇荡系统或振动系统受到阻滞使能量随时间而耗散的物理现象。无阻尼固有频率是指无阻尼机械系统中，仅由系统的弹性力和惯性力形成的自由振动的频率。

$$\zeta=\frac{1}{2\sqrt{T}} \tag{3.24}$$

$$\omega_n=\sqrt{\frac{1}{T}} \tag{3.25}$$

动态结构如图 3-14 所示。

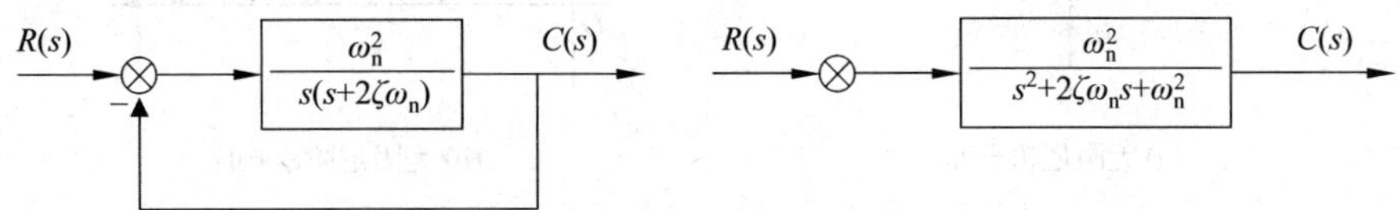

图 3-14 二阶系统

假设二阶系统的闭环传递函数为 $\phi(s)=\dfrac{16}{s^2+2s+16}$，可由二阶系统表达式推出 $\omega_n=4$，$\zeta=0.25$。

当 $r(t)=1(t)$，即 $R(s)=\frac{1}{s}$ 时，系统的单位阶跃响应拉普拉斯变换为

$$C(s)=\phi(s)R(s)=\frac{\omega_n^2}{s^2+2\zeta\omega_n s+\omega_n^2}\cdot\frac{1}{s} \tag{3.26}$$

系统的单位阶跃响应为

$$c(t)=\mathscr{L}^{-1}(C(s)) \tag{3.27}$$

当二阶系统作为一个复杂系统的某一环节时称为振荡环节。

2. 二阶系统的单位阶跃响应

从式(3.23)可得到二阶系统的特征方程为

$$s^2+2\zeta\omega_n s+\omega_n^2=0 \tag{3.28}$$

求得系统特征根为

$$s_{1,2}=-\zeta\omega_n\pm\omega_n\sqrt{\zeta^2-1} \tag{3.29}$$

二阶系统的稳定性和动态特性与系统特征根在 s 平面的位置密切相关，ζ 与 ω_n 为两个特征参数。ζ 取值不同时，特征根性质不同，可能为实数根、复数根和重根，单位阶跃响应也不同。根据 ζ 取值，系统包括无阻尼、欠阻尼、临界阻尼、过阻尼与负阻尼五种状态。

(1) 当 $\zeta=0$ 时，系统处于无阻尼状态。无阻尼振动系统的单位阶跃响应为等幅振荡，此时，特征根为一对纯虚数，$s_{1,2}=\pm j\omega_n$，系统临界稳定。

系统的单位阶跃响应为等幅振荡曲线。

$$C(s)=\frac{\omega_n^2}{s(s^2+\omega_n^2)}=\frac{1}{s}-\frac{s}{s^2+\omega_n^2} \tag{3.30}$$

$$c(t)=\mathscr{L}^{-1}(C(s))=\mathscr{L}^{-1}\left(\frac{1}{s}-\frac{s}{s^2+\omega_n^2}\right)=1-\cos\omega_n t \tag{3.31}$$

根分布平面与单位阶跃响应如图 3-15 所示。

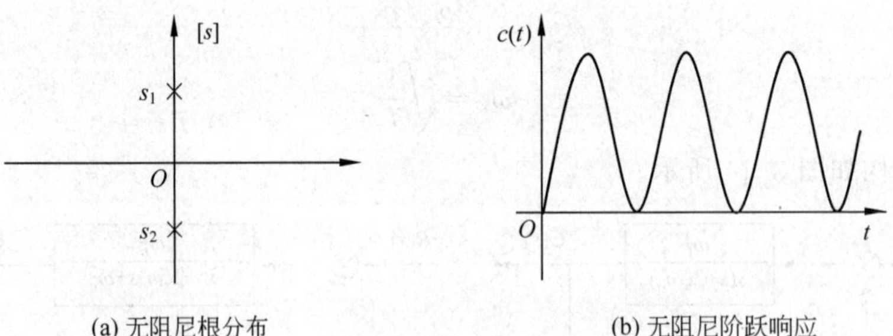

(a) 无阻尼根分布　　(b) 无阻尼阶跃响应

图 3-15　二阶无阻尼响应

(2) 当 $0<\zeta<1$ 时，系统处于欠阻尼状态。在自动化领域，所谓欠阻尼，说明阻尼不够大，因此这个阻尼并不足以阻止振动越过平衡位置，此时系统将做振幅逐渐减小的周期性阻尼振动。系统的运动被不断阻碍，所以振幅衰减，并且振动周期也越来越长，经过较长时间后，振动停止。此时，特征根为一对具有负实部的共轭根，$s_{1,2}=-\zeta\omega_n\pm\omega_n\sqrt{\zeta^2-1}$，系统的单位阶跃响应收敛，系统稳定。

系统的单位阶跃响应为

$$\begin{aligned}C(s)&=\frac{\omega_n^2}{s^2+2\zeta s\omega_n s+\omega_n^2}\cdot\frac{1}{s}=\frac{1}{s}-\frac{s+2\zeta\omega}{s^2+2\zeta\omega_n s+\omega_n^2}\\&=\frac{1}{s}-\frac{s+\zeta\omega_n}{(s+\zeta\omega_n)^2+(\omega_n\sqrt{1-\zeta^2})^2}-\frac{\zeta\omega_n}{\omega_d}\cdot\frac{\omega_d}{(s+\zeta\omega_n)^2+\omega_d^2}\end{aligned}\tag{3.32}$$

$$c(t)=\mathscr{L}^{-1}(C(s))=1-\frac{1}{1-\zeta^2}\cdot e^{-\sigma t}-\sin(\omega_d+\beta)\tag{3.33}$$

式中，$\sigma=\zeta\omega_n$ 称为衰减系数，表示系统暂态分量的衰减速度；$\omega_d=\omega_n\sqrt{1-\zeta^2}$，称为阻尼振荡频率，$\omega_d<\omega_n$，随着 ζ 增大，ω_d 将减小；β 为初始相角，$\beta=\arccos\zeta$。参数 σ、ω_d、ω_n、ζ、β 与特征根的关系如图 3-16(a)所示。

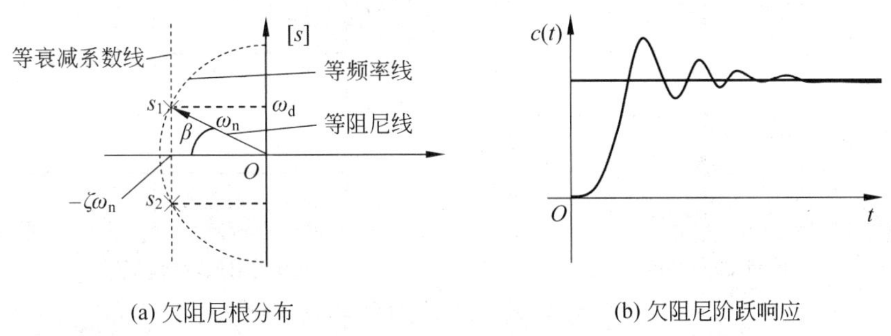

(a) 欠阻尼根分布　　(b) 欠阻尼阶跃响应

图 3-16　二阶欠阻尼响应

根分布平面与单位阶跃响应图如图 3-16(b)所示。

振荡频率决定于虚部 ω_d，远离实轴，振荡频率大。衰减速度决定于负实部 $\zeta\omega_n$，远离虚轴，衰减速度快。初始相角决定于阻尼比 ζ。

(3) 当 $\zeta=1$ 时，系统处于临界阻尼状态。任何一个振动系统，当阻尼增加到一定程度时，物体的运动是非周期性的，物体振动连一次都不能完成，只是慢慢地回到平衡位置就停止了。阻力使振动物体刚好能不作周期性振动而又能最快地回到平衡位置的情况，称为临界阻尼。此时，特征根为一对重实根，$s_{1,2}=-\omega_n$，系统的单位阶跃响应随着 t 的增加单调上升，无振荡和超调，稳态值为 1。临界阻尼是系统输出响应为单调还是振荡过程的分界。

系统的单位阶跃响应为

$$C(s)=\frac{\omega_n^2}{s(s^2+\omega_n^2)}=\frac{1}{s}-\frac{\omega_n}{(s+\omega_n)^2}-\frac{1}{s+\omega_n}\tag{3.34}$$

$$c(t)=\mathscr{L}^{-1}(C(s))=1-e^{-\omega_n t}(1+\omega_n t)\tag{3.35}$$

根分布平面与单位阶跃响应图如图 3-17 所示。

(4) 当 $\zeta>1$ 时，系统处于过阻尼状态。此时，特征根为一对不相同的负实根，$s_{1,2}=-(\zeta\pm\sqrt{\zeta^2-1})\omega_n$，系统的单位阶跃响应随着 t 的增加单调上升，无振荡和超调。

根分布平面与单位阶跃响应图如图 3-18 所示。

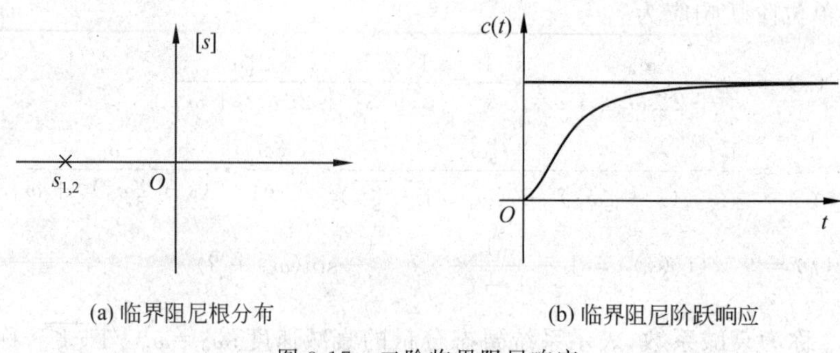

(a) 临界阻尼根分布　　(b) 临界阻尼阶跃响应

图 3-17　二阶临界阻尼响应

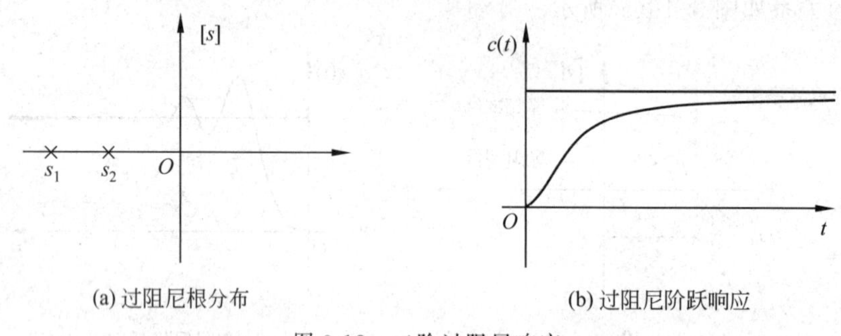

(a) 过阻尼根分布　　(b) 过阻尼阶跃响应

图 3-18　二阶过阻尼响应

过渡过程为单调递增。两个特征根越靠近原点，衰减越慢。

当 $\zeta \gg 1$ 时，一个特征根靠近虚轴，另一个远离虚轴，远离虚轴的特征根对应的瞬态分量衰减很快，对响应的影响很小，可以忽略不计。从而把二阶系统近似看作一阶系统来处理。在工程上，当 $\zeta \geqslant 1.5$ 时，可以这样近似处理。

(5) 当 $\zeta < 0$ 时，系统处于负阻尼状态。此时，系统的单位阶跃响应发散振荡，系统不稳定。

综上所述，系统阶跃响应曲线形态与参数 ζ 密切相关。ζ 越大，阶跃响应过程越滞缓；反之，越剧烈。在零初始条件下，$\zeta \geqslant 1$ 时，系统阶跃响应单调上升，无振荡与超调；$0 < \zeta < 1$ 时，系统阶跃响应收敛振荡，随着 ζ 的减小，振荡特性加强；$\zeta = 0$ 时，系统阶跃响应等幅振荡；$\zeta < 0$ 时，系统阶跃响应发散振荡。在实际工程应用中，一般希望二阶系统工作在 0.4～0.8 的欠阻尼状态，0.707 为最佳阻尼比。

3.5.3　二阶系统动态性能指标计算

欠阻尼二阶系统的阶跃响应曲线及性能指标如图 3-10(b)所示。下面分析欠阻尼二阶系统主要动态性能指标的计算过程。以下计算过程均基于不同动态性能指标的定义及欠阻尼状态下的单位阶跃响应式 $c(t)=1-\frac{1}{1-\zeta^2}\cdot \mathrm{e}^{-\sigma t}\sin(\omega_\mathrm{d}+\beta)$。

1. 延迟时间 t_d

令 $c(t_d)=0.5$,可得 t_d 的函数表达式为

$$\omega_n t_d = \frac{1}{\zeta}\ln\frac{2\sin(\sqrt{1-\zeta^2}\,\omega_n t_d + \arccos\zeta)}{\sqrt{1-\zeta^2}} \tag{3.36}$$

利用曲线拟合法,在较大的 ζ 范围内,可近似求得

$$t_d = \frac{1+0.6\zeta+0.2\zeta^2}{\omega_n} \tag{3.37}$$

当 $0<\zeta<1$ 时,可以近似表示为

$$t_d = \frac{1+0.7\zeta}{\omega_n} \tag{3.38}$$

从计算式可看出,增大阻尼比或减小自然角频率,都会使延迟时间增大。

2. 上升时间 t_r

令 $c(t_r)=1$,可求得

$$\frac{e^{-\zeta\omega_n t_r}}{\sqrt{1-\zeta^2}}\sin(\omega_d t_r+\beta)=0 \tag{3.39}$$

由于 $e^{-\zeta\omega_n t_r}\neq 0$,所以 $\sin(\omega_d t_r+\beta)=0$,可求得

$$t_r = \frac{\pi-\beta}{\omega_d} = \frac{\pi-\beta}{\omega_n\sqrt{1-\zeta^2}},\quad \beta=\arccos\zeta \tag{3.40}$$

从计算式可看出,若阻尼比 ζ 固定不变,则 β 不变,t_r 与 ω_n 成反比。

3. 峰值时间 t_p

在峰值 $t=t_p$ 处,$c(t)$ 的导数为 0,可得

$$\left.\frac{dc(t)}{dt}\right|_{t=t_p}=0 \tag{3.41}$$

对式(3.29)求导,并令 $t=t_p$,可求得

$$\sqrt{1-\zeta^2}\cos(\omega_d t_p+\beta)-\zeta\sin(\omega_d t_p+\beta)=0 \tag{3.42}$$

解得

$$\tan(\omega_d t_p+\beta)=\frac{\sqrt{1-\zeta^2}}{\zeta}=\tan\beta\quad(\omega_d t_p=0,\pi,2\pi,\cdots) \tag{3.43}$$

当 $\omega_d t_p=\pi$ 时,第一次出现峰值,峰值时间为

$$t_p=\frac{\pi}{\omega_d}=\frac{\pi}{\omega_n\sqrt{1-\zeta^2}} \tag{3.44}$$

从计算式可看出,峰值时间与闭环极点的虚部值成反比。若阻尼比 ζ 固定不变,闭环极点距离负实轴越远,峰值时间越短。

4. 调节时间 t_s

调节时间通常按二阶系统阶跃响应曲线的包络线进入误差带的时间计算,这里不详

细展开阐述,可由以下近似公式估算。

$$\begin{cases} t_s = 3T = \dfrac{3}{\zeta\omega_n} & \zeta < 0.68(\pm 5\% \text{ 误差带}) \\ t_s = 4T = \dfrac{4}{\zeta\omega_n} & \zeta < 0.76(\pm 2\% \text{ 误差带}) \end{cases} \tag{3.45}$$

式中,$T=\dfrac{1}{\zeta\omega_n}$为系统的时间常数。

系统一般设计为$\zeta<0.8$,当ζ大于上述数值时,可采用以下近似公式。

$$t_s = \frac{1}{\omega_n}(6.45\zeta - 1.7) \tag{3.46}$$

从计算式可看出,调节时间与ζ和ω_n都有关,且成反比。

5. 超调量 σ

最大超调量发生在$t=t_p$处,将t_p带入式(3.33)可求得

$$c(t_p) = 1 - \frac{e^{\frac{-\zeta\pi}{\sqrt{1-\zeta^2}}}}{\sqrt{1-\zeta^2}}\sin(\pi+\beta) \tag{3.47}$$

因为$\sin(\pi+\beta)=-\sin\beta=-\sqrt{1-\zeta^2}$,所以

$$c(t_p) = 1 + e^{\frac{-\zeta\pi}{\sqrt{1-\zeta^2}}} \tag{3.48}$$

根据超调量定义可得

$$\sigma = \frac{c(t_p)-c(\infty)}{c(\infty)} \times 100\% = e^{\frac{-\zeta\pi}{\sqrt{1-\zeta^2}}} \times 100\% \tag{3.49}$$

从计算式可看出,超调量只与阻尼比ζ有关,ζ越小,超调量越大。为了获得较好的平稳性和快速性,一般ζ取0.4~0.8,对应的超调量为25%~1.5%。

【例 3-10】 已知某二阶系统的阶跃响应曲线如图3-19所示,试求系统的闭环传递函数。

解 从相应曲线中可看出系统的稳态值为3,最大值为4,峰值时间t_p为0.1。

(1) 系统增益为3,系统模型为

$$\frac{3\omega_n^2}{s^2+2\zeta\omega_n s+\omega_n^2}$$

(2) 由超调量的定义与计算超调量的公式可得

$$\sigma = \frac{c(t_p)-c(\infty)}{c(\infty)} \times 100\% = \frac{4-3}{3} \times 100\% = 0.33 = e^{\frac{-\zeta\pi}{\sqrt{1-\zeta^2}}} \times 100\%$$

求得

$$\zeta = 0.33$$

(3) 由峰值时间计算公式可得

$$t_p = \frac{\pi}{\omega_n\sqrt{1-\zeta^2}} = 0.1$$

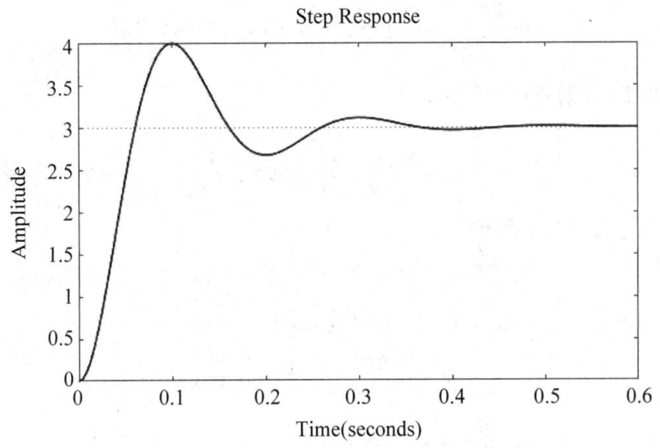

图 3-19　例 3-10 跃响应曲线

将 $\zeta=0.33$ 代入，可计算出

$$\omega_n=33.2$$

(4) 将 $\zeta=0.33$、$\omega_n=33.2$ 带入，可求得系统的闭环传递函数为

$$G(s)=\frac{3306.72}{s^2+22s+1102.4}$$

【例 3-11】 已知某二阶系统如图 3-20 所示，若要求系统的超调量 $\sigma=20\%$，峰值时间 $t_p=1\text{s}$。试确定系统参数 K 与 K_b，并计算满足要求的系统上升时间 t_r 与调节时间 t_s。

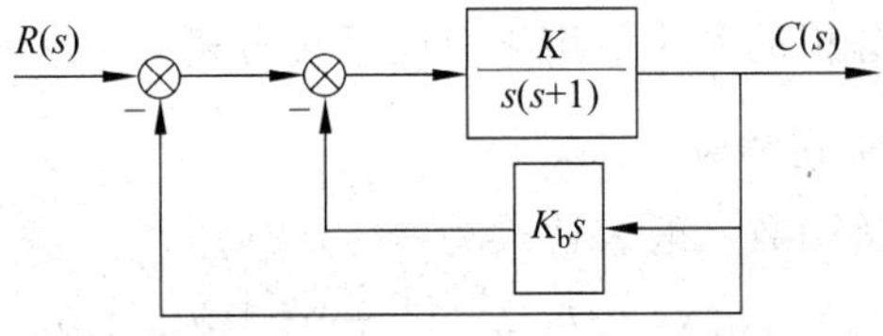

图 3-20　例 3-11 系统结构图

解　(1) 由系统结构图，可推出此系统的闭环传递函数为

$$\frac{C(s)}{R(s)}=\frac{\dfrac{K}{s(s+1)}}{1+\dfrac{K}{s(s+1)}\cdot(1+K_bs)}=\frac{K}{s^2+(1+KK_bs)K}$$

对应典型二阶系统表达式，可得

$$\omega_n^2=K,\quad 2\zeta\omega_n=1+KK_b$$

(2) 由超调量的计算公式可得

$$\sigma=\mathrm{e}^{\frac{-\zeta\pi}{\sqrt{1-\zeta^2}}}\times100\%=20\%$$

所以

$$\frac{\zeta\pi}{\sqrt{1-\zeta^2}}=\ln\frac{1}{0.2}=1.61,\quad \zeta=0.456$$

(3) 由峰值时间计算公式可得

$$t_{\mathrm{p}}=\frac{\pi}{\omega_{\mathrm{n}}\sqrt{1-\zeta^2}}=1$$

将 $\zeta=0.456$ 代入,可计算出

$$\omega_{\mathrm{n}}=3.53$$
$$K=\omega_{\mathrm{n}}^2=12.46$$
$$K_{\mathrm{b}}=\frac{2\zeta\omega_{\mathrm{n}}-1}{K}=0.178$$

(4) 由上升时间与调节时间计算公式可得

$$t_{\mathrm{r}}=\frac{\pi-\arccos\zeta}{\omega_{\mathrm{n}}\sqrt{1-\zeta^2}}=\frac{\pi-1.097}{3.142}=0.65(\mathrm{s})$$

$$t_{\mathrm{s}}=\frac{4}{\zeta\omega_{\mathrm{n}}}=\frac{4}{1.61}=2.5(\mathrm{s})\quad(\Delta=2\%)$$

$$t_{\mathrm{s}}=\frac{3}{\zeta\omega_{\mathrm{n}}}=\frac{3}{1.61}=1.86(\mathrm{s})\quad(\Delta=5\%)$$

3.5.4 高阶系统动态性能近似分析

三阶或三阶以上的系统称为高阶系统。高阶系统比较复杂,其传递函数形式多样,分析起来比较困难。实际应用中,常采用闭环主导极点的概念对高阶系统进行近似降阶简化,再将一阶、二阶系统分析的方法应用于高阶系统分析。

1. 高阶系统的单位阶跃响应

二阶系统的闭环传递函数一般表达式为

$$\phi(s)=\frac{C(s)}{R(s)}=\frac{b_m s^m+b_{m-1}s^{m-1}+\cdots+b_1 s+b_0}{a_n s^n+a_{n-1}s^{n-1}+\cdots+a_1 s+a_0}\quad(n\geqslant m)\tag{3.50}$$

将上式转换为零极点模式,得到

$$\phi(s)=\frac{C(s)}{R(s)}=\frac{K\prod_{i=1}^{m}(s-z_i)}{\prod_{j=1}^{n}(s-p_j)}\quad(n\geqslant m)\tag{3.51}$$

式中,$K=\frac{b_m}{a_n}$。

由于 $C(s)$与 $R(s)$均为实系数多项式,闭环零点 z_i 与极点 p_i 只能是实根或共轭复根。

在单位阶跃输入下,系统输出响应的拉普拉斯变换为

$$C(s)=\phi(s)\cdot\frac{1}{s}=\frac{K\prod_{i=1}^{m}(s-z_i)}{s\prod_{j=1}^{l}(s-p_j)\prod_{k=1}^{q}(s^2+2\zeta_k\omega_{nk}s+\omega_{nk}{}^2)} \tag{3.52}$$

式中，$l+2q=k$。

继续对上式进行分式展开，得到

$$C(s)=\frac{A_0}{s}+\sum_{j=1}^{l}\frac{A_j}{(s-p_i)}+\sum_{k=1}^{q}\frac{B_k(s+\zeta_k\omega_{nk}+C_k\omega_{nk}\sqrt{1-\zeta_k^2})}{s^2+2\zeta_k\omega_{nk}s+\omega_{nk}^2} \tag{3.53}$$

式中，A_0、A_j 是 $C(s)$ 在原点和实数极点处的留数；B_k 和 C_k 分别为 $C(s)$ 在其共轭复数极点 $-\zeta_k\omega_{nk}\pm j\sqrt{1-\zeta_k^2}$ 处留数的实部和虚部。

对式(3.53)进行拉普拉斯反变换，得到

$$c(t)=A_0+\sum_{j=1}^{l}A_j e^{p_j t}+\sum_{k=1}^{q}e^{-\xi_k\omega_{nk}t}(B_k\cos\omega_{nk}\sqrt{1-\zeta_k^2}t+C_k\sin\omega_{nk}\sqrt{1-\zeta_k^2}t)\quad(t\geqslant 0) \tag{3.54}$$

式中，第 1 项为稳态分量，第 2 项为指数曲线(一阶系统)，第 3 项为振荡曲线(二阶系统)。由此可见，高阶系统响应由常数项、一阶惯性环节及二阶振荡环节的响应分量合成，响应分量由闭环极点确定，部分系数与闭环零、极点分布有关。因此，高阶系统单位阶跃响应的性质可以根据其闭环零、极点在 s 平面的分布情况进行分析。

2. 闭环主导极点

分析 $c(t)$ 的表达式可以得到以下两个结论。

(1) 极点分布对分量衰减速度的影响。稳定的高阶系统，极点均位于 s 平面的左半平面，为实数或共轭复数，分别对应时域表达式的指数衰减曲线或正弦衰减曲线。各分量衰减的快慢，取决于极点离虚轴的距离。极点距离虚轴越远，$c(t)$ 中的暂态分量衰减越快，若距离足够远，当 $c(t)$ 达到最大值和稳态值时几乎衰减完毕，对上升时间和超调量影响不大；极点距离虚轴越近，分量衰减得越慢，对系统影响越大。因此，可将距离虚轴足够远的极点所引起的分量忽略，保留离虚轴较近的极点引起的分量。

(2) 零极点分布对分量中系数的影响。暂态分量的具体值还取决于模的大小，各系数即各分量的幅值，不仅与极点位置有关，而且与零点位置有关。如果极点远离原点，则相应的系数将很小；如果某极点与一个零点十分靠近，又远离原点及其他极点，则相应的系数比较小，在系统响应中的作用近似相互抵消，这对非常靠近的零、极点称为偶极子；如果某极点远离零点，又与原点较近，则相应系数就比较大。

在高阶系统所有的闭环极点中，如果离虚轴最近的极点，其实部小于其他极点实部的 1/5，并且周围无闭环零点，认为该极点所对应的响应分量在系统响应中起主导作用，称作闭环主导极点，如图 3-21 所示。

在实际系统的闭环零点和极点中，选留最靠近虚轴的一个或几个极点作为主导极点，忽略比主导极点距离虚轴超过 5 倍远的闭环零、极点，忽略不十分接近虚轴的靠得很近的

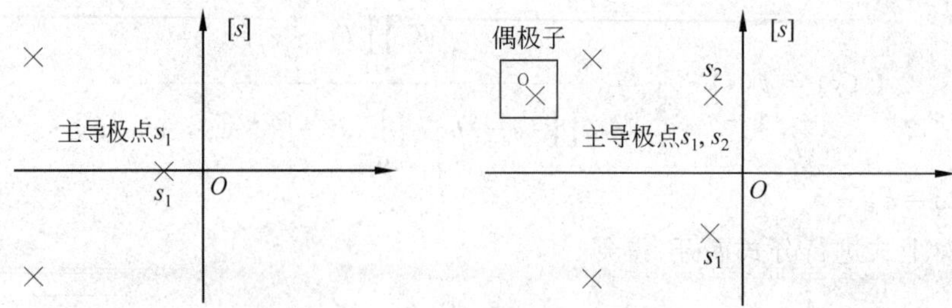

图 3-21 闭环主导极点

偶极子,可以实现高阶系统的近似降阶简化,将系统近似处理成一阶(一个主导极点)或二阶系统(主导极点为共轭复极点),按照一阶、二阶系统对平稳性、快速性的分析方法,求超调量和调节时间。

注意:在对高阶系统降阶处理时,首先要将系统的传递函数写成时间常数表达式(尾1),再将时间常数很小的项(该时间常数小于其他时间常数的1/5或更小)去掉,使高阶系统降阶。此时可保证降阶前后的稳态增益不变,也就是稳态误差特性不变。将传递函数写成零极点表达式,再将离虚轴很远的零极点的项去掉,使高阶系统降阶是错误的。因为此时稳态增益发生变化,也就是稳态误差发生改变。

【例 3-12】 某系统的闭环传递函数为$G(s)=\dfrac{10(s+18)}{(s+2)(s+20)(s+100)}$,对该系统进行近似降阶。

解 由闭环控制系统的闭环传递函数,可以看出该系统有3个极点,即-2、-20、-100,一个零点-18。分析零、极点的位置,可得以下结论。

(1) -100这一极点远离原点,A_3较小,其作用忽略。

(2) -20极点和(-18)零点靠近,A_2也较小,其作用忽略。

(3) -2这一极点靠近原点,且远离其他极点,为主导极点。

注意:不可在零极点表达式(首1)下直接将离虚轴很远的零极点的项去掉,这会使系统增益发生变化。应该将系统的传递函数写成时间常数表达式(尾1),再将时间常数很小的项去掉。

将题目给出的零极点表达式转换为时间常数表达式,得到

$$G(s)=\frac{9\left(\dfrac{1}{18}s+1\right)}{200\left(\dfrac{1}{2}s+1\right)\left(\dfrac{1}{20}s+1\right)\left(\dfrac{1}{100}s+1\right)}$$

将时间常数很小的项去掉,得到

$$G(s)=\frac{0.09}{s+2}$$

将此系统近似看成一阶系统$G(s)=\dfrac{0.09}{s+2}$进行处理。

3.6　基于 MATLAB 的动态性能分析仿真

对于低阶、简单的控制系统，通过公式计算出基本的性能指标，就可以手工绘制出近似的阶跃响应图。但是对于高阶、复杂的系统，手工绘制需要进行大量的计算，效率低且很难得到精确的结果。MATLAB 提供了绘制阶跃响应图的函数，可以非常方便、直观地得到系统的阶跃响应图与动态性能指标数值。

1. step 函数

功能：计算或绘制出定常连续系统的阶跃响应并能求出其数值解。

用法：见表 3-7。

表 3-7　step 函数用法

格　　式	功能与参数
step(num,den,Tfinal) step(Gs,Tfinal)	绘制系统单位阶跃响应在指定时间范围内的波形图。 step(num,den)中参数为由向量 num 和 den 表示的连续系统，Gs 为 tf 或 zpk 模型，Tfinal 为模拟的时间，可省略
step(Gs1,Gs2,…,GsN,Tfinal)	在图形窗口中同时绘制 N 个系统的单位阶跃响应曲线
[y,t]=step(Gs)	求系统单位阶跃响应数值，y 为输出向量，t 为时间向量

2. impulse 函数

功能：计算或绘制出定常连续系统的脉冲响应并能求出其数值解。

用法：见表 3-8。

表 3-8　impulse 函数用法

格　　式	功能与参数
impulse(num,den,Tfinal) impulse(Gs,Tfinal)	绘制系统脉冲响应在指定时间范围内的波形图。 参数同 step 函数
impulse(Gs1,Gs2,…,GsN,Tfinal)	在一个图形窗口中同时绘制 N 个系统的脉冲响应曲线
[y,t]=impulse(Gs)	求系统脉冲响应数值，y 为输出向量，t 为时间向量

【例 3-13】　已知二阶系统闭环传递函数为 $G(s)=\dfrac{1}{0.02s^2+0.1s+1}$，分别绘制出该系统 0～10s 的单位阶跃响应与脉冲响应图。

解　在 MATLAB 命令窗口中输入如下命令。

```
Gs=tf([1],[0.02,0.1,1]);
step(Gs,10)
figure(2)
impulse(Gs,10)
```

运行结果如图 3-22(a)与图 3-22(b)所示。

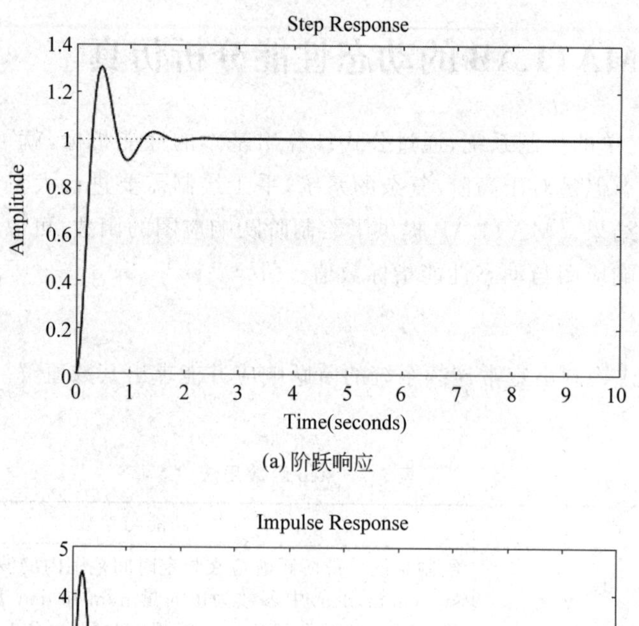

(a) 阶跃响应

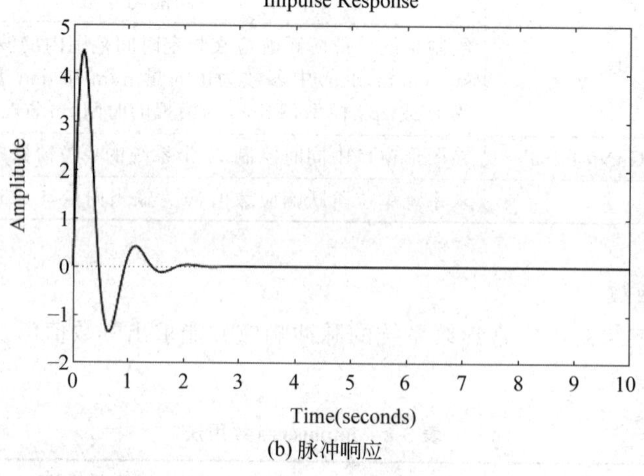

(b) 脉冲响应

图 3-22 例 3-13 运行结果

通过 MATLAB 绘制的信号响应图能够获取系统响应的动态性能指标数值，帮助分析系统的动态性能。获取方法包括游动鼠标法与精确值显示法。

游动鼠标法是对动态性能指标数值的粗略估计。用鼠标左键单击时域响应曲线任意一点，系统会自动跳出一个小方框，小方框中显示了这一点的横坐标（时间）和纵坐标（幅值）。可以拖动小方框在曲线上移动。根据动态性能指标的定义，当小方框移动到需要获取数值的位置时释放鼠标左键，就可以获得所需要的数据，包括上升时间、调节时间、稳态值、峰值时间等，超调量可以通过简单的计算获取。

【例 3-14】 已知二阶系统闭环传递函数为 $G(s)=\dfrac{1}{0.02s^2+0.1s+1}$，绘制该系统的单位阶跃响应图（默认时间即可），用游动鼠标法获取动态性能指标的估计值，用精确值显示法获取动态性能指标精确数值。

解 在 MATLAB 命令窗口中输入如下命令。

```
Gs=tf([1],[0.02,0.1,1]);
step(Gs)
```

在阶跃响应图上按住鼠标左键，将小方框拖动到相应的位置，可以获取所需数据，如图 3-23 所示。

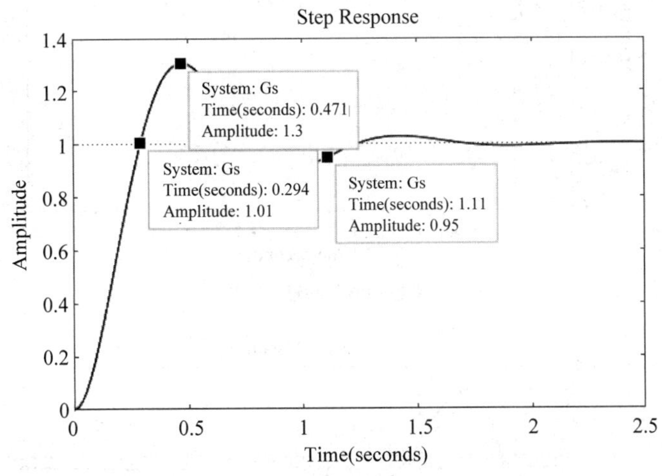

图 3-23　用游动鼠标法获取动态性能指标

从图中可以看出动态性能指标的粗略估计值：上升时间为 0.294s；峰值时间为 0.471s；调节时间为 1.11s；超调量可根据其定义计算出 $\frac{1.3-1}{1}\times 100\%=30\%$；观察出系统稳态值为 1。

精确值显示法是指在响应图上右击，通过快捷菜单中的命令显示出动态性能指标的精确数值。

在阶跃响应图上右击，选择快捷菜单中的 Characteristics，在弹出的下级菜单中包含 Peak Response（峰值响应）、Settling Time（过渡时间）、Rise Time（上升时间）、Steady State（稳态），勾选需要的数据，响应图上会显示相应的数据点位置，如图 3-24(a)所示。图中默认的上升时间是从稳态值的 10%上升到 90%所需的时间，误差带默认为 2%，如图 3-25(a)所示。要更改设置，可通过右击，选择快捷菜单中的 Properties，在打开的参数设置对话框中选择 Options 选项卡，将 Show rise time from 的数值设置为 0～100%，若对系统精确度要求不是很高，可将 Show settling time within 的数值设置为 5%，如图 3-25(b)所示。关闭对话框后在响应图中可看到特征点位置的变化，如图 3-24(b)所示。

将鼠标指针移动到特征点位置或在特征点位置单击，可获取相应的数值，如图 3-26 所示。

从图中的数据可以得到上升时间为 0.292s，峰值时间为 0.479s，调节时间为 1.11s，超调量为 30.5%，系统稳态值为 1。

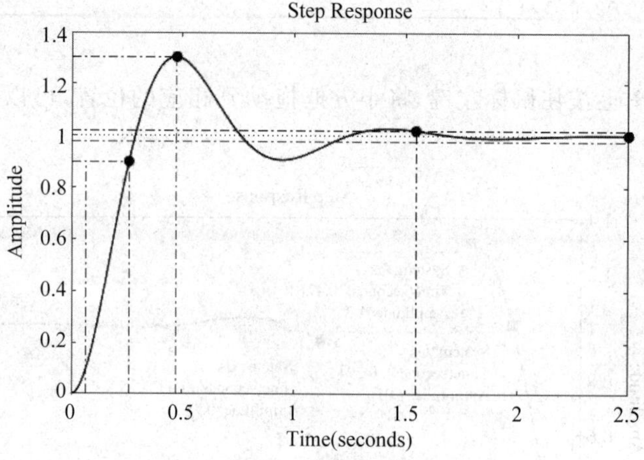

(a) 参数调整前的输出结果

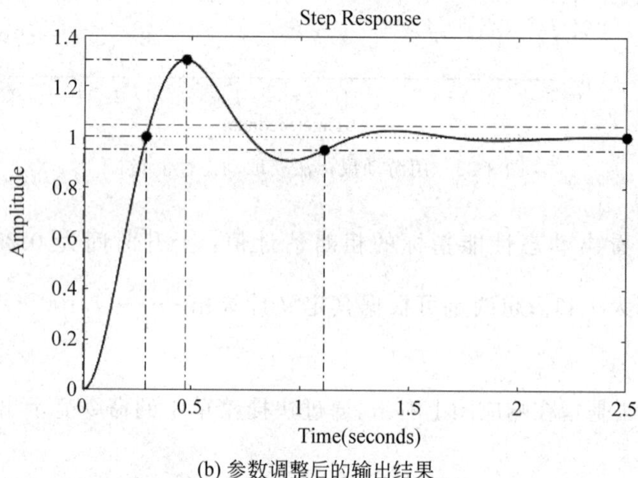

(b) 参数调整后的输出结果

图 3-24 显示动态特征点

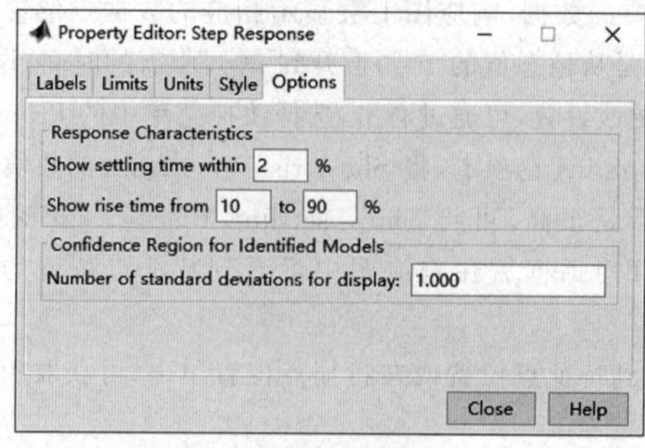

(a) 默认参数

图 3-25 参数设置对话框

Property Editor: Step Response
Labels　Limits　Units　Style　Options
Response Characteristics
Show settling time within 5 %
Show rise time from 0 to 100 %
Confidence Region for Identified Models
Number of standard deviations for display: 1
Close　Help

(b) 修改后的参数

图　3-25(续)

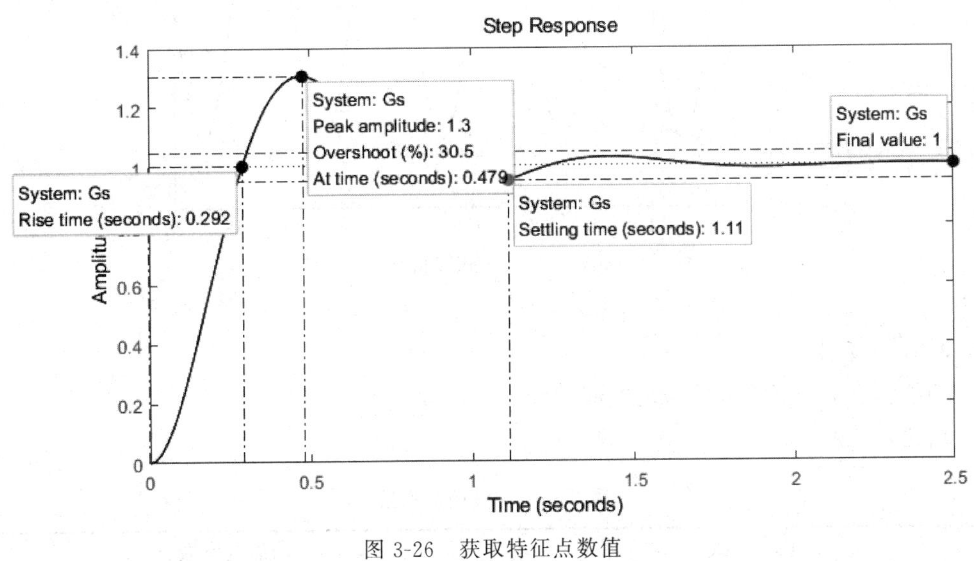

图 3-26　获取特征点数值

3. gensig 函数

功能：产生用于 lsim 函数的实验输入信号。

用法：见表 3-9。

表 3-9　gensig 函数用法

格　式	功能与参数
[u,t]=gensig(type,tau)	产生以 tau 为周期，由 type 确定形式的标量信号 u。 type 为输入信号的形式，包括 sin 正弦波，square 方波，pluse 周期性脉冲；t 为由采样周期组成的矢量；矢量 u 为这些采样周期的信号值
[u,t]=gensig(type,tau,Tf,Ts)	Tf 指定信号的持续时间，Ts 指定采样的间隔时间，其他参数同上

【例 3-15】　用 gensig 函数产生一个周期为 4s、持续时间为 20s、每 0.2s 采样一次的

正弦波信号。

在 MATLAB 命令窗口中输入如下命令。

```
[u,t]=gensig('sin',4,20,0.2);
plot(t,u);                              %绘图
axis([0 20 -1.5 1.5])                   %定义坐标范围
```

运行结果如图 3-27 所示。

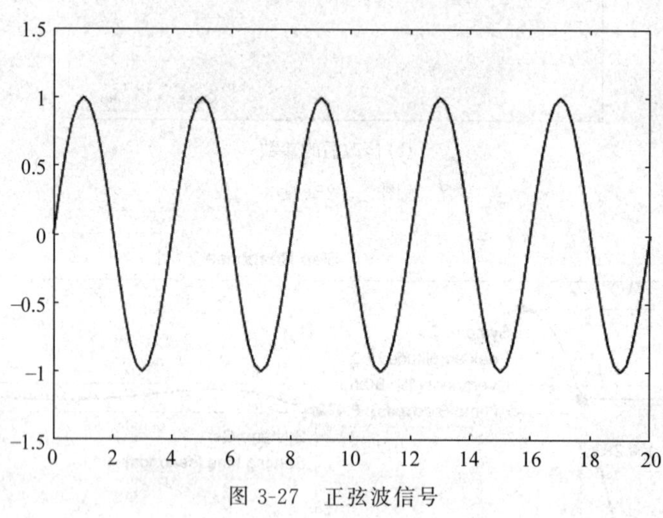

图 3-27 正弦波信号

4. lsim 函数

功能：绘制任意输入信号的响应曲线。

用法：见表 3-10。

表 3-10 lsim 函数用法

格式	功能与参数
lsim(Gs,u,t)	绘制 Gs 的时间响应曲线。 u 为输入信号，t 为等间隔时间向量
lsim(Gs1,Gs2,…,GsN,u,t)	绘制 N 个系统的时间响应曲线

【例 3-16】 已知二阶系统的闭环传递函数为 $G(s)=\dfrac{36}{s^2+2s+36}$，构造一个矩形输入信号，并绘制响应曲线。

在 MATLAB 命令窗口中输入如下命令。

```
[u,t]=gensig('square',8,25,0.1); %生成周期为 8s、长度为 25s、采样间隔为 0.1s 的矩形波
Gs=tf([36],[1,2,36]);
lsim(Gs,u,t)                     %绘制矩形波输入下的输出响应
```

运行结果如图 3-28 所示。

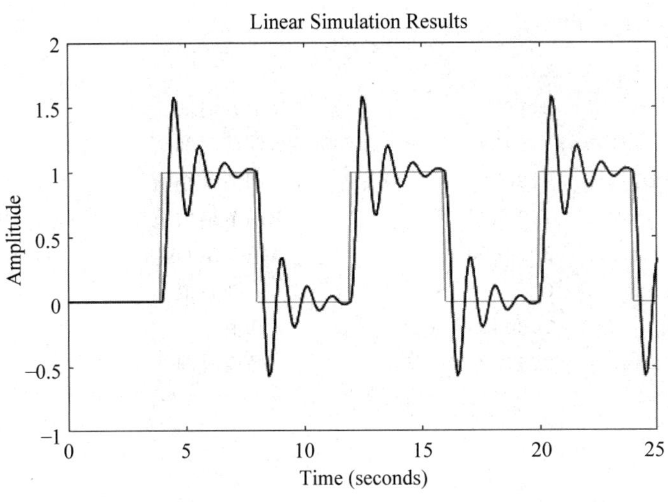

图 3-28　矩形波输入下的输出响应

5. stepinfo 函数

功能：求系统的动态性能指标。

用法：见表 3-11。

表 3-11　stepinfo 函数用法

格　式	功能与参数
stepinfo(Gs)	输出系统 Gs 的阶跃响应相关性能参数，默认上升时间为系统输出从稳态值的 10%上升到 90%所需时间，误差带为 2%

6. damp 函数

功能：求系统的自然角频率和阻尼比。

用法：见表 3-12。

表 3-12　damp 函数用法

格　式	功能与参数
[w zeta]=damp(Gs)	求系统 Gs 的自然角频率和阻尼比。 w 为系统自然角频率，zeta 为阻尼比

【例 3-17】　已知二阶系统闭环传递函数为 $G(s)=\dfrac{1}{0.02s^2+0.1s+1}$，在命令窗口输出阶跃响应相关性能参数、系统的自然角频率和阻尼比。

在 MATLAB 命令窗口中输入如下命令。

```
Gs=tf([1],[0.02,0.1,1]);
stepinfo(Gs)
[w zeta]=damp(Gs)
```

运行结果如下。

```
ans =
     RiseTime:      0.1977                  %上升时间
     SettlingTime:1.5484                    %调节时间
     SettlingMin: 0.9071                    %调节最小值
     SettlingMax: 1.3049                    %调节最大值
     Overshoot:    30.4890                  %超调量(过冲)
     Undershoot:   0                        %下冲谷值
     Peak:         1.3049                   %峰值
     PeakTime:     0.4789                   %峰值时间
w =
     7.0711
     7.0711
zeta =
     0.3536
     0.3536
```

3.7 稳态性能分析

稳态性能分析是对系统达到稳定状态后的系统精确程度与抗干扰能力的分析。

3.7.1 误差与稳态误差

由于控制系统的本身结构、输入信号、元件质量等原因,稳态输出量不可能与输入量完全一致,当受到外部扰动时,也不可能完全准确地恢复到原有的平衡点,误差总是不可避免的。

一个稳定的控制系统运行一段时间后,会由动态过程过渡到稳态过程,进入稳定状态。系统的误差响应包括动态过程中产生的动态分量和稳态过程中产生的稳态分量。稳定的控制系统误差动态分量会随着时间的推移逐渐消失,我们主要关心的是控制系统平稳以后的误差。稳态性能分析就是分析系统进入稳定状态后的误差,只有稳定的系统才存在稳态误差。

稳态误差的大小是衡量系统性能的重要指标。实际设计过程中,应使系统的稳态误差小于某一允许值并尽可能地减小。当稳态误差小到可以忽略不计时,近似地认为系统稳态误差为零,这样的系统称为无差系统;反之,称为有差系统。

3.7.2 稳态误差的定义

定义误差有以下两种方法。

1. 从输出端定义

在图 3-29 中,$c_r(t)$为系统的实际输出量,$c(t)$为期望输出量,从输出端定义将系统的实际输出量 $c_r(t)$与期望输出量 $c(t)$之间的差值 $e(t)$定义为系统的误差,即

$$e(t)=c_r(t)-c(t)$$

或

$$E(s)=C_r(s)-C(s)$$

这种方法定义的误差容易理解，在系统性能指标的提法中也经常用到，但是在实际系统中无法测量，只有数学意义。

2. 从输入端定义

图 3-30 所示的控制系统中，$r(t)$为输入信号，$b(t)$为反馈信号，$c(t)$为输出信号，$e(t)$为偏差信号，$G(s)$、$H(s)$分别是前向通路装置串联、反馈装置的传递函数，假设系统无扰动输入信号。

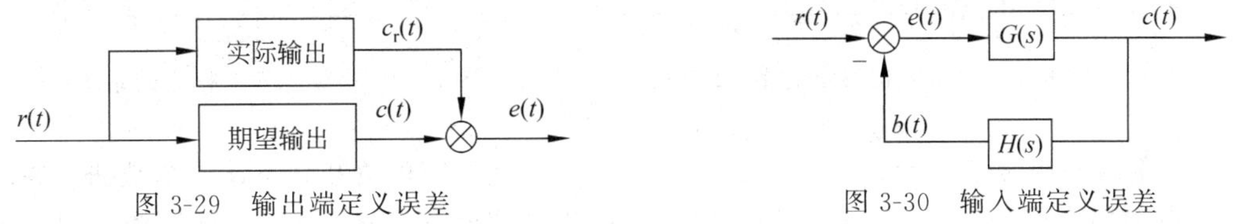

图 3-29　输出端定义误差　　　　图 3-30　输入端定义误差

当反馈信号 $b(t)$与输入信号 $r(t)$不相等时，比较装置就会有偏差信号输出。从输入端定义是将系统的给定输入量 $r(t)$与主反馈信号 $b(t)$之间的差值 $e(t)$定义为系统的误差，即

$$e(t)=r(t)-b(t)$$

进行拉普拉斯变换后表示为

$$E(s)=R(s)-B(s)=R(s)-H(s)C(s) \tag{3.55}$$

$$E(s)=R(s)-H(s)\frac{G(s)R(s)}{1+G(s)H(s)}=\frac{1}{1+G(s)H(s)}R(s) \tag{3.56}$$

本书均采用从系统输入端定义的误差进行分析计算。

3.7.3　典型闭环控制系统的稳态误差

典型闭环控制系统如图 3-31 所示，其中 $G_1(s)$、$G_2(s)$、$H(s)$分别是控制装置、被控对象、反馈装置的传递函数，$R(s)$、$C(s)$、$D(s)$、$B(s)$、$E(s)$分别为给定输入信号、实际输出信号、扰动输入信号、反馈信号和误差信号。

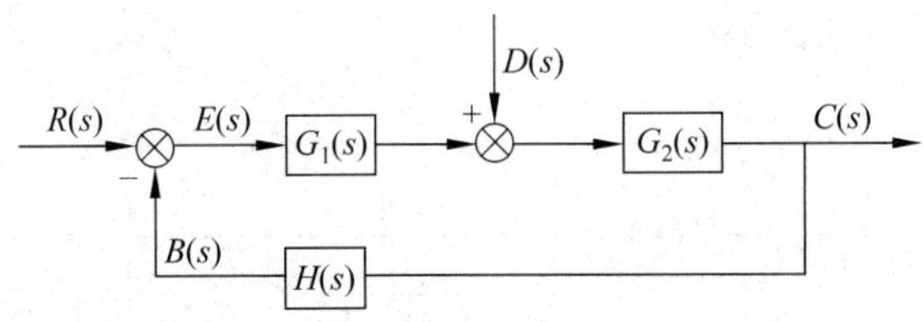

图 3-31　典型闭环控制系统

典型闭环控制系统的稳态误差包括给定输入量的误差和扰动作用下的误差，分别用 e_{ssr}与 e_{ssd}表示。根据线性系统的叠加性原理，在计算系统的稳态误差时，可以先分别计算

给定输入量的误差和扰动作用下的误差，再将两者叠加，即 $e_{ss}=e_{ssr}+e_{ssd}$。

3.7.4 输入信号作用下的系统稳态误差

给定输入作用下的误差大小，反映了系统的精确程度。

计算输入信号作用下的系统稳态误差时，以图 3-31 所示的典型闭环控制系统为例，假定系统的扰动输入 $D(s)=0$，系统方框图可变换为图 3-32 所示的方框图。做串联等效变换，方框图可简化为图 3-33 所示的方框图，其中 $G(s)=G_1(s)G_2(s)$。

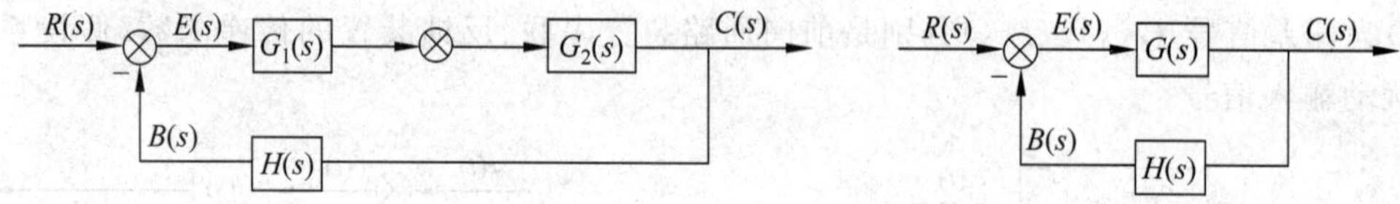

图 3-32　输入信号下的系统结构　　　图 3-33　串联等效变换后的系统结构

计算原理性稳态误差的方法主要有计算误差的终值定理法和静态误差系数法。原理性稳态误差是指为了跟踪输出量的期望值和由于外扰动作用的存在，控制系统在原理上必然存在的一类稳态误差。

1. 终值定理法

终值定理法是计算稳态误差的一般方法。先求出系统误差信号的拉普拉斯变换 $E(s)$，如式 3.56 所示，再用拉普拉斯变换中的终值定理计算稳态误差终值。

当 $t\to\infty$ 时，给定输入信号下的稳态误差为稳定系统误差响应 $e(t)$ 的终值，记作 e_{ssr}。

$$e_{ssr}=\lim_{t\to\infty}e(t) \tag{3.57}$$

根据拉普拉斯变换中的终值定理，将式 3.56 代入，可推导出

$$e_{ssr}=\lim_{t\to\infty}e(t)=\lim_{s\to 0}sE(s)=\lim_{s\to 0}s\frac{1}{1+G(s)H(s)}R(s) \tag{3.58}$$

从式(3.58)中可以得到两个结论：①稳态误差与系统输入信号的形式 $r(t)$ 有关；②稳态误差与系统的结构及参数有关。

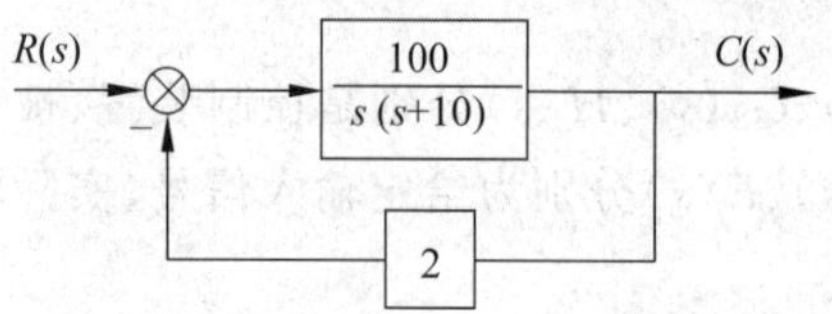

图 3-34　例 3-18 系统结构图

【例 3-18】 已知闭环控制系统结构图如图 3-34 所示，求单位阶跃输入信号下的系统稳态误差。

解　系统输入为单位阶跃信号，可知

$$R(s)=\frac{1}{s}$$

因此

$$E(s)=\frac{1}{1+G(s)H(s)}R(s)=\frac{1}{1+\dfrac{100}{s(s+10)}\times 2}\cdot\frac{1}{s}=\frac{s+10}{s^2+10s+200}$$

$$e_{ssr}=\lim_{t\to\infty}e(t)=\lim_{s\to 0}sE(s)=\lim_{s\to 0}s\cdot\frac{s+10}{s^2+10s+200}=0$$

2. 静态误差系数法

静态误差系数法讨论的是系统的开环传递函数在不同形式给定输入信号作用下稳态误差求解的普遍规律。

设系统开环传递函数的一般形式为

$$G(s)H(s)=\frac{K(\tau_1 s+1)(\tau_2 s+1)\cdots(\tau_m s+1)}{s^v(T_1 s+1)(T_2 s+1)\cdots(T_{n-v}s+1)}=\frac{K\prod_{j=1}^{m}(\tau_j s+1)}{s^v\prod_{i=1}^{n-v}(T_i s+1)} \tag{3.59}$$

式中，K 为系统开环增益，即开环传递函数中各因式的常数项为 1 时的总比例系数；τ_i 和 T_i 为时间常数；v 为串联积分环节的个数，也称为系统的型号，对应于 $v=0,1,2$ 的系统，分别称为 **0** 型、Ⅰ型和Ⅱ型系统。系统的型号越高，稳态精度越高，但稳定性越差。由于Ⅱ型以上的系统实际上很难稳定，故在控制过程中一般不会遇到。

系统的开环增益与型号是静态误差系数法中需要的重要参数，误差系数代表一个系统消除或减少稳态误差的能力。

【例 3-19】 已知系统的开环传递函数为 $G(s)H(s)=\dfrac{8(s+2)}{s(s+4)}$，试确定其型号和开环增益 K 值。

解　将系统的开环传递函数变形为常数为 1 的一般形式可得

$$G(s)H(s)=\frac{8(s+2)}{s(s+4)}=\frac{4\left(\frac{1}{2}s+1\right)}{s\left(\frac{1}{4}s+1\right)}$$

与开环传递函数的一般形式进行比较，可见其为Ⅰ型系统，开环增益 $K=4$。

下面分别讨论阶跃信号、斜坡信号和加速度信号三种不同形式给定输入信号下系统的稳态误差。

(1) 阶跃信号作用下稳态误差及静态位置误差系数。在图 3-30 所示的控制系统中，若输入信号 $r(t)=R\cdot 1(t)$，则 $R(s)=\dfrac{R}{s}$，其中 R 为阶跃函数的幅值，则系统在阶跃函数下的稳态误差为

$$\begin{aligned}e_{\mathrm{ssr}}&=\lim_{t\to\infty}e(t)=\lim_{s\to 0}sE(s)=\lim_{s\to 0}\frac{sR(s)}{1+G(s)H(s)}\\&=\lim_{s\to 0}\frac{R}{1+G(s)H(s)}=\frac{R}{1+\lim\limits_{s\to 0}G(s)H(s)}=\frac{R}{1+K_{\mathrm{p}}}\end{aligned} \tag{3.60}$$

式中，

$$K_{\mathrm{p}}=\lim_{s\to 0}G(s)H(s) \tag{3.61}$$

K_{p} 为静态位置误差系数。

对于 **0** 型系统，静态位置误差系数为

$$K_{\mathrm{p}}=\lim_{s\to 0}G(s)H(s)=\lim_{s\to 0}\frac{K\prod_{j=1}^{m}(\tau_j s+1)}{\prod_{i=1}^{n}(T_i s+1)}=K \tag{3.62}$$

则 **0** 型系统在阶跃信号下的稳态误差为

$$e_{\mathrm{ssr}}=\frac{R}{1+K_{\mathrm{p}}}=\frac{R}{1+K} \tag{3.63}$$

对于Ⅰ型系统，静态位置误差系数为

$$K_{\mathrm{p}}=\lim_{s\to 0}G(s)H(s)=\lim_{s\to 0}\frac{K\prod_{j=1}^{m}(\tau_j s+1)}{s\prod_{i=1}^{n-1}(T_i s+1)}=\infty \tag{3.64}$$

则Ⅰ型系统在阶跃信号下的稳态误差为

$$e_{\mathrm{ssr}}=\frac{R}{1+K_{\mathrm{p}}}=0 \tag{3.65}$$

对于Ⅱ型系统，静态位置误差系数为

$$K_{\mathrm{p}}=\lim_{s\to 0}G(s)H(s)=\lim_{s\to 0}\frac{K\prod_{j=1}^{m}(\tau_j s+1)}{s^2\prod_{i=1}^{n-2}(T_i s+1)}=\infty \tag{3.66}$$

则Ⅱ型系统在阶跃信号下的稳态误差为

$$e_{\mathrm{ssr}}=\frac{R}{1+K_{\mathrm{p}}}=0 \tag{3.67}$$

用同样的方法可计算出，Ⅱ型以上系统 $K_{\mathrm{p}}=\infty$，$e_{\mathrm{ssr}}=0$。

从上述计算结果可以看出，**0** 型系统能够跟踪阶跃信号，具有稳态误差，为有差系统，Ⅰ型、Ⅱ型及以上系统也能够很好地跟踪阶跃输入信号，且为无差系统。

(2) 斜坡信号作用下稳态误差及静态速度误差系数。在图 3-30 所示的控制系统中，若输入信号 $r(t)=R\cdot t$，则 $R(s)=\dfrac{R}{s^2}$，其中 R 为斜坡函数的幅值，则系统在斜坡函数下的稳态误差为

$$e_{\mathrm{ssr}}=\lim_{s\to 0}s\frac{1}{1+G(s)H(s)}\cdot\frac{R}{s^2}=\frac{R}{\lim_{s\to 0}sG(s)H(s)}=\frac{R}{K_{\mathrm{v}}} \tag{3.68}$$

式中，

$$K_{\mathrm{v}}=\lim_{s\to 0}sG(s)H(s) \tag{3.69}$$

K_{v} 定义为静态速度误差系数。

对于 **0** 型系统，静态速度误差系数为

$$K_{\mathrm{v}}=\lim_{s\to 0}sG(s)H(s)=\lim_{s\to 0}\frac{sK\prod_{j=1}^{m}(\tau_j s+1)}{\prod_{i=1}^{n}(T_i s+1)}=0 \tag{3.70}$$

则 **0** 型系统在斜坡信号下的稳态误差为

$$e_{ssr}=\frac{R}{K_v}=\infty \tag{3.71}$$

对于Ⅰ型系统,静态速度误差系数为

$$K_v=\lim_{s\to 0}sG(s)H(s)=\lim_{s\to 0}\frac{sK\prod_{j=1}^{m}(\tau_j s+1)}{s\prod_{i=1}^{n-1}(T_i s+1)}=K \tag{3.72}$$

则Ⅰ型系统在斜坡信号下的稳态误差为

$$e_{ssr}=\frac{R}{K_v}=\frac{R}{K} \tag{3.73}$$

对于Ⅱ型系统,静态速度误差系数为

$$K_v=\lim_{s\to 0}sG(s)H(s)=\lim_{s\to 0}\frac{sK\prod_{j=1}^{m}(\tau_j s+1)}{s^2\prod_{i=1}^{n-2}(T_i s+1)}=\infty \tag{3.74}$$

则Ⅱ型系统在斜坡信号下的稳态误差为

$$e_{ssr}=\frac{R}{K_v}=0 \tag{3.75}$$

用同样的方法可计算出,Ⅱ型以上系统中 $K_v=\infty$,$e_{ssr}=0$。

从上述计算结果可以看出,**0** 型系统不能跟踪斜坡输入信号;Ⅰ型可以跟踪,具有稳态误差,为有差系统,该稳态误差与输入信号的斜率 R 成正比,与开环增益 K 成反比,因此增大开环增益可以减小稳态误差,但不能消除;Ⅱ型及以上系统也能够很好地跟踪斜坡输入信号,且为无差系统。

(3) 加速度信号作用下稳态误差及静态加速度误差系数。在图 3-30 所示的控制系统中,若输入信号 $r(t)=R\cdot\frac{t^2}{2}$,则 $R(s)=\frac{R}{s^3}$,其中 R 为加速度函数的速度变化率,则系统在加速度函数下的稳态误差为

$$e_{ssr}=\lim_{s\to 0}s\frac{1}{1+G(s)H(s)}\cdot\frac{R}{s^3}=\frac{R}{\lim_{s\to 0}s^2G(s)H(s)}=\frac{R}{K_a} \tag{3.76}$$

式中,

$$K_a=\lim_{s\to 0}s^2G(s)H(s) \tag{3.77}$$

K_a 为静态加速度误差系数。

对于 **0** 型系统,静态加速度误差系数为

$$K_a=\lim_{s\to 0}s^2G(s)H(s)=\lim_{s\to 0}\frac{s^2K\prod_{j=1}^{m}(\tau_j s+1)}{\prod_{i=1}^{n}(T_i s+1)}=0 \tag{3.78}$$

则 **0** 型系统在加速度信号下的稳态误差为

$$e_{ssr}=\frac{R}{K_a}=\infty \tag{3.79}$$

对于Ⅰ型系统,静态加速度误差系数为

$$K_a=\lim_{s\to 0}s^2G(s)H(s)=\lim_{s\to 0}\frac{s^2K\prod_{j=1}^{m}(\tau_j s+1)}{s\prod_{i=1}^{n-1}(T_i s+1)}=0 \tag{3.80}$$

则Ⅰ型系统在加速度信号下的稳态误差为

$$e_{ssr}=\frac{R}{K_a}=\infty \tag{3.81}$$

对于Ⅱ型系统,静态加速度误差系数为

$$K_a=\lim_{s\to 0}s^2G(s)H(s)=\lim_{s\to 0}\frac{s^2K\prod_{j=1}^{m}(\tau_j s+1)}{s^2\prod_{i=1}^{n-2}(T_i s+1)}=K \tag{3.82}$$

则Ⅱ型系统在加速度信号下的稳态误差为

$$e_{ssr}=\frac{R}{K_a}=\frac{R}{K} \tag{3.83}$$

用同样的方法可计算出,Ⅱ型以上系统,$K_a=\infty$,$e_{ssr}=0$。

从上述计算结果可以看出,**0** 型与Ⅰ型系统不能跟踪加速度输入信号;Ⅱ型可以跟踪,具有稳态误差,为有差系统,该稳态误差与输入加速度信号的变化率 R 成正比,与开环增益 K 成反比;Ⅱ型以上系统也能够很好地跟踪加速度输入信号,且为无差系统。

不同典型输入信号下的稳态误差及静态误差系数如表 3-13 所示。

表 3-13 典型信号作用下的系统稳态误差及静态误差系数

典型输入信号	0 型系统		Ⅰ型系统		Ⅱ型系统	
	误差系数	稳态误差	误差系数	稳态误差	误差系数	稳态误差
$r(t)=R\cdot 1(t)$	K	$\frac{R}{1+K}$	∞	0	∞	0
$r(t)=R\cdot t$	0	∞	K	$\frac{R}{K}$	∞	0
$r(t)=R\cdot\frac{t^2}{2}$	0	∞	0	∞	K	$\frac{R}{K}$

从表中数据可以看出,系统在给定输入信号作用下的稳态误差与输入信号和系统的开环传递函数有关。输入信号一定时,系统的型号越大,积分环节的个数越多,系统的稳态精度越高。系统的型号与输入信号次数对应时,开环增益 K 值越大,稳态误差越小,准确度越高。

【例 3-20】 已知一单位负反馈系统的开环传递函数为 $G(s)H(s)=\frac{8}{s(s+4)}$,计算当输入信号为 $r(t)=2+6t+2t^2$ 时的稳态误差。

解 由题意,已知此单位负反馈系统的开环传递函数为 $G(s)H(s)=\frac{8}{s(s+4)}$,得到

其闭环传递函数为 $\phi(s)=\dfrac{8}{s^2+4s+8}$，特征方程为 $s^2+4s+8=0$，由劳斯稳定判据可判定该系统稳定。

将开环传递函数变形为常数为 1 的一般形式可得到

$$G(s)H(s)=\frac{8}{s(s+4)}=\frac{2}{s\left(\frac{1}{4}s+1\right)}$$

该系统为Ⅰ型系统，开环增益 $K=2$。

对应表 3-11 中的系统型别与输入信号，可得

当 $r(t)=2$ 时，$K_p=\infty$，$e_{ss}=0$。

当 $r(t)=6t$ 时，$K_v=K=2$，$e_{ss}=R/K=6/2=3$。

当 $r(t)=2t^2$，即 $r(t)=\dfrac{1}{2}\cdot 4t^2$ 时，$K_a=0$，$e_{ss}=\infty$。

根据线性系统的叠加性原理，有

$$e_{ss}(2+6t+2t^2)=e_{ss}(2)+e_{ss}(2t)+e_{ss}(2t^2)=0+3+\infty=\infty$$

3.7.5 扰动信号作用下的系统稳态误差

除了给定信号之外，控制系统在实际运行的过程中往往会受到不可避免的扰动作用，比如温度、风速、水流、负载改变等，都会使系统的输出偏离期望值。扰动作用下的误差大小，反映了系统的抗干扰能力。

计算扰动信号作用下的系统稳态误差可以应用前面介绍的终值定理法，但静态误差系数法已不再适用。

计算扰动信号作用下的系统稳态误差时，以图 3-31 所示的典型闭环控制系统为例，假定系统的给定输入 $R(s)=0$，系统方框图可变换为图 3-35 所示的方框图。

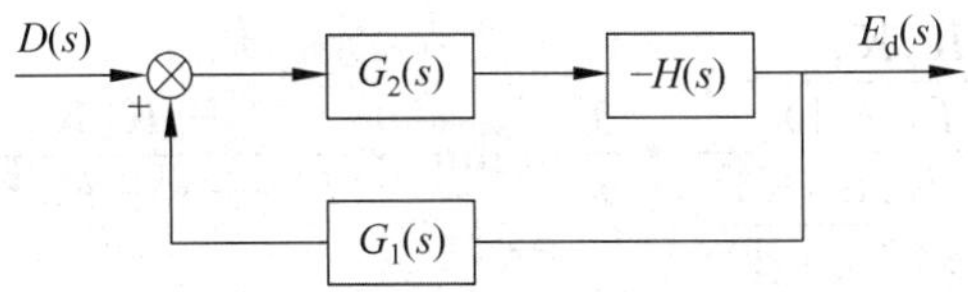

图 3-35　扰动信号下的系统结构

从系统结构图可推导出

$$E_d(s)=\frac{-G_2(s)H(s)}{1+G_1(s)G_2(s)H(s)}\cdot D(s) \tag{3.84}$$

当 $G_1(s)G_2(s)H(s)\gg 1$ 时，可近似取值为

$$E_d(s)\approx\frac{-1}{G_1(s)}\cdot D(s) \tag{3.85}$$

由终值定理可得，扰动作用下的稳态误差为

$$e_{ssd}=\lim_{t\to\infty}e_d(t)=\lim_{s\to 0}sE_d(s) \tag{3.86}$$

从式 3.85 可以看出，扰动作用下的稳态误差不仅与扰动信号 $D(s)$ 的形式和大小有

关，还与扰动作用点之前的传递函数 $G_1(s)$ 中积分环节的个数 v_1 以及放大倍数 K_1 有关。$G_1(s)$ 中积分环节的个数越多、K_1 越大，扰动作用下稳态误差的绝对值越小。

【例 3-21】 如图 3-36 所示的两个系统，具有相同的开环传递函数，给定输入信号和扰动信号，但扰动作用点不同，试计算当扰动信号 $d(t)=1$ 时两个系统的扰动误差。

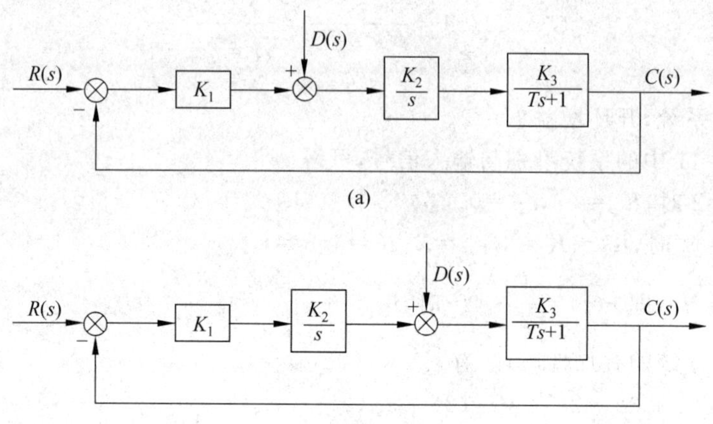

图 3-36 例 3-21 扰动点不同的两个系统

解 (1) 对图 3-36(a)，套用公式 $E_d(s)=\dfrac{-G_2(s)H(s)}{1+G_1(s)G_2(s)H(s)}\cdot D(s)$ 与 $E_d(s)\approx\dfrac{-1}{G_1(s)}\cdot D(s)$ 两种方法进行求解。

方法 1：

$$e_{ssd}=\lim_{s\to 0}sE_d(s)=\lim_{s\to 0}s\cdot\frac{-G_2(s)H(s)}{1+G_1(s)G_2(s)H(s)}\cdot D(s)$$

$$=\lim_{s\to 0}s\cdot\frac{-\dfrac{K_2K_3}{s(Ts+1)}\cdot 1}{1+\dfrac{K_1K_2K_3}{s(Ts+1)}}\cdot\frac{1}{s}=\lim_{s\to 0}s\cdot\frac{-K_2K_3}{Ts^2+s+K_1K_2K_3}\cdot\frac{1}{s}=-\frac{1}{K_1}$$

方法 2：

$$e_{ssd}=\lim_{s\to 0}sE_d(s)=\lim_{s\to 0}s\cdot\frac{-1}{G_1(s)}\cdot D(s)=\lim_{s\to 0}s\cdot\frac{-1}{K_1}\cdot\frac{1}{s}=-\frac{1}{K_1}$$

两种方法求得的扰动误差数值相同。

(2) 对图 3-36(b)，套用公式 $E_d(s)\approx\dfrac{-1}{G_1(s)}\cdot D(s)$ 进行求解。

$$e_{ssd}=\lim_{s\to 0}sE_d(s)=\lim_{s\to 0}s\cdot\frac{-1}{G_1(s)}\cdot D(s)=\lim_{s\to 0}s\cdot\frac{-1}{\dfrac{K_1K_2}{s}}\cdot\frac{1}{s}=0$$

从例 3-21 可以看出，即使系统具有相同的开环传递函数、给定输入信号和扰动信号，扰动输入点不同，扰动稳态误差也不同。

【例 3-22】 已知如图 3-31 所示的典型负反馈控制系统中，$G_1(s)=\frac{1}{s+10}$，$G_2(s)=\frac{100}{s}$，$H(s)=2$，计算当给定输入信号为 $r(t)=1+4t$，扰动信号为 $d(t)=0.01$ 时系统的稳态误差。

解　系统开环传递函数为

$$G_1(s)G_2(s)H(s)=\frac{100\times 2}{s(s+10)}=\frac{20}{s(0.1s+1)}$$

该系统为Ⅰ型系统，开环增益 $K=20$。

给定输入信号下的稳态误差如下。

当 $r(t)=1$ 时，$e_{\text{ssr}}=0$。

当 $r(t)=4t$ 时，$e_{\text{ssr}}=4/K=4/20=0.2$。

因此，$e_{\text{ssr}}(1+4t)=e_{\text{ssr}}(1)+e_{\text{ssr}}(4t)=0+0.2=0.2$。

扰动输入信号下的稳态误差为

$$e_{\text{ssd}}=\lim_{s\to 0}sE_{\text{d}}(s)=\lim_{s\to 0}s\cdot\frac{-1}{G_1(s)}\cdot D(s)=\lim_{s\to 0}s\cdot\frac{-1}{\frac{1}{s+10}}\cdot\frac{0.01}{s}=-0.1$$

因此，系统总的稳态误差为

$$e_{\text{ss}}=e_{\text{ssr}}+e_{\text{ssd}}=0.2-0.1=0.1$$

3.7.6　改善稳态精度的方法

为了提高系统精度，在保证系统稳定的前提下，可以用以下几种措施减小或消除稳态误差。

(1) 增大系统的开环增益，能减小 **0** 型系统在阶跃输入下的位置误差，Ⅰ型系统在斜坡输入下的速度误差及Ⅱ型系统在加速度输入下的加速度误差。

(2) 增大扰动点前系统的前向通道增益，能减小系统对阶跃扰动的稳态误差。阶跃扰动作用下的稳态误差与扰动点前系统的前向通道增益有关，而与扰动点之后前向通道增益无关。

(3) 增加系统串联积分环节的个数，即提高系统型别。

(4) 当系统存在强扰动，尤其是低频扰动时，一般反馈控制方式难以满足高稳态精度的要求，此时可以采用复合控制，包括按扰动量补偿的复合控制和按给定量补偿的复合控制。复合控制在系统的反馈控制回路中加入前馈通路，组成一个前馈与反馈结合的系统。只要复合控制中的系统参数选择合适，就可以极大地减小甚至消除稳态误差，抑制可测量扰动，同时保持系统稳定。

需要注意的是，在反馈控制系统中，如果采用增大系统开环增益或增加系统串联积分环节的个数的方法来减小或消除稳态误差，会使系统的稳定性变差，甚至造成系统不稳定、系统的动态性能降低。因此设计时要全面考虑系统稳定性以及稳态性能和动态性能之间的关系。一般来说增加的积分环节不应超过两个，增益也不能随意放大。

3.8 基于MATLAB的稳态性能分析仿真

3.8.1 终值定理辅助计算稳态误差

MATLAB进行控制系统稳态性能辅助分析时，没有直接求稳态误差的函数，但是dcgain函数可以求系统的终值。根据稳态误差计算公式 $e_{ssr}=\lim_{t\to\infty}e(t)=\lim_{s\to 0}sE(s)$，通过编程，即可用dcgain函数求出 $sE(s)$ 的终值，得到稳态误差。

dcgain函数的用法见表3-14。

表3-14 dcgain函数用法

格　　式	功能与参数
E=dcgain(Gs)	求系统Gs的终值E

当要求稳态误差时，应先求出 $Gs=sE(s)$，再通过dcgain(Gs)求得 $sE(s)$ 终值。

【例3-23】 已知闭环控制系统的结构图如图3-37所示，用MATLAB编程计算输入信号 $r(t)=1+2t$ 时的系统稳态误差。

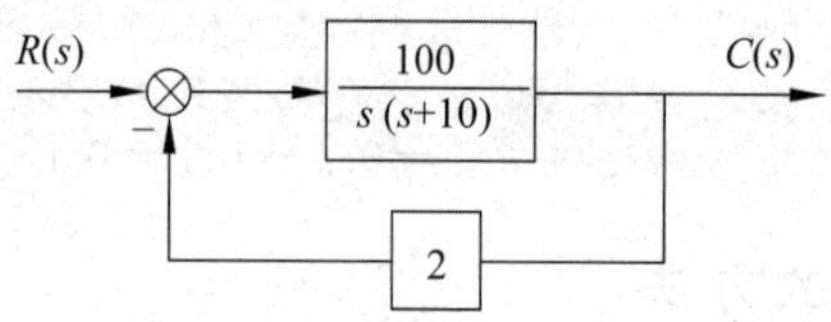

图3-37 例3-23系统结构图

解 在MATLAB命令窗口中输入如下命令。

```
syms s;
G=tf([100],[1,10,0]);                %构建系统前向通道传递函数
GC=1/(1+G*2)                         %求公式中的1/(1+G(s)H(s))
G1=tf([1],[1,0]);                    %单位阶跃的拉普拉斯变换1/s
G2=tf([1],[1,0,0]);                  %单位斜坡的拉普拉斯变换1/s^2
G1=G1*GC;                            %单位阶跃输入下的E(s)
G2=G2*2*GC;                          %2倍斜坡输入下的E(s)
GD=tf([1,0],[1]);                    %GD=s
G1=G1*GD;                            %单位阶跃输入下的sE(s)
G2=G2*GD;                            %2倍斜坡输入下的sE(s)
dcg1=dcgain(G1)                      %输入信号为r(t)=1时的稳态误差
dcg2=dcgain(G2)                      %输入信号为r(t)=2t时的稳态误差
dcg=dcg1+dcg2                        %输入信号为r(t)=1+2t时的稳态误差
```

运行结果如下。

```
dcg1 =0;dcg2 =0.1000;dcg =0.1000
```

用静态误差系数法计算系统稳态误差，对编程计算结果进行验证。

解 由系统结构图可计算出系统的开环传递函数为 $G(s)H(s)=\dfrac{200}{s(s+10)}$，得到其闭环传递函数为 $\phi(s)=\dfrac{100}{s^2+10s+200}$，特征方程为 $s^2+10s+200=0$，由劳斯稳定判据可判定该系统稳定。

将开环传递函数变形为常数为 1 的一般形式，可得到

$$G(s)H(s)=\frac{200}{s(s+10)}=\frac{20}{s\left(\frac{1}{10}\cdot s+1\right)}$$

该系统为Ⅰ型系统，开环增益 $K=20$。

对应表 3-13 中的系统型别与输入信号，可得

当 $r(t)=1$ 时　　$K_p=\infty$，　$e_{ss}=0$

当 $r(t)=2t$ 时　　$K_v=K=20$，　$e_{ss}=R/K=2/20=0.1$

根据线性系统的叠加性原理可得

$$e_{ss}(1+2t)=e_{ss}(1)+e_{ss}(2t)=0+0.1=0.1$$

计算结果与编程计算得到的系统稳态误差一致。

3.8.2 SIMULINK 辅助输出稳态误差

SIMULINK 是 MATLAB 软件的扩展，是实现动态系统建模和仿真的一个软件包。SIMULINK 提供了按功能分类的基本系统模块，用户只需要知道这些模块的输入输出及模块的功能，而不必了解模块内部如何实现。通过调用基本模块并将它们连接起来就可以构成所需要的系统模型(以.mdl 文件进行存取)，进而进行仿真与分析。SIMULINK 与用户的交互界面是基于 Windows 的模型化图形输入的。在 SIMULINK 提供的图形用户界面上，只要进行鼠标的简单拖拉操作就可构造出复杂的仿真模型。模块外表以方框图的形式呈现，采用分层结构，既适用于自上而下的设计流程(概念、功能、系统、子系统直至元器件)，又适用于自下而上的逆程设计，不仅能让用户知道具体环节的动态细节，而且能让用户清晰地了解各元器件、各子系统、各系统之间的信息交换并掌握各部分之间的交互影响。

【例 3-24】 在 SIMULINK 示波器中，同时显示 5 种基本输入信号(阶跃、脉冲、斜坡、加速度、正弦)。参数要求：脉冲信号幅值为 20，时间间隔为 2s；斜坡信号斜率为 5；正弦信号幅值为 40。在 $t=1$s 时，输出阶跃信号，幅值为 10。

解 (1) 打开 SIMULINK 工作界面，新建仿真工作窗口。

(2) 在仿真工作窗口构造 5 种不同的信号源(从信号源模块 Source 中查找并拖入工作窗口。信号源模块没有直接的加速度模块，加速度信号可以由斜坡信号与自定义函数 0.5 * u^2 构造获得)。

(3) 在信号输出模块 Sinks 中找到 Scope 并拖入仿真工作窗口。

(4) 拖动鼠标建立连线，建立如图 3-38 所示的结构。

(5) 双击各输入模块并修改参数：脉冲幅值(Amplitude)为 20；时间间隔(Period)为

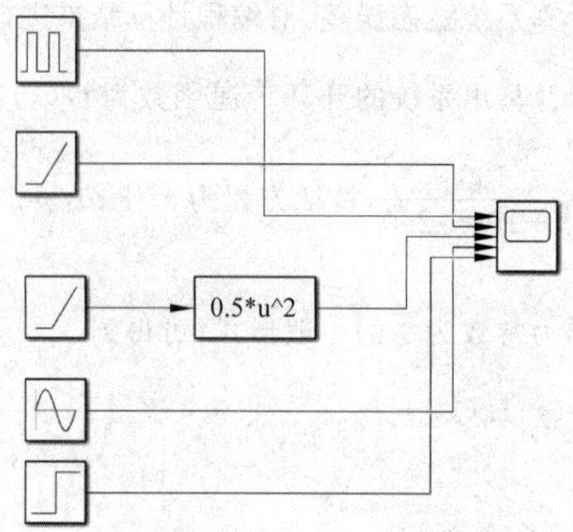

图 3-38 例 3-24 在 SIMULINK 工作窗口中建立的系统结构

2s;斜坡斜率(Slope)为 5;正弦幅值(Amplitude)为 40;1s 时产生阶跃信号(Step time),幅值为 10(Final Value)。

(6) 双击 Scope 组件,打开 Scope 的显示窗口。右击,在快捷菜单中选择 Configuration Properties 命令,在打开的对话框中选择 Display 选项卡,将 Y 轴坐标范围设置为[-50,60]。此处调整坐标是因为默认输出坐标 Y 轴值较大,调整小一些,可以使输出波形显示比例更好。

(7) 单击 Run 按钮,出现如图 3-39 所示的仿真结果。

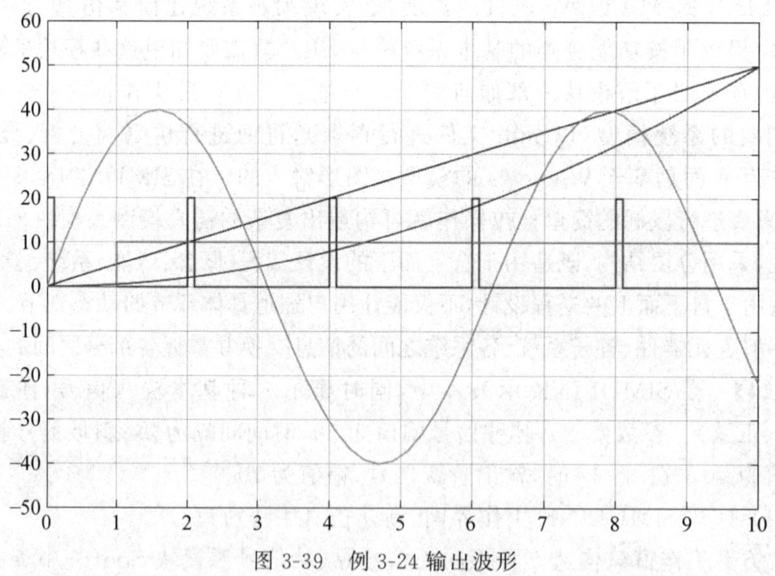

图 3-39 例 3-24 输出波形

例 3-25 将根据稳态误差的定义,通过 SIMULINK 输出系统稳态误差波形,辅助进行稳态性能分析。

由系统稳态误差的定义可知,稳态误差为给定输入量 $r(t)$ 与主反馈信号 $b(t)$ 之间的差值 $e(t)$。通过 SIMULINK 辅助输出 $r(t)-b(t)$,可得到系统的稳态误差。

【例 3-25】 已知闭环控制系统结构图如图 3-37 所示，用 SIMULINK 输出当输入信号 $r(t)=1+2t$ 时的系统稳态误差。

解　打开 SIMULINK 工作界面，新建仿真工作窗口。在仿真工作窗口中，建立如图 3-40 所示系统结构。

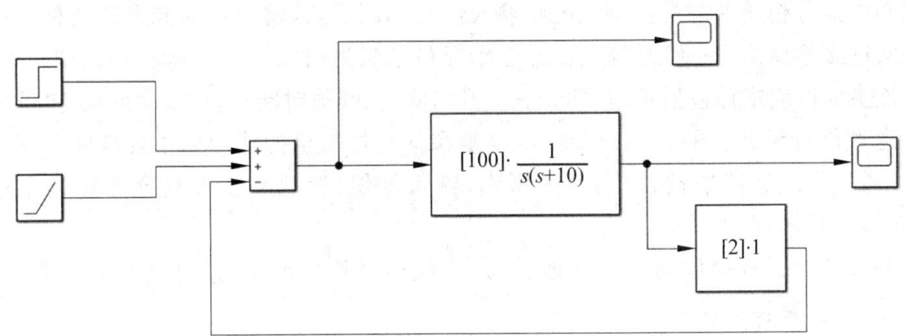

图 3-40　例 3-25 在 SIMULINK 工作窗口中建立的系统结构

单击 Run 按钮，再双击示波器显示 $e(t)$输出波形，如图 3-41 所示。

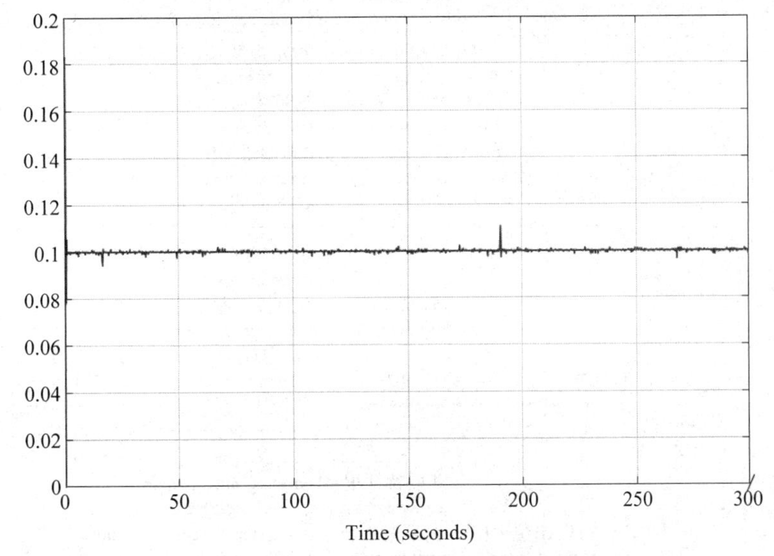

图 3-41　系统稳态误差输出波形

从系统稳态误差输出波形图可以看出，在时间趋于无穷大时，稳定在 0.1 附近做小幅振动，该系统稳态误差值为 0.1。输出结果与例 3-23 中的编程计算结果一致。

3.9　本章小结

本章主要介绍了自动控制系统的时域分析方法。时域分析是指控制系统在一定的输入下，根据输出量的时域表达式，分析系统的稳定性、动态性能和稳态性能。

稳定性分析研究的是控制系统的绝对稳定性与相对稳定性。绝对稳定性研究的是系统是否稳定。系统稳定的充分必要条件为系统的特征根均具有负实部，即位于复平面的左半平面；必要条件为特征方程各项系数为正，且不缺项（即系数不为0）。在符合必要条件的前提下，通过特征根分析法与稳定性判据进一步进行稳定性判定。相对稳定性研究的是系统的稳定程度，是否具备符合要求的稳定裕度。

动态性能分析研究的是控制系统在输入信号作用后，其输出在达到稳态之前系统的响应速度与过渡平稳性。一阶系统主要性能指标包括延迟时间 t_d、上升时间 t_r、调节时间 t_s；二阶系统主要性能指标包括延迟时间 t_d、上升时间 t_r、峰值时间 t_p、调节时间 t_s 和超调量 σ。

稳态性能分析研究的是系统跟踪给定量和抑制扰动量的能力。主要性能指标为稳态误差，可通过增大系统增益、提高系统型别、输入补偿、扰动补偿等复合控制减小稳态误差，提高系统精确度。

借助 MATLAB 提供的强大功能，可以方便地计算特征根、绘制系统输出曲线、获取特征点数值、计算稳态误差。

本章思维导图如图 3-42 所示。

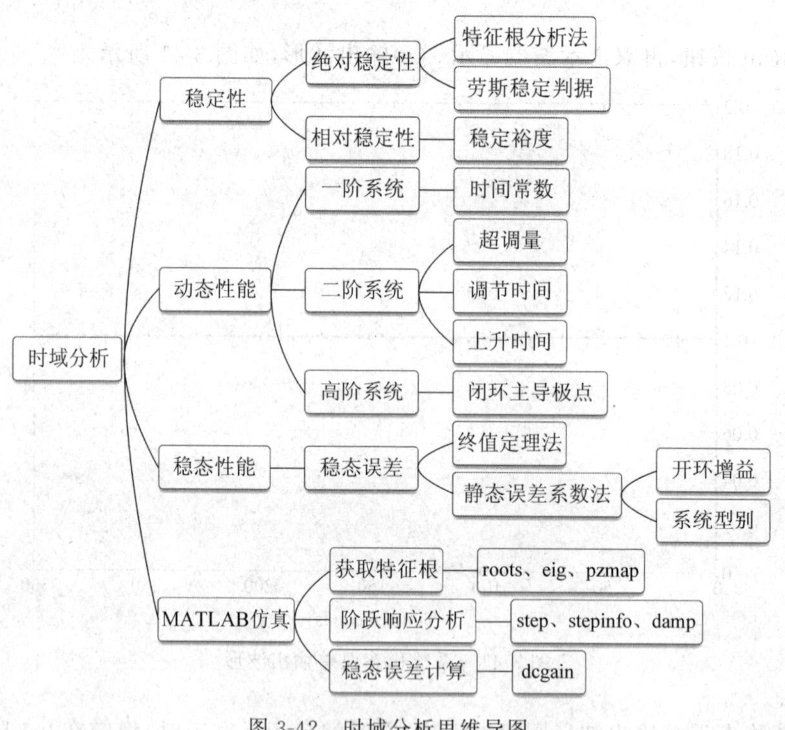

图 3-42 时域分析思维导图

3.10 习题

一、判断题

1. 控制系统的相对稳定性衡量的是系统的稳定程度。（ ）

2. 控制系统有一个极点处在 s 平面右半平面（实部为正），则系统依然稳定。（ ）

3. 系统的特征方程为 $s^4+3s^3+2s+5=0$,则系统稳定。（　）

4. 当稳定的线性系统处于某一初始平衡状态,在外作用影响下偏离了原来的平衡状态,但当外作用消失后,系统能够恢复到原始平衡状态,因此线性系统的稳定性与外部作用有关。（　）

5. 利用劳斯稳定判据时,若劳斯表的第 1 列有两个负数,则系统有两个正实部的极点。（　）

6. 在动态性能指标中,上升时间是指系统响应曲线从零开始上升到稳态值所需要的时间。（　）

7. 在一阶系统 $\frac{1}{Ts+1}$ 中,T 值的大小反映系统的惯性,T 值越小,响应速度越慢。（　）

8. 上升时间和峰值时间主要衡量了系统瞬态响应的平稳特性。（　）

9. 欠阻尼二阶系统的超调量与阻尼系数和自然频率都有关。（　）

10. 无阻尼二阶系统可以如永动机一样持续振荡。（　）

11. 系统的稳态误差与系统本身的结构和参数有关,同时与系统输入信号的具体形式有关。（　）

12. 在反馈控制系统中,设置串联积分环节或增大开环增益以消除或减小稳态误差的措施,必然导致降低系统的稳定性,甚至造成系统的不稳定,从而恶化系统的动态性能。（　）

13. 某 **0** 型系统的输入信号为单位斜坡信号,则该系统的稳态误差为一定值。（　）

二、单项选择题

1. 线性定常控制系统的闭环特征方程各项系数全为正,则系统（　）。

A. 不稳定　　B. 临界稳定　　C. 稳定　　D. 可能稳定也可能不稳定

2. 若系统的特征方程为 $D(s)=3s^4+10s^3+5s^2+s+2=0$,则此系统中包含（　）个正实部特征根。

A. 0　　B. 1　　C. 2　　D. 3

3. 若系统的闭环特征方程为 $D(s)=s^3+8s^2+25s+K=0$,则使系统稳定的 K 值范围是（　）。

A. $100<K<200$　　B. $0<K<50$　　C. $0<K<100$　　D. $0<K<200$

4. 当误差带取 5%时,一阶系统的单位阶跃响应调节时间为（　）。

A. $3T$　　B. $2T$　　C. $4T$　　D. T

5. 二阶欠阻尼系统中,$0<\zeta<1$ 时闭环特征方程的特征根为（　）。

A. 两个不相等的负实根　　B. 共轭纯虚根　　C. 两个相等的负实根　　D. 位于 s 平面左半平面的共轭复数极点

6. 若要减小二阶欠阻尼系统的超调量,应该（　）。

A. 减小自然频率　　　　　　　　　　　B. 减小阻尼比

C. 增大阻尼比　　　　　　　　　　　　D. 增大自然频率

7. 对于欠阻尼的二阶系统，当阻尼比 ζ 保持不变时(　　)。

A. 无阻尼自然振荡频率 ω_n 越大，系统的峰值时间 t_p 不变

B. 无阻尼自然振荡频率 ω_n 越大，系统的峰值时间 t_p 不定

C. 无阻尼自然振荡频率 ω_n 越大，系统的峰值时间 t_p 越小

D. 无阻尼自然振荡频率 ω_n 越大，系统的峰值时间 t_p 越大

8. 系统的动态性能指标中，用来描述系统平稳性的是(　　)。

A. 超调量　　　B. 上升时间　　　C. 调节时间　　　D. 峰值时间

9. 已知系统的开环传递函数为 $G(s)=\dfrac{400}{s(s+70)}$，则阻尼比为(　　)。

A. 1.5　　　B. 1.75　　　C. 2.25　　　D. 2.5

10. 自动控制系统在输入信号和干扰信号同时存在时，其稳态误差是(　　)。

A. 输入信号的稳态误差　　　　　　　B. 两者稳态误差较小者

C. 两者稳态误差较大者　　　　　　　D. 两者稳态误差之和

11. 若系统的传递函数 $G(s)=\dfrac{5}{s^2(s+1)(s+4)}$，其系统的增益和型别为(　　)。

A. 5　2　　　　　　　　　　　　　B. 1.25　2

C. 5　4　　　　　　　　　　　　　D. 1.25　4

12. 当输入为单位斜坡且系统为单位反馈时，对于Ⅱ型系统其稳态误差为(　　)。

A. ∞　　　B. $0.1/K$　　　C. $1/K$　　　D. 0

三、多项选择题

1. 下列是一些系统的特征方程，其中不满足系统稳定的必要条件的系统有(　　)。

A. $s^4+5s^3+17s^2+8=0$　　　　　B. $s^4+7s^3+12s^2-14s+25=0$

C. $s^4+2s^3+30s^2+14s+25=0$　　　D. $s^4+12s^3+11s^2+4s+5=0$

2. 若要减小欠阻尼二阶系统的调节时间，可以通过(　　)方法实现。

A. 减小自然频率　　　　　　　　　　B. 增大阻尼比

C. 增大自然频率　　　　　　　　　　D. 减小阻尼比

3. 二阶系统在(　　)情况下，阶跃响应没有超调。

A. 临界阻尼　　　B. 无阻尼　　　C. 欠阻尼　　　D. 过阻尼

4. 减小或消除系统稳态误差的措施有(　　)。

A. 增大开环放大系数

B. 增加系统开环传递函数中积分环节的个数

C. 引入按给定或扰动补偿的复合控制系统

D. 适当改变外部输入信号

四、填空题

1. 稳定是对控制系统最基本的要求，若一个控制系统的响应曲线为衰减振荡，则该系统________。

2. 判断一个闭环线性控制系统是否稳定，在时域分析中应采用________判据。

3. 在系统阶跃响应的性能指标中，________反映了系统过渡过程持续的长短，从整体上反映了系统的快速性；________反映了系统响应过程的平稳性。

4. 已知一阶系统的传递函数是 $G(s)=\dfrac{1}{2s+1}$，该系统阶跃响应曲线在 $t=0$ 处切线的斜率等于________。

5. 在稳定的高阶系统中，对其时间响应起主导作用的闭环极点，称为________。

6. 输入相同时，系统型次越高，稳态误差越________。

五、综合题

1. 已知系统特征方程为 $s^5+s^4+10s^3+72s^2+152s+240=0$，试判断系统的稳定性。

2. 已知系统特征方程为 $s^3+3Ks^2+(K+2)s+4=0$，若要求系统稳定，试确定 K 的取值范围。

3. 已知单位负反馈系统的开环传递函数为 $G(s)=\dfrac{K}{s(0.05s^2+0.4s+1)}$，若要求系统稳定且具有稳定裕度1，试确定 K 的取值范围。

4. 已知系统的结构图如图3-43所示，K_K 为开环放大倍数，K_H 为反馈系数。

设 $K_K=100$，$K_H=0.1$。

(1) 求系统的调节时间 t_s（$\pm5\%$误差带）。

(2) 要求 $t_s=0.1s$，求反馈系数 K_H。

5. 已知系统的闭环传递函数为 $G(s)=\dfrac{25}{0.04s^2+0.2s+1}$，求该系统误差带为2%时，阶跃响应的各项动态性能指标。

6. 已知系统的结构图如图3-44所示。

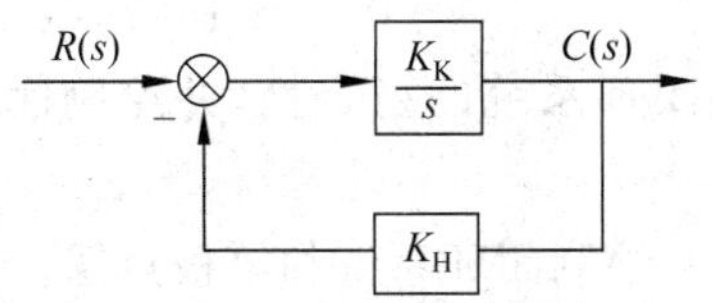

图3-43 综合题第4题控制系统结构图

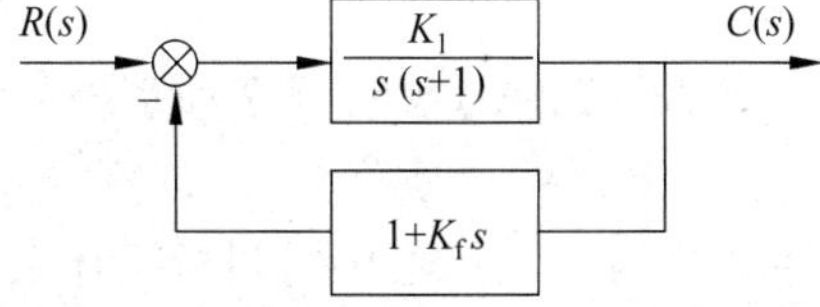

图3-44 综合题第6题控制系统结构图

要求系统的性能指标 $\sigma=15\%$，$t_p=0.8s$，试确定增益 K_1 和速度反馈系数 K_f，同时计算在此 K_1 和 K_f 数值下系统的上升时间和调节时间（$\pm5\%$误差带）。

7. 已知单位反馈系统的开环传递函数为 $G(s)=\dfrac{K}{s(s+34.5)}$，计算：

(1) $K=1000$ 时，系统的性能指标 t_p、t_s（$\pm5\%$误差带）、σ。

(2) $K=7500$ 时，系统的性能指标 t_p、t_s（$\pm5\%$误差带）、σ。

(3) $K=150$ 时，系统的性能指标 t_p、t_s（$\pm5\%$误差带）、σ。

8. 已知单位反馈系统的开环传递函数为 $G(s)=\dfrac{50}{s(0.1s+1)(s+5)}$，计算：

(1) 输入为 $r(t)=2t$ 时系统的稳态误差。

(2) 输入为 $r(t)=2+2t+t^2$ 时系统的稳态误差。

3.11 基于 MATLAB 的时域分析综合仿真实验题

3.11.1 稳定性分析

1. 实验目的

(1) 研究高阶系统的稳定性,熟练掌握利用 MATLAB 辅助进行稳定性判定的方法。

(2) 了解系统增益变化对系统稳定性造成的影响。

(3) 了解零极点变化对系统稳定性造成的影响。

2. 实验原理

(1) 特征根与系统稳定性的关系:控制系统闭环极点均位于 s 平面的左半平面时,系统稳定。欲判断系统的稳定性,只要求出系统的闭环极点即可,而系统的闭环极点就是闭环传递函数的分母多项式的根。可以通过三种方法获取闭环极点位置:①用 roots 函数、eig 函数求取特征根;②用 tf2zpk 函数、zpkdata 函数获取系统零极点;③用 zpmap 函数绘制系统的零极点图。

(2) 系统增益变化会影响系统的稳定性。合适的系统增益变化,可以使系统稳定性能得到改善。

(3) 开环零极点变化会影响系统的稳定性。增加合适的开环零点,可以使系统稳定性能得到改善;不恰当的极点配置,可能使系统稳定性变差。

3. 实验内容

(1) 已知单位负反馈控制系统的开环传递函数为 $G(s)=\dfrac{0.2(s+2.5)}{s(s+0.5)(s+0.7)(s+3)}$。

① 用 MATLAB 编写程序求系统的特征根,判断闭环系统的稳定性,并绘制闭环系统的零极点图。

② 若将增益 0.2 改为 6,判断闭环系统的稳定性,并绘制闭环系统的零极点图。

(2) 已知单位负反馈控制系统的开环传递函数为 $G(s)=\dfrac{1}{s^2(s+1)}$。

① 用 MATLAB 编写程序判断闭环系统的稳定性,并绘制闭环系统的零极点图。

② 为该系统增加一个开环零点 $z=-0.3$,判断闭环系统的稳定性,并绘制闭环系统的零极点图。

(3) 已知单位负反馈控制系统的开环传递函数为 $G(s)=\dfrac{1}{s(s+1)}$。

① 用 MATLAB 编写程序判断闭环系统的稳定性,并绘制闭环系统的零极点图。

② 为该系统增加一个开环极点 $p=-0.3$,判断闭环系统的稳定性,并绘制闭环系统的零极点图。

3.11.2　动态性能分析

1. 实验目的

(1) 熟练掌握一阶、二阶系统的时域分析方法及动态指标的求取。

(2) 熟练掌握 MATLAB 辅助进行动态性能分析的方法。

(3) 分析并掌握参数 ζ 与 ω_n 对二阶系统性能的影响。

2. 实验原理

(1) 系统的动态性能指标包括延迟时间 t_d、上升时间 t_r、峰值时间 t_p、调节时间 t_s、超调量 σ。t_d、t_r、t_p、t_s 反映了系统的响应速度,响应快的系统,各项数值较小;反之较大。σ 反映了系统的平稳性。

(2) 常见的典型输入信号有阶跃信号、斜坡信号、加速度信号、脉冲信号与正弦信号。在对控制系统进行比较和分析时,通常采用阶跃信号作为统一的典型输入信号。

(3) MATLAB 中,通过 step 函数可以绘制系统的阶跃响应曲线,再通过游动鼠标法或精确值显示法获取系统的动态性能指标数值。

(4) 在二阶系统中,系统阶跃响应曲线形态与参数 ζ 密切相关,ζ 越大,阶跃响应过程越滞缓;反之越剧烈。从性能指标计算公式分析,t_r、t_p、t_s 与 ω_n 成反比,因此从对快速性的影响而言,ω_n 越大,响应越快。

3. 实验内容

(1) 已知单位负反馈控制系统的开环传递函数为 $G(s)=\dfrac{1}{0.04s^2+0.2s+1}$。

① 用游动鼠标法粗略估计系统阶跃响应的动态指标峰值时间、上升时间、超调量和调节时间。

② 在命令窗口显示系统无阻尼自然振荡角频率与阻尼比。

③ 在命令窗口显示系统阶跃响应相关性能指标峰值时间、上升时间、超调量和调节时间。

④ 在阶跃响应图上显示相关性能指标数值,与第(3)小题结果进行比较。

⑤ 修改上升时间为阶跃响应从零开始,第一次上升到稳态值所需要的时间,误差带为 5%,观察性能指标数值的变化。

(2) 已知单位负反馈控制系统的开环传递函数为 $G(s)=\dfrac{\omega_n^2}{s(s+2\zeta\omega_n)}$。其中,$\zeta$ 为阻尼比,ω_n 为自然振荡角频率。

① 当 $\omega_n=1$ 时,绘制 ζ 分别为 0、0.2、0.4、0.6、0.707、0.9、1、1.2、1.5 时其单位负反馈系统的单位阶跃响应曲线(绘制在同一张图上并标注)。

② 当 $\zeta=0.5$ 时,绘制 ω_n 分别为 1、3、9、30 时其单位负反馈系统的单位阶跃响应曲线(绘制在同一张图上并标注)。

③ 分析 ζ 与 ω_n 两个参数对系统性能的影响。

3.11.3 稳态性能分析

1. 实验目的

(1) 熟练掌握系统稳态性能分析方法及稳态误差的计算。

(2) 初步了解 SIMULINK。

2. 实验原理

通过 MATLAB 进行控制系统稳态性能辅助分析时,没有直接求稳态误差的函数,但是 dcgain 函数可以求系统的终值。根据稳态误差计算公式 $e_{ssr}=\lim\limits_{t\to\infty}e(t)=\lim\limits_{s\to 0}sE(s)$,通过编程用 dcgain 函数求出 $sE(s)$的终值即可得到稳态误差。

3. 实验内容

(1) 已知单位负反馈控制系统的开环传递函数为 $G(s)=\dfrac{s+5}{s^2(s+10)}$。

① 编程计算单位阶跃、单位斜坡、单位加速度三种输入信号下的系统稳态误差。

② 计算当输入信号为 $r(t)=2+3t+t^2$ 时的系统稳态误差。

(2) 课外思考题:SIMULINK 是 MATLAB 软件的扩展,它是实现动态系统建模和仿真的一个软件包,能否通过 SIMULINK 直接输出查看系统稳态误差并与第(1)小题中的编程计算结果进行比较?

第4章 控制系统根轨迹分析法

学习目标

- 理解根轨迹的基本概念。
- 掌握根轨迹方程及幅值条件与相角条件的应用。
- 掌握常规根轨迹及其基本绘制规则。
- 掌握参数根轨迹、零度根轨迹的概念。
- 重点掌握应用根轨迹分析参数变化时对系统性能的影响。
- 掌握利用 MATLAB 进行根轨迹分析仿真的方法。

通过前面几章的学习可知，闭环系统动态过程的基本特性与其闭环极点和零点在 s 平面上的位置紧密相关，而系统的稳定性，则由其闭环极点唯一确定。因此，知道闭环系统的闭环极点在 s 平面上的分布就显得十分重要。但是，求高阶系统特征方程的特征根非常困难，特别是进行系统分析与设计时，还需研究某些参数变化的系统特征根变化，采用直接求根更是十分烦琐。1948 年，美国学者伊文思(W R Evans)提出了根轨迹法。这是一种通过开环传递函数间接判断闭环系统特征根的方法，它不直接求解特征方程，而用图解法确定系统的闭环特征根随参数变化而形成的轨迹，从而避免了直接求解系统闭环特征根，直接对系统性能进行分析和计算。

4.1 根轨迹的基本概念

根轨迹是指当系统的某一参数(如开环增益 K)由零连续变化到无穷大时，闭环特征根在 s 平面上形成的轨迹。

【例 4-1】 设控制系统的结构图如图 4-1 所示，试分析开环增益 K 从 $0\to\infty$ 时，系统闭环特征根的变化情况，并绘制其图形。

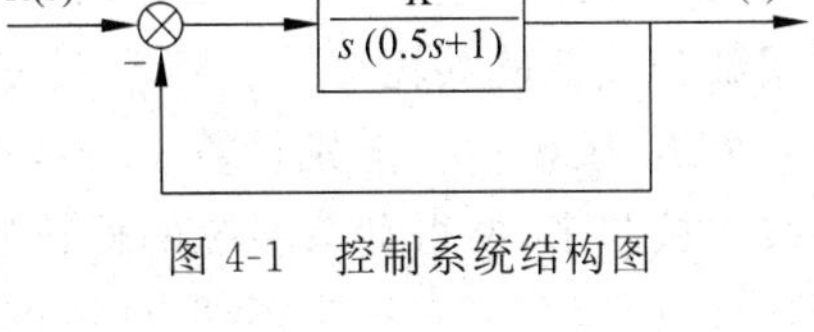

R(s) —⊗→ [$\dfrac{K}{s(0.5s+1)}$] → C(s)（单位负反馈）

图 4-1 控制系统结构图

解 将系统的开环传递函数写为根轨迹标准形式。

$$G(s)=\frac{K}{s(0.5s+1)}=\frac{2K}{s(s+2)}=\frac{K^*}{s(s+2)}$$

式中，K 为系统的开环增益；K^* 为系统的根轨迹增益$\left(K^*=2K, K=\frac{1}{2}K^*\right)$。

由上式可知，系统的两个开环极点分别为 $p_1=0, p_2=-2$，没有开环零点。将这两个开环极点用"×"表示绘制在坐标图 4-2 上。

系统的闭环传递函数为

$$\Phi(s)=\frac{G(s)}{1+G(s)}=\frac{2K}{s^2+2s+2K}=\frac{K^*}{s^2+2s+K^*}$$

从而得到系统的闭环特征方程为

$$1+G(s)=0$$

即

$$s^2+2s+K^*=0$$

对上式求解，得到系统闭环特征根（闭环极点）为

$$s_1=-1+\sqrt{1-K^*},\quad s_2=-1-\sqrt{1-K^*}$$

由上式可见，闭环特征根 s_1、s_2 都将随 K^* 的变化而变化。

当 K 取不同值时，闭环特征根如表 4-1 所示。

表 4-1　K 取不同值时系统闭环特征根

K	s_1	s_2
0	0	-2
0.5	-1	-1
1	$-1+\mathrm{j}$	$-1-\mathrm{j}$
2	$-1+\mathrm{j}\sqrt{3}$	$-1-\mathrm{j}\sqrt{3}$
∞	$-1+\mathrm{j}\infty$	$-1-\mathrm{j}\infty$

当 K^* 从 $0\to\infty$，即 K 从 $0\to\infty$ 时，系统特征根（闭环极点）变化情况如下。

(1) 当 $K^*=0$，即 $K=0$ 时，$s_1=0, s_2=-2$，与开环极点 p_1、p_2 重合，即系统的闭环极点和开环极点重合。

(2) 当 K^* 从 $0\to1$，即 K 从 $0\to0.5$ 时，系统的闭环极点 s_1、s_2 为两个不相等的负实根。

(3) 当 $K^*=1$，即 $K=0.5$ 时，$s_1=s_2=-1$，系统的闭环极点重合，为两个相等的负实根。

(4) 当 K^* 从 $1\to\infty$，即 K 从 $0.5\to\infty$ 时，$s_{1,2}=-1\pm\mathrm{j}\sqrt{K^*-1}$，系统的闭环极点是一对实部为负数的共轭复根。随着 K 的增大，s_1、s_2 将沿直线 $\sigma=-1$ 趋于无穷远处。

令 K 从 $0\to\infty$，分别计算 s_1、s_2，将计算的闭环特征根在坐标图 4-2 中描点，并用平滑曲线连接起来，便得到该系统的根轨迹图。图中箭头所示为 K 增大的方向，用"×"表示开环极点，用"○"表示开环零点（本例无）。

由根轨迹图可以直观地分析参数 K 变化时系统的各项性能。

(1) 当 K 从 $0\to\infty$ 时，无论 K 取何值，根轨迹均位于 s 平面的左半平面。因此，只要 $K>0$，系统的闭环特征根就全部在左半平面，系统稳定。

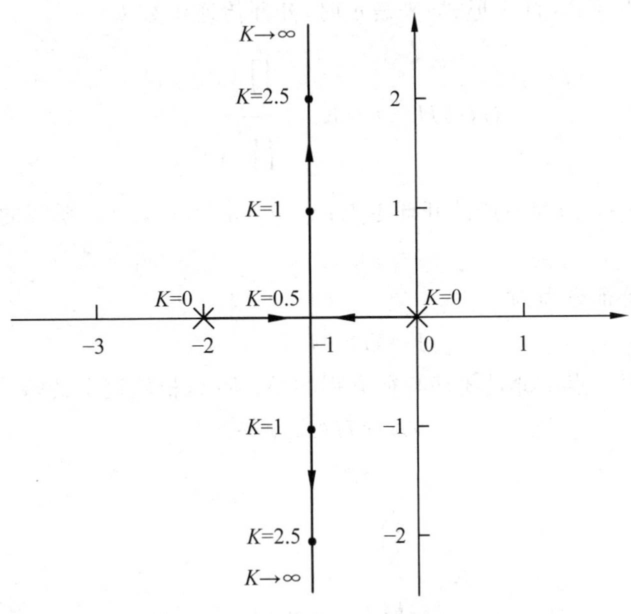

图 4-2　K 从 0→∞的根轨迹图

(2) 当 $0<K<0.5$ 时，系统的闭环特征根为两个不相等的负实根，系统为过阻尼状态($\zeta>0$)，系统的阶跃响应为单调变化。

(3) 当 $K=0.5$ 时，系统的闭环特征根为两个相等的负实根，系统为临界阻尼状态($\zeta=1$)，系统的阶跃响应为单调变化。

(4) 当 $K>0.5$ 时，系统的闭环特征根为两个具有负实部的共轭复根，系统为欠阻尼状态($0<\zeta<1$)，系统的阶跃响应为衰减振荡，系统的超调量随 K 增大而增大，调节时间不变。

(5) 系统在原点处有一个开环极点，所以系统为Ⅰ型系统，在阶跃信号作用下是有误差的，且系统的稳态误差随 K 值增大而减小。

例 4-1 直接求解闭环特征根，逐点绘制根轨迹图，分析出当系统参数变化时闭环系统的稳定性、动态性能和稳态性能的变化趋势，这种方法称为解析法。对于高阶系统，求解特征方程很困难，解析法显然不适用。

4.2　根轨迹方程

典型闭环系统的结构图如图 4-3 所示。其中，$G(s)$为系统前向通道的传递函数，$H(s)$为反馈通道的传递函数，则系统的开环传递函数为 $G(s)H(s)$，闭环传递函数为

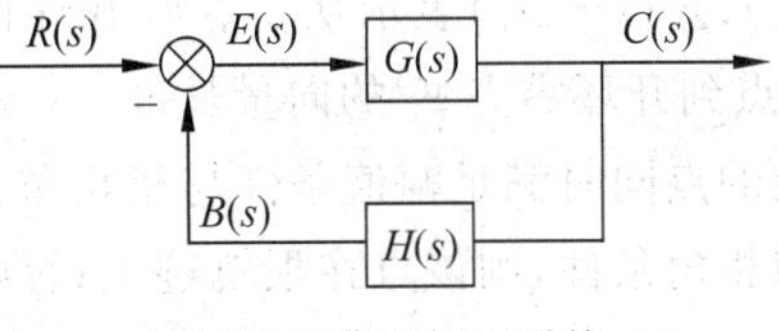

图 4-3　典型闭环系统

$$\Phi(s)=\frac{G(s)}{1+G(s)H(s)}$$

用开环零极点形式(首 1 形式)来表示时,开环传递函数为

$$G(s)H(s)=K^*\frac{\prod_{i=1}^{m}(s-z_i)}{\prod_{j=1}^{n}(s-p_j)}$$

式中,$z_i(i=1,2,\cdots,m)$为系统的开环零点;$p_j(j=1,2,\cdots,n)$为系统的开环极点;K^*为根轨迹增益。

系统的闭环特征方程为

$$1+G(s)H(s)=0$$

根轨迹上的每一点 s 都是闭环特征方程的根,所以,根轨迹上的每一点都应满足

$$G(s)H(s)=-1$$

即

$$K^*\frac{\prod_{i=1}^{m}|s-z_i|}{\prod_{j=1}^{n}|s-p_j|}=-1$$

显然,满足上式的 s 即为系统的闭环特征根,该式称为系统的根轨迹方程。

根轨迹方程是绘制闭环系统根轨迹的依据,它是一个关于复变量 s 的向量方程,可以用根轨迹的幅值条件与相角条件来表示。

(1) 幅值条件:

$$|G(s)H(s)|=1$$

或

$$K^*\frac{\prod_{i=1}^{m}|s-z_i|}{\prod_{j=1}^{n}|s-p_j|}=1$$

(2) 相角条件:

$$\angle G(s)H(s)=(2k+1)\pi\quad(k=0,\pm1,\pm2,\cdots)$$

或

$$\sum_{i=1}^{m}\angle(s-z_i)-\sum_{j=1}^{n}\angle(s-p_j)=(2k+1)\pi\quad(k=0,\pm1,\pm2,\cdots)$$

式中,$\angle(s-z_i)$表示从 s 点到开环零点 z_i 的向量与实轴正方向的夹角(逆时针方向为正);$\angle(s-p_j)$表示从 s 点到开环极点 p_j 的向量与实轴正方向的夹角;$|s-z_i|$表示从 s 点到开环零点 z_i 的向量长度,$|s-p_j|$表示从 s 点到开环零点 p_j 的向量长度。根轨迹上的点同时满足幅值条件与相角条件。也就是说,s 平面上的任意点如果满足幅值条件与相角条件,则该点在根轨迹上;否则,该点不在根轨迹上。

幅值条件不但与开环零点、极点有关,还与开环根轨迹增益有关;而相角条件只与开环零点、极点有关。由于幅值条件与 K^* 有关,相角条件与 K^* 无关,如果把满足相角条

件的点代入幅值条件，总可以求得一个与之对应的 K^* 值。也就是说，凡是满足相角条件的点必定可以找到与之对应的 K^* 满足幅值条件，因此相角条件是确定根轨迹的充要条件，常用来绘制根轨迹。幅值条件通常用于求根轨迹上给定点所对应的根轨迹增益 K^*。

【例 4-2】 已知系统开环传递函数为 $G(s)=\dfrac{K^*}{(s+1)^4}$，当 $K^*=0\to\infty$ 时，根轨迹如图 4-4 所示，$s_1=-0.5+\mathrm{j}0.5$ 为根轨迹上的一个点，求 s_1 点所对应的 K^* 值。

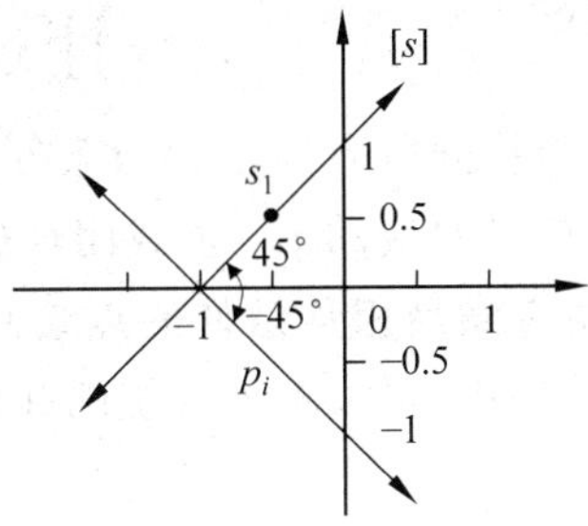

图 4-4　例 4-2 根轨迹图

解　根据幅值条件求解 K^* 值。由于

$$\frac{K^*}{|-0.5+\mathrm{j}0.5+1|^4}=1$$

根据根轨迹图可得

$$|-0.5+\mathrm{j}0.5+1|=\frac{\sqrt{2}}{2}$$

所以

$$K^*=\frac{1}{4}$$

【例 4-3】 设某系统开环传递函数为 $G(s)H(s)=\dfrac{K^*(s-z_1)}{s(s-p_2)(s-p_3)}$，零极点分布如图 4-5 所示。试判定 s 平面上某一点 s_1 是否是根轨迹上的点，若是，其对应的根轨迹增益 K^* 是多少？

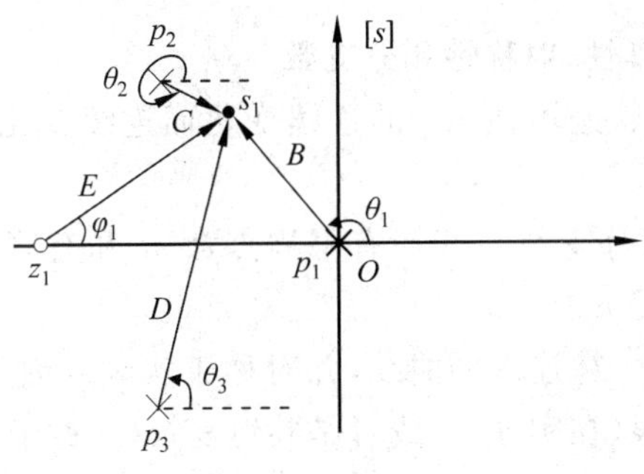

图 4-5　例 4-3 零极点分布图

解　画出所有开环零点、极点到 s_1 的向量，若

$$\sum_{i=1}^{m}\varphi_i-\sum_{j=1}^{n}\theta_j=\varphi_1-(\theta_1+\theta_2+\theta_3)=(2k+1)\pi$$

则该点满足相角条件，s_1 为根轨迹上的一个点。

根据幅值条件可计算该点对应的根轨迹增益 K^*，计算如下。

$$K^*\frac{\prod_{i=1}^{m}|s-z_i|}{\prod_{j=1}^{n}|s-p_j|}=1 \Rightarrow K^*=\frac{\prod_{j=1}^{n}|s-p_j|}{\prod_{i=1}^{m}|s-z_i|}=\frac{BCD}{E}$$

重复上述过程，可以在 s 平面找到所有满足相角条件的点，并把它们连成光滑曲线，再根据需要，用幅值条件确定相应点对应的 K^* 值或闭环极点。

用求特征根和找出 s 平面所有满足相角条件的点绘制根轨迹的方法工作量比较大，在实际应用中并不实用。实际应用中，可以根据系统的开环零点、极点及绘制的基本规则方便快速地绘制系统根轨迹图。

4.3 根轨迹绘制的基本规则

为了简化根轨迹的绘制，在分析根轨迹方程的相角条件和幅值条件的基础上，总结出了一些绘制根轨迹的基本规则，利用这些基本规则，就可以方便地绘制出根轨迹的大致形状和走向。

绘制根轨迹时，首先将开环传递函数写成用零点、极点表示的根轨迹标准型（即首 1 形式）。

$$G(s)H(s)=K^*\frac{\prod_{i=1}^{m}(s-z_i)}{\prod_{j=1}^{n}(s-p_j)}$$

然后建立 s 平面坐标系（注意实轴与虚轴的坐标比例应一致，这样才能正确反映相角大小），并将系统的开环零极点标注在 s 平面上，用“×”表示开环极点，用“○”表示开环零点。

绘制以根轨迹增益 K^* 为参变量的根轨迹图主要有以下基本规则。

规则 1：根轨迹的连续性、对称性和分支数

特征方程的根随着根轨迹增益 K^* 的连续变化而连续变化，所以系统的闭环极点的变化也必然是连续的。

根轨迹在 s 平面上的分支数与开环有限零点数 m 和有限极点数 n 中的大者相等。在实际控制系统中，通常是 $n\geqslant m$。

根轨迹在复平面上是一簇连续的曲线，并对称于实轴。因为根轨迹是闭环特征方程的根，特征方程的根是实根（在实轴上）或者是共轭复根（对称于实轴），所以根轨迹一定对称于实轴。只需要绘制出上半复平面的根轨迹曲线，利用对称性，就可绘制出下半复平面的根轨迹。

综上所述，根轨迹是对称于实轴的连续曲线，其分支数等于系统开环零点与开环极点数目中的数值大者。

规则 2：根轨迹的起点和终点

根轨迹的起点是指 $K^*=0$ 时特征根在 s 平面上的位置；根轨迹的终点是指 $K^*\to\infty$ 时特征根在 s 平面上的位置。

根轨迹起始于开环极点（包括有限极点和无穷远极点），终止于开环零点（包括有限零点和无穷远零点）。如果开环极点个数 n 大于开环零点个数 m，则有 $n-m$ 条根轨迹终止于无穷远零点；如果开环极点个数 n 小于开环零点个数 m，则有 $m-n$ 条根轨迹起始于无穷远极点。

规则 3：实轴上的根轨迹

实轴上的根轨迹可以这样确定：若某线段区间右侧实轴上的开环零点、极点数之和为奇数，则该线段就是根轨迹。即实轴上根轨迹的分布完全取决于实轴上开环零点和极点的分布，共轭负数的零点和极点对确定实轴上的根轨迹没有影响。根据相角条件，很容易得到上述结论。

规则 4：根轨迹的渐近线

根轨迹的渐近线是研究随着 $K^*\to\infty$，$n-m$ 条趋于无限零点的根轨迹的走向问题。

当开环极点数 n 大于开环零点数 m 时，有 $n-m$ 条根轨迹趋于无穷远处，那些与根轨迹无限接近的直线称为渐近线。设 $n-m$ 条渐近线与实轴的交点为 σ_a，与实轴正方向的夹角为 φ_a，则有

$$\sigma_a=\frac{\sum_{i=1}^{n}p_i-\sum_{j=1}^{m}z_j}{n-m}$$

$$\varphi_a=\frac{(2k+1)\pi}{n-m}\quad(k=0,\pm1,\pm2,\cdots)$$

规则 5：根轨迹的分离（会合）点

两条或两条以上根轨迹分支在 s 平面上某一点相遇后又分开，则称该点为根轨迹的分离（会合）点。由于根轨迹关于实轴对称，因此分离（会合）点或位于实轴上，或发生于共轭复数对中。如果根轨迹位于实轴上两个相邻的开环极点之间，则在这两个极点之间至少存在一个分离点——根轨迹从实轴走向复平面。如果根轨迹位于实轴上两个相邻的开环零点之间，则在这两个相邻的零点之间至少存在一个会合点——根轨迹从复平面走向实轴。如果根轨迹位于实轴上一个开环极点与一个开环零点之间，则在这两个相邻的极点和零点之间，要么既不存在分离点也不存在会合点，要么既存在分离点又存在会合点。

根轨迹的分离（会合）点实质上就是闭环特征方程的重根，因此可用求解方程式重根的方法确定其在 s 平面上的位置。下面给出求取分离（会合）点的方法。

将开环传递函数的特征方程写为如下形式：

$$\prod_{i=1}^{n}(s-p_i)-K^*\prod_{j=1}^{m}(s-z_j)=0$$

特征方程具有重根的条件是 s 必须同时满足以下方程。

$$\begin{cases}\prod_{i=1}^{n}(s-p_i)-K^*\prod_{j=1}^{m}(s-z_j)=0\\ \dfrac{\mathrm{d}}{\mathrm{d}s}\left[\prod_{i=1}^{n}(s-p_i)-K^*\prod_{j=1}^{m}(s-z_j)\right]=0\end{cases}$$

经变换整理可得

$$\sum_{i=1}^{n}\frac{1}{s-p_i}=\sum_{j=1}^{m}\frac{1}{s-z_j}$$

求解该方程得到的 s 值即为分离(会合)点的坐标值。如果系统无有限开环零点,则上式可简化为以下形式。

$$\sum_{i=1}^{n}\frac{1}{s-p_i}=0$$

需要注意的是,该方法只是用来确定分离(会合)点的必要条件,而不是充分条件。只有位于根轨迹上的重根才是实际的分离(会合)点。通过该方法得到的重根并非都是根轨迹的分离(会合)点,还需要对得到的解进行检验和取舍。

规则 6:根轨迹与虚轴交点

若根轨迹与虚轴相交,说明闭环特征方程有纯虚根存在,此时闭环系统处于临界稳定,即等幅振荡状态。根轨迹与虚轴交点的物理含义是使系统由稳定(或不稳定)变为不稳定(或稳定)的系统开环根轨迹增益的临界值。正确计算根轨迹与虚轴的交点及其对应的根轨迹增益,对分析系统性能与选择合适的系统参数有重要的意义。

根轨迹与虚轴的交点,常用以下两种方法求得。

(1) 采用劳斯稳定判据求解临界稳定时的特征根。

(2) 令 $s=\mathrm{j}\omega$,代入特征方程,得

$$1+G(\mathrm{j}\omega)H(\mathrm{j}\omega)=0$$

将其写成实部与虚部形式,令实部与虚部分别等于零,可得

$$\begin{cases}\mathrm{Re}[1+G(\mathrm{j}\omega)H(\mathrm{j}\omega)]=0\\ \mathrm{Im}[1+G(\mathrm{j}\omega)H(\mathrm{j}\omega)]=0\end{cases}$$

此时可求得 ω 和 K^*,其中 ω 值就是根轨迹与虚轴交点处的振荡频率,K^* 值为对应的临界稳定增益。

规则 7:根轨迹的出射角与入射角

根轨迹离开开环复数极点处的切线与实轴正方向的夹角称为根轨迹的出射角。根轨迹进入开环复数零点处的切线与实轴正方向的夹角称为根轨迹的入射角。如图 4-6 所示。

利用相角条件,求解出射角与入射角的方法如下。

(1) p_a 出射角:

$$\theta_{p_a}=(2k+1)\pi+\sum_{j=1}^{m}\angle(p_a-z_j)-\sum_{i=1}^{n}\angle(p_a-p_i)\quad(p_i\neq p_a)$$

(2) z_a 入射角:

$$\theta_{z_a}=(2k+1)\pi+\sum_{j=1}^{m}\angle(z_a-z_j)+\sum_{i=1}^{n}\angle(z_a-p_i)\quad(z_j\neq z_a)$$

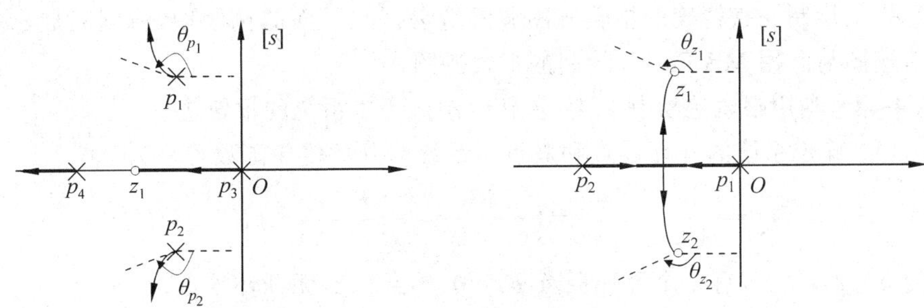

图 4-6　出射角与入射角

规则 8：闭环极点之和

当 $n-m\geqslant 2$ 时，闭环极点之和等于开环极点之和，且为常数，这个常数也称为闭环极点的重心。这表明，当 K^* 从 $0\to\infty$ 变化时，闭环极点之和保持不变，且等于 n 个开环极点之和，这意味着当一部分闭环极点增大时，另一部分闭环极点必然减小。也就是说，如果一部分闭环根轨迹随 K^* 的增加而向右移动时，另外一部分根轨迹必将随着 K^* 的增加而向左移动，始终保持闭环极点的重心不变。

4.4　根轨迹绘制示例

有了以上绘制根轨迹的基本法则，在已知系统的开环零点、极点（开环传递函数）的情况下，利用这些基本法则，就可以迅速且准确地确定出根轨迹的主要特征和大致图形。再利用根轨迹方程的相角条件，用试探法确定若干点进行修正，就可以绘制出准确的根轨迹。

绘制根轨迹的一般步骤如下。

（1）确定系统的开环零点和极点。将开环传递函数写成用零点和极点表示的根轨迹标准型（即首 1 形式），求出开环零点和极点，并将它们标在 s 平面上，用“×”表示开环极点，用“○”表示开环零点。

（2）确定根轨迹的分支数及趋于无穷远的根轨迹条数。

（3）确定实轴上的根轨迹。

（4）确定根轨迹的渐近线，求出渐近线与实轴的交点与夹角。

（5）确定根轨迹的分离（会合）点。

（6）确定根轨迹与虚轴的交点。

（7）计算根轨迹的出射角和入射角。

（8）绘制出根轨迹的概略形状（利用对称性画出上、下复平面的根轨迹，利用根之和估计根轨迹的走向）。

根轨迹的上述规则对绘制根轨迹很有帮助，尤其是手工绘图，根据规则 1～规则 4 就能很快地画出大致形状，再按规则 6 求出临界稳定增益，这样的根轨迹图为概略图。一般手工画根轨迹就是指概略图。下面通过几个例题说明手工绘制根轨迹概略图的方法。

绘制根轨迹曾经是枯燥烦琐的工作，MATLAB 的出现使这项工作变得轻松愉快，如今在计算机上绘制一张精确的根轨迹图非常容易。在下面的例题中，将同时展示手工绘制的根轨迹图与利用 MATLAB 绘制的根轨迹图。

【例 4-4】 利用根轨迹绘制规则，重新绘制例 4-1 系统的根轨迹。

解 (1) 确定系统的开环零点和极点。系统的开环传递函数可写为

$$G(s)=\frac{K}{s(0.5s+1)}=\frac{2K}{s(s+2)}=\frac{K^*}{s(s+2)}\quad (K^*=2K)$$

该系统的 $n=2, m=0$，有 2 个开环极点 $p_1=0, p_2=-2$，无开环零点。

(2) 确定根轨迹分支数。系统有 2 条根轨迹分支，均趋向于无穷远零点。

(3) 确定实轴上的根轨迹。实轴上的根轨迹存在于区间$[-2,0]$。

(4) 确定根轨迹的渐近线。由于 $n-m=2$，可知系统有两条根轨迹渐近线，其与实轴的交点和夹角分别为

$$\sigma_a=\frac{\sum_{i=1}^{n}p_i-\sum_{j=1}^{m}z_j}{n-m}=\frac{0+(-2)}{2}=-1$$

$$\varphi_a=\frac{(2k+1)\pi}{n-m}=\frac{(2k+1)\pi}{2}=\begin{cases}\dfrac{\pi}{2} & (k=0)\\[2mm] \dfrac{3\pi}{2} & (k=1)\end{cases}$$

(5) 确定根轨迹的分离(会合)点。求解方程 $\sum_{i=1}^{n}\frac{1}{s-p_i}=0$，即 $\frac{1}{s-0}+\frac{1}{s-(-2)}=0$，可得分离点 $s=-1$。

(6) 根据根轨迹的渐近线方向可知，根轨迹没有与虚轴的交点。

根据以上的分析计算结果，可以绘制出该系统的根轨迹概略图 4-7。图 4-8 为利用 MATLAB 绘制的根轨迹。

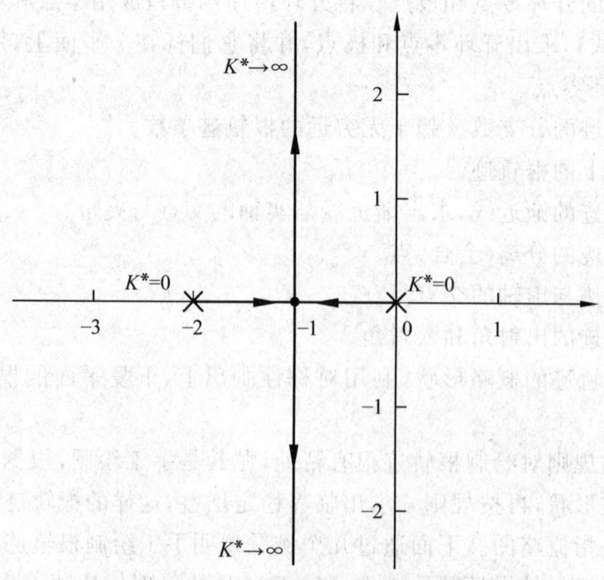

图 4-7 手绘根轨迹概略图

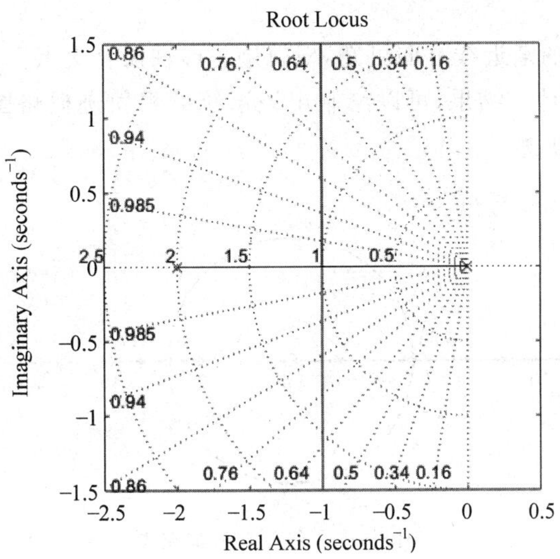

图 4-8　MATLAB 绘制的根轨迹

【例 4-5】 单位反馈系统的开环传递函数为 $G(s)=\dfrac{K^*(s+4)}{s(s+2)}$，试绘制该闭环系统根轨迹。

解 (1) 确定系统的开环零点和极点。系统的开环传递函数已经为根轨迹标准型，$n=2, m=1$。有 2 个开环极点 $p_1=0, p_2=-2$，有一个开环零点 $z_1=-4$。

(2) 确定根轨迹分支数。系统有 2 条根轨迹分支，其中一条终止于开环零点 $z_1=-4$，另一条趋向无穷远处。

(3) 确定实轴上的根轨迹。实轴上的根轨迹存在于区间 $(-\infty,-4]$，$[-2,0]$。

(4) 确定根轨迹的渐近线。由于 $n-m=1$，可知系统有 1 条根轨迹渐近线，其与实轴的交点和夹角分别为

$$\sigma_a=\frac{\sum_{i=1}^{n}p_i-\sum_{j=1}^{m}z_j}{n-m}=\frac{0+(-2)-(-4)}{1}=2$$

$$\varphi_a=\frac{(2k+1)\pi}{n-m}=\frac{(2k+1)\pi}{1}=\pi \quad (k=0)$$

(5) 确定根轨迹的分离(会合)点。求解方程

$$\sum_{i=1}^{n}\frac{1}{s-p_i}=\sum_{j=1}^{m}\frac{1}{s-z_j}$$

即

$$\frac{1}{s-0}+\frac{1}{s-(-2)}=\frac{1}{s-(-4)}$$

整理得到

$$s^2+8s+8=0$$

解得分离(会合)点 $s_1=-4+2\sqrt{2}\approx-1.17$，$s_2=-4-2\sqrt{2}\approx-6.83$。均在实轴根轨

迹上。

(6) 根据根轨迹的渐近线方向可知，根轨迹与虚轴没有交点。

根据以上的分析计算结果，可以绘制出该系统的根轨迹概略图 4-9，图 4-10 为利用 MATLAB 绘制的根轨迹。

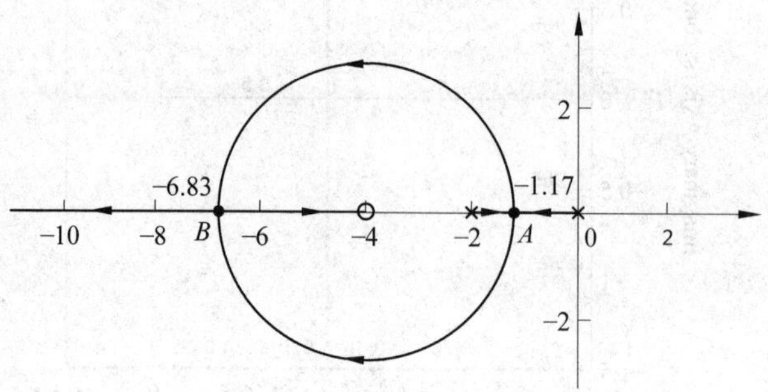

图 4-9　手绘根轨迹概略图

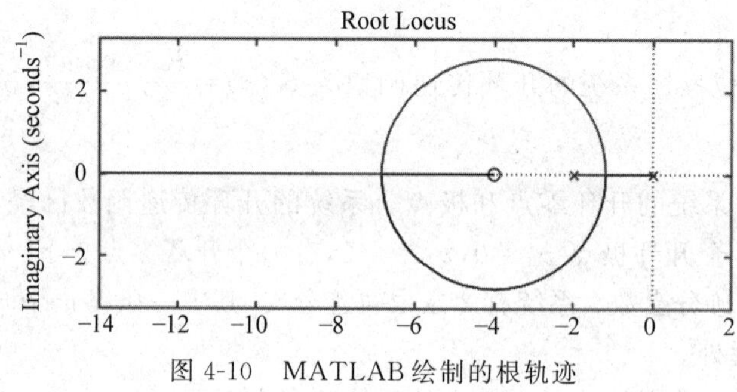

图 4-10　MATLAB 绘制的根轨迹

定理　若系统有 2 个开环极点和 1 个开环零点，且在复平面存在根轨迹，则复平面的根轨迹一定是以该零点为圆心的圆弧。

由上述定理可见，例 4-5 系统的根轨迹在复平面上为一个圆。

比较例 4-4 和例 4-5 的根轨迹，可以看出在 s 左半平面内的适当位置增加开环零点，随着根轨迹 K^* 的增大，根轨迹向左弯曲，闭环特征根与虚轴的距离增大，可以显著改善系统的稳定性。

【例 4-6】　已知某系统的开环传递函数为 $G(s)=\dfrac{K^*}{s(s+2)(s+4)}$，试绘制系统根轨迹。

解　(1) 确定系统的开环零点和极点。

系统的开环传递函数已经为根轨迹标准型，$n=3, m=0$。有 3 个开环极点 $p_1=0$，$p_2=-2, p_3=-4$，没有开环零点。

(2) 确定根轨迹分支数。系统有 3 条根轨迹分支，均趋向无穷远处。

(3) 确定实轴上的根轨迹。实轴上的根轨迹存在于区间 $(-\infty,-4]\cup[-2,0]$。

(4) 确定根轨迹的渐近线。由于 $n-m=3$，可知系统有 3 条根轨迹渐近线，其与实轴

的交点和夹角分别为

$$\sigma_a=\frac{\sum_{i=1}^{n}p_i-\sum_{j=1}^{m}z_j}{n-m}=\frac{0+(-2)+(-4)}{3}=-2$$

$$\varphi_a=\frac{(2k+1)\pi}{n-m}=\frac{(2k+1)\pi}{3}=\begin{cases}-\dfrac{\pi}{3} & (k=-1)\\ \dfrac{\pi}{3} & (k=0)\\ \pi & (k=1)\end{cases}$$

(5) 确定根轨迹的分离(会合)点。求解方程

$$\sum_{i=1}^{n}\frac{1}{s-p_i}=\sum_{j=1}^{m}\frac{1}{s-z_j}$$

即

$$\frac{1}{s-0}+\frac{1}{s-(-2)}+\frac{1}{s-(-4)}=0$$

整理得到

$$3s^2+12s+8=0$$

解得分离(会合)点 $s_1=-2+\frac{2\sqrt{3}}{3}\approx-0.85$,$s_2=-2-\frac{2\sqrt{3}}{3}\approx-3.53$。其中 s_2 不在实轴根轨迹区间,舍去该点,所以分离(会合)点为 $s_1\approx-0.85$。

(6) 确定根轨迹与虚轴交点。将 $s=\mathrm{j}\omega$ 代入系统闭环特征方程 $s(s+2)(s+4)+K^*=0$,得

$$\mathrm{j}\omega(\mathrm{j}\omega+2)(\mathrm{j}\omega+4)+K^*=0$$

整理得

$$K^*-6\omega^2+\mathrm{j}(-\omega^3+8\omega)=0$$

即

$$\begin{cases}K^*-6\omega^2=0\\ -\omega^3+8\omega=0\end{cases}$$

解得 $\omega=\pm2\sqrt{2}\approx\pm2.83$,所以根轨迹与虚轴的交点为 $s=\pm\mathrm{j}2\sqrt{2}\approx\pm\mathrm{j}2.83$,对应的根轨迹增益为 $K^*=48$。

根据以上的分析计算结果,可以绘制出该系统的根轨迹概略图(图 4-11),图 4-12 所示为利用 MATLAB 绘制的根轨迹。

比较例 4-4 和例 4-6 的根轨迹,可以看出在 s 左半平面内增加开环极点,随着根轨迹增益 K^* 的增大,根轨迹向右弯曲穿过虚轴进入右半平面,系统由稳定变成了不稳定。

需要说明的是,对不同的系统,绘制根轨迹不一定用到全部规则,有时只用到部分规则就可以绘制出根轨迹的概略图。

除非系统阶次很低,否则手工解方程求分离(会合)点绝非易事;手工求出射角和入射

角也不容易操作，并且出射角和入射角的意义并不大，因为它仅仅反映了开环极点和零点处根轨迹的走向，稍远一点就不起作用了。

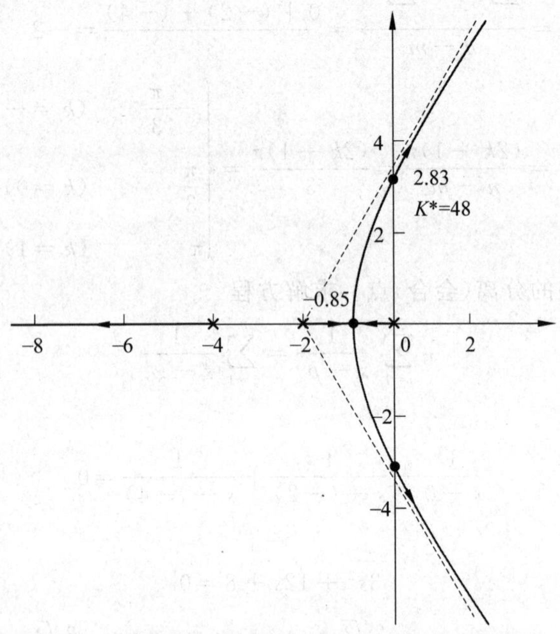

图 4-11　手绘根轨迹概略图

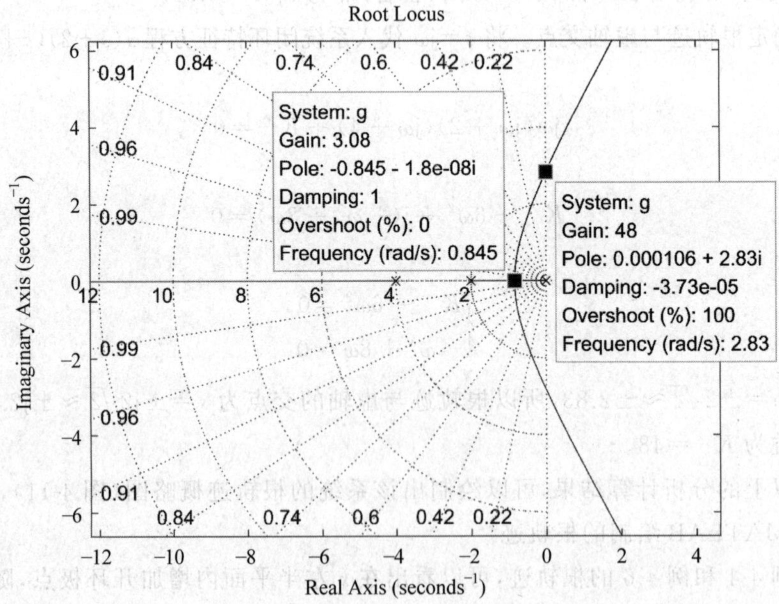

图 4-12　MATLAB 绘制的根轨迹

4.5 广义根轨迹

前面讨论的是以根轨迹增益 K^* 为可变参数的根轨迹，这种以根轨迹增益 K^* 为可变参数绘制的根轨迹称为常规根轨迹（180°根轨迹）。在控制系统设计问题中，常常还需要研究其他参数的变化，如某些开环零点、开环极点、反馈增益、时间常数等，这些参数变化所形成的根轨迹称为广义根轨迹。本节主要讨论参数根轨迹和正反馈系统的根轨迹（零度根轨迹）。

4.5.1 参数根轨迹

用参数根轨迹可以分析系统中各种参数变化对系统的影响。绘制参数根轨迹的步骤如下。

（1）写出系统的闭环特征方程。

（2）对闭环特征方程进行等效变换，即对特征方程等式两边同时除以所有不含参数的项，得到等效系统的根轨迹方程，该方程中原系统的参数即为等效系统的根轨迹增益。

（3）按照常规根轨迹的绘制规则绘制等效系统的根轨迹，得到原系统的参数根轨迹。

【例 4-7】 设某单位负反馈系统的开环传递函数为

$$G(s)=\frac{K^*}{s(s+a)}$$

试绘制当 $K^*=4$ 时，参数 a 变化时的参数根轨迹。

解 （1）当 $K^*=4$ 时，系统闭环特征方程为

$$s^2+as+4=0$$

（2）将方程两边同时除以 s^2+4，移项，得到等效系统的根轨迹方程为

$$\frac{as}{s^2+4}=-1$$

（3）等效系统的开环传递函数为

$$G_D(s)=\frac{as}{s^2+4}$$

式中，a 为等效系统的根轨迹增益，按照前面介绍的常规根轨迹规则，即可绘制等效系统的根轨迹，如图 4-13 所示（这里直接采用 MATLAB 绘制的结果），该根轨迹即为原系统的参数根轨迹。

当改变 K^* 值后，又可以得到另一条参数根轨迹。给定一组 K^* 值，即可在复平面上形成以 K^* 和 a 为参数的根轨迹簇。如图 4-14 所示，它们是一组以原点为圆心，以 $\sqrt{K^*}$ 为半径的同心圆弧。

4.5.2 正反馈系统根轨迹

前面介绍的绘制根轨迹的规则都适用于负反馈系统。在复杂系统中，可能会遇到具有正反馈的内回路。对于正反馈，需要对某些规则进行修改，才可用来绘制系统的根轨迹。

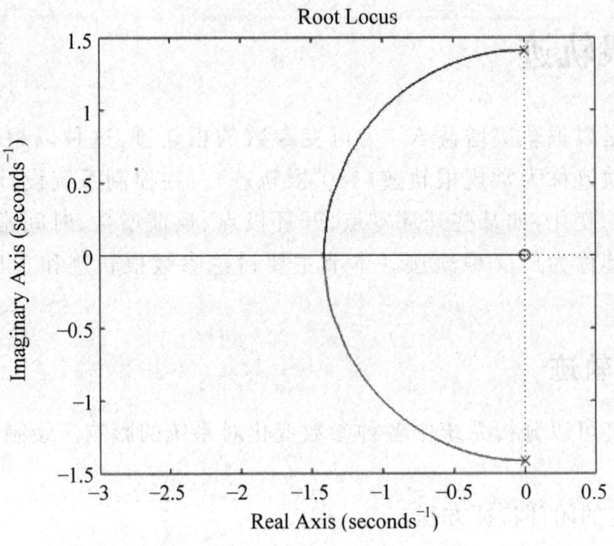

图 4-13　系统的参数根轨迹

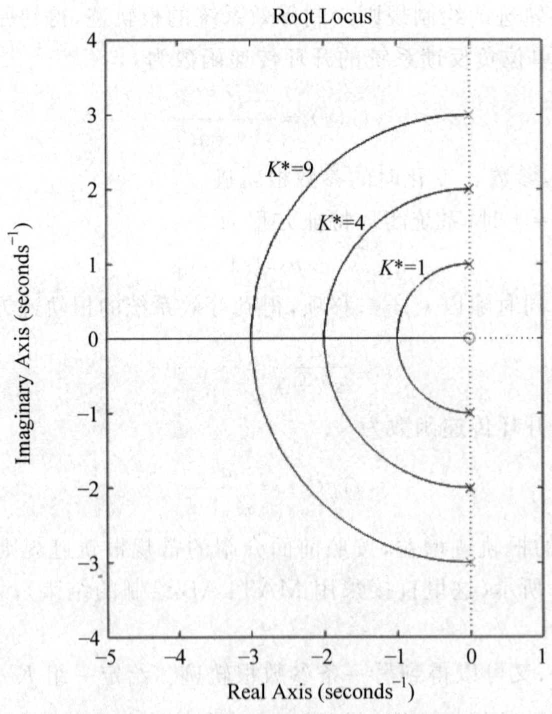

图 4-14　K^* 取不同值时的参数根轨迹

正反馈系统的特征方程为

$$1-G(s)H(s)=0$$

得到根轨迹方程为

$$G(s)H(s)=1$$

用根轨迹的幅值条件与相角条件来表示，则幅值条件为(1)

$$|G(s)H(s)|=1$$

或

$$K^{*}\frac{\prod_{i=1}^{m}|s-z_i|}{\prod_{j=1}^{n}|s-p_j|}=1$$

相角条件为

$$\angle G(s)H(s)=2k\pi \quad (k=0,\pm 1,\pm 2,\cdots)$$

或

$$\sum_{i=1}^{m}\angle(s-z_i)-\sum_{j=1}^{n}\angle(s-p_j)=2k\pi \quad (k=0,\pm 1,\pm 2,\cdots)$$

可以看到，正反馈系统根轨迹的幅值条件与负反馈系统一样，但相角条件不同。正反馈系统根轨迹又称为零度根轨迹。

由于正反馈系统根轨迹与负反馈系统根轨迹的差异在于相角条件发生了变化，因此有关涉及相角的绘制规则需做出修改，其他规则不变。

(1) 修改规则 3。实轴上的根轨迹可以这样确定：若某线段区间右侧实轴上的开环零点、极点数之和为偶数，则该线段就是根轨迹。

(2) 修改规则 4。渐近线与实轴正方向的夹角为

$$\varphi_a=\frac{2k\pi}{n-m} \quad (k=0,\pm 1,\pm 2,\cdots)$$

(3) 修改规则 7。

① 根轨迹的 p_a 出射角为

$$\theta_{p_a}=2k\pi+\sum_{j=1}^{m}\angle(p_a-z_j)-\sum_{i=1}^{n}\angle(p_a-p_i) \quad (p_i\neq p_a)$$

② 根轨迹的 z_a 入射角为

$$\theta_{z_a}=2k\pi-\sum_{j=1}^{m}\angle(z_a-z_j)+\sum_{i=1}^{n}\angle(z_a-p_i) \quad (z_j\neq z_a)$$

零度根轨迹的绘制步骤与常规根轨迹的绘制步骤相同，注意上面 3 条修改过的规则即可。

4.6 基于 MATLAB 的根轨迹绘制仿真

对于低阶、简单的控制系统，按照根轨迹绘制的基本规则，就可以手工绘制出近似的系统根轨迹。但是对于高阶、复杂的系统，手工计算并绘制根轨迹十分复杂和困难，需要进行大量的计算，不仅效率低，而且很难得到精确的结果。MATLAB 中提供了绘制和分析根轨迹的函数，可以非常方便、直观地得到系统的根轨迹。工程实践中，通常利用 MATLAB 中的相关函数绘制根轨迹，这样不仅能够快速、精确地绘制系统根轨迹，而且

便于对系统的性能进行分析。当系统性能不满足要求时，MATLAB 还提供了图像化的根轨迹分析与设计工具 rltool，用户能够方便地调节其参数，从而改善系统的性能，达到设计目标。

4.6.1 MATLAB 绘制根轨迹的相关函数

MATLAB 提供了根轨迹绘制与分析的函数，包括绘制系统根轨迹的函数 rlocus，绘制系统零极点图的函数 pzmap，以及做进一步分析的函数 rlocfind、sgrid 等。表 4-2 简要给出了这些函数的用法及功能说明。

表 4-2 根轨迹相关函数的用法及功能

函　　数	功　　能
rlocus(sys)	绘制系统 sys 的根轨迹
rlocus(sys1, sys2, …)	在一张图上绘制多个系统的根轨迹
rlocus(sys, K)	绘制系统 sys 在指定的参数范围 K 的根轨迹，K 为用户指定的根轨迹增益范围
pzmap(sys)	绘制系统的零极点图
[K,p]=rlocfind(sys)	交互式选取根轨迹增益。返回变量 K 和 p 分别为被选中闭环极点的根轨迹增益及与之对应的所有其他闭环极点的值
sgrid	绘制根轨迹网格(等阻尼系数和等自然振荡角频率线)
sgrid(z,wn)	绘制指定的阻尼系数线和自然振荡角频率线

在绘制的根轨迹图上，单击曲线上的任一点，将显示这个点的有关信息，包括该点的根轨迹增益值、对应的系统特征根的值和可能的闭环系统阻尼比和超调量等。

在执行 rlocfind 函数时，MATLAB 的命令窗口会出现 Select a point in the graphics window 的提示信息，要求在根轨迹图上选定一个点，此时在绘有根轨迹图形的窗口中会出现一个十字状光标。移动十字光标到根轨迹上的选定位置后单击，MATLAB 的命令窗口会出现被选点的坐标、与之对应的根轨迹增益 K 的值以及根轨迹上具有相同根轨迹增益的其他闭环极点的值。

4.6.2 根轨迹绘制仿真实例

【例 4-8】 已知单位负反馈系统的开环传递函数为

$$G(s)=\frac{K(s^2+2s+2)}{s(s+4)(s+6)(s^2+4s+4)}$$

要求：

(1) 绘制系统的零极点图。

(2) 绘制系统的根轨迹图，并添加根轨迹网格。

(3) 确定根轨迹的分离点和相应的根轨迹增益。

(4) 确定临界根轨迹增益，并进行验证。

解 (1) 绘制系统的零极点图。

在 MATLAB 命令窗口中输入以下命令。

```
num=[1 2 2];                    %定义传递函数的分子、分母系数
den=conv([1,0],conv([1,4],conv([1,6],[1,4,4])));
figure(1);                      %打开绘图窗口
pzmap(num,den);                 %绘制零极点图
axis equal;                     %使坐标等比例
```

运行结果如图 4-15 所示。

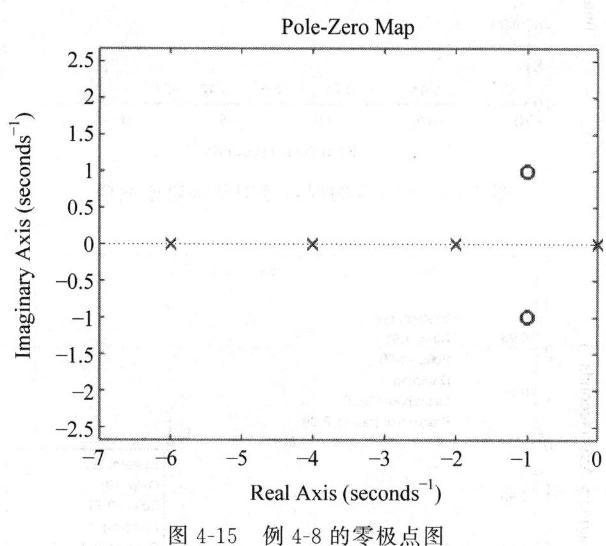

图 4-15　例 4-8 的零极点图

(2) 绘制系统的根轨迹图,并添加根轨迹网格。

在 MATLAB 命令窗口中输入以下命令。

```
figure(2);                      %打开新的绘图窗口
rlocus(num,den);                %绘制根轨迹图
sgrid();                        %绘制根轨迹网格
axis equal;                     %使坐标等比例
```

运行结果如图 4-16 所示。

(3) 确定根轨迹的分离点和相应的根轨迹增益。在根轨迹图窗口中,局部放大图形,用鼠标选取根轨迹分离点,得到根轨迹分离点为−3.09 和−0.71,分离点所对应的根轨迹增益 K 分别为 1.81 和 19。结果如图 4-17 所示。

(4) 确定临界根轨迹增益,并进行验证。

在 MATLAB 命令窗口中输入以下命令。

```
[k,p]=rlocfind(num,den)
```

运行结果如图 4-18 所示。

在根轨迹图中单击根轨迹与虚轴的交点,命令窗口中显示如下信息。

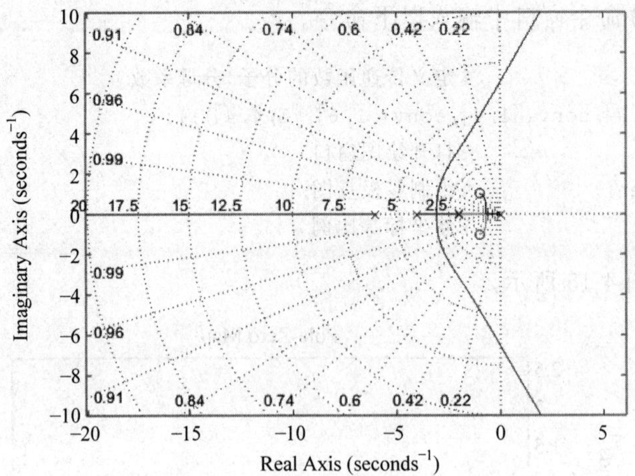

图 4-16　例 4-8 的根轨迹图及根轨迹网格

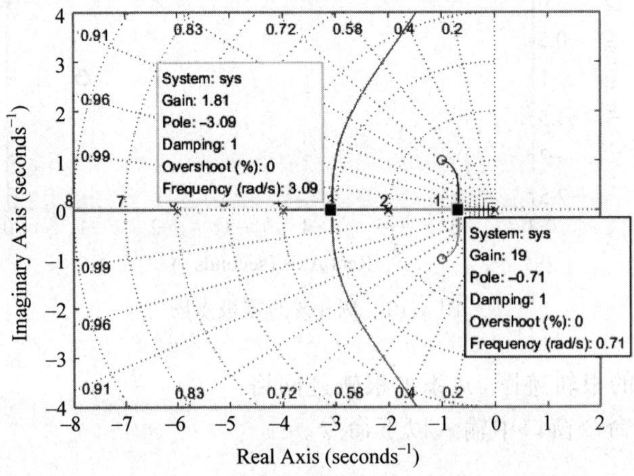

图 4-17　例 4-8 的根轨迹图分离点及对应的根轨迹增益

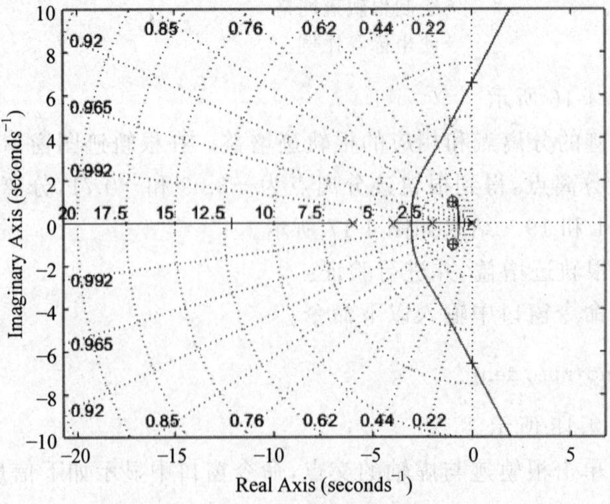

图 4-18　例 4-8 的临界根轨迹增益

```
Select a point in the graphics window
selected_point =-0.0001 +6.5599i
k =489.1791
p =
    -12.0904 +0.0000i
    -0.0001 +6.5599i
    -0.0001 -6.5599i
    -0.9547 +0.9844i
    -0.9547 -0.9844i
```

得到临界根轨迹增益大约为 489.1791。即当 $K<489.1791$ 时，闭环系统稳定；当 $K>489.1791$ 时，系统振荡不稳定。

下面分别绘制 K 取值为 489、489.2007、490 时的系统阶跃响应图加以验证。

在 MATLAB 命令窗口中输入以下命令。

```
K=[489 489.2007 490];                      %定义K值
n=length(K);                               %确定绘制曲线数目
i=1;
for T=K
  subplot(1,n,i);                          %设置子图
  step(feedback(tf(T*num,den),1));         %绘制闭环阶跃响应曲线
  title(strcat('K=',num2str(T)));          %设置曲线标题
  i=i+1;
end
```

得到如图 4-19 所示的不同 K 值时的阶跃响应曲线图。

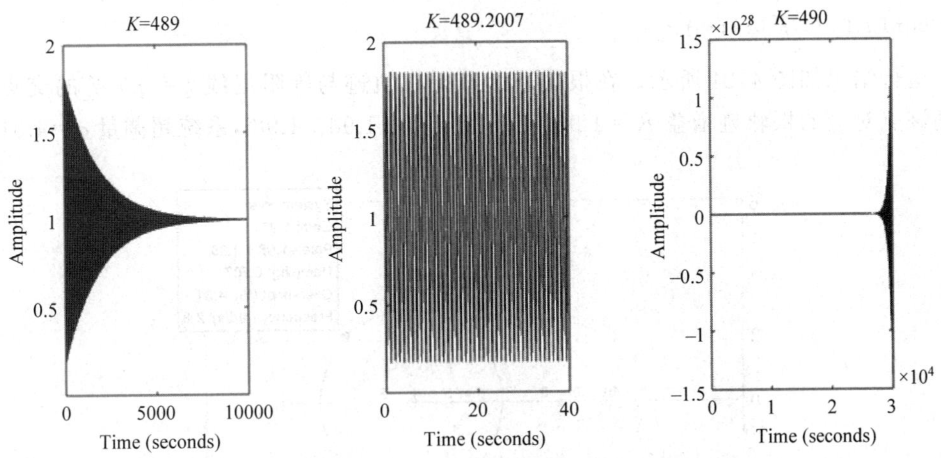

图 4-19　例 4-8 不同 K 值下的阶跃响应曲线

通过验证，可知该系统的临界根轨迹增益 $K=489.2007$。

【例 4-9】 已知系统的开环传递函数为

$$G(s)=\frac{K(s+4)}{s(s+2)}$$

试绘制系统的根轨迹图，并确定当系统的阻尼比 $\zeta=0.707$ 时，系统的闭环极点及性能指标。

解 在 MATLAB 命令窗口中输入以下命令。

```
num =[1,4];
den=conv([1,0],[1,2]);
rlocus(num,den);
axis equal;
```

得到系统的根轨迹图，如图 4-20 所示。

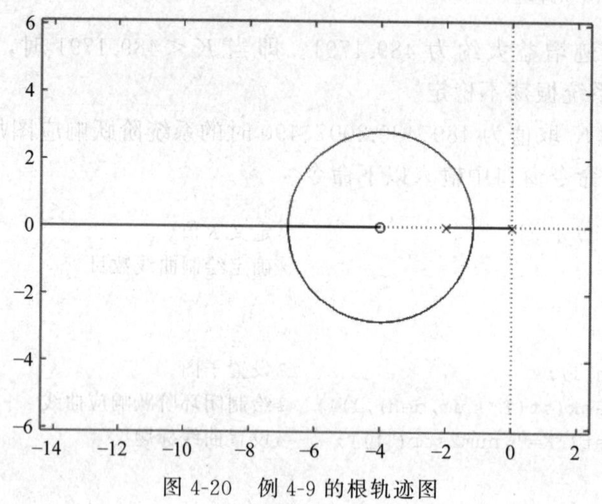

图 4-20 例 4-9 的根轨迹图

在 MATLAB 命令窗口中继续输入以下命令。

```
sgrid(0.707,[0:1:8]);
```

运行结果如图 4-21 所示。在根轨迹上选择根轨迹与等阻尼线 $\zeta=0.707$ 的交点，可得到该点对应的根轨迹增益 $K=1.96$，闭环极点为 $-1.98+1.98i$，系统超调量 $\sigma=4.31\%$。

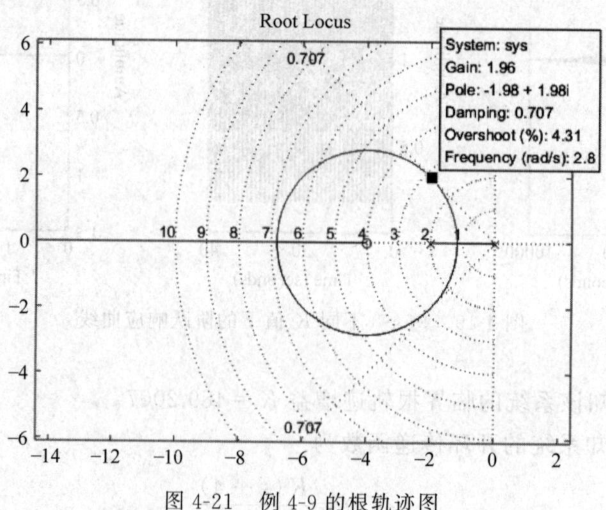

图 4-21 例 4-9 的根轨迹图

$K=1.96$ 时的闭环系统阶跃响应图如图 4-22 所示。

在 MATLAB 命令窗口中输入以下命令。

```
K=1.96;
Gc=feedback(tf(K*num,den),1);
figure(2); step(Gc);
```

运行结果如图 4-22 所示。

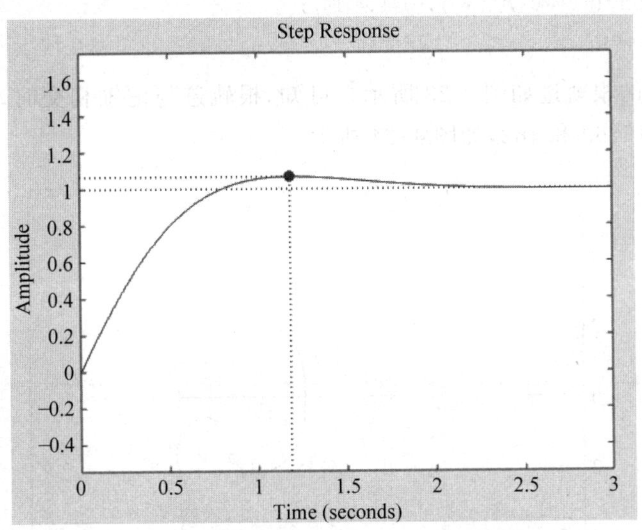

图 4-22　例 4-9 $K=1.96$ 时的闭环系统阶跃响应图

4.7　基于 MATLAB 的根轨迹分析仿真

根轨迹图是设计和控制系统的有力帮手，绘制好控制系统的根轨迹图后，可以利用根轨迹对系统的性能进行定性分析和定量计算。

4.7.1　利用根轨迹分析控制系统的稳定性

控制系统稳定的充要条件是闭环极点均在 s 平面的左半平面，而根轨迹是所有闭环极点的集合。因此，只要控制系统的根轨迹位于 s 平面的左半平面，控制系统就是稳定的；否则就是不稳定的。

当控制系统的参数变化引起系统的根轨迹从左半平面变化到右半平面时，系统从稳定变为不稳定，根轨迹与虚轴交点处的参数值就是系统稳定的临界值。因此，根据根轨迹与虚轴的交点可以确定使系统稳定的参数的取值范围。参数在一定范围内取值才能稳定的系统叫条件稳定系统。条件稳定系统的工作性能并不十分可靠，实际工作中，应尽量通过参数的选择或适当的校正方法消除条件稳定的问题。

根轨迹与虚轴之间的相对位置反映了系统稳定程度的大小。根轨迹离虚轴越远，系统的稳定程度越好，反之稳定程度越差。

【例 4-10】 某负反馈系统的开环传递函数为

$$G(s)=\frac{K^*(s^2+2s+4)}{s(s+4)(s+6)(s^2+1.4s+1)}$$

讨论使闭环系统稳定的 K^* 取值范围。

解 在 MATLAB 命令窗口中输入如下命令。

```
num=[1 2 4];
den=conv(conv([1 4 0],[1 6]),[1 1.4 1]);
rlocus(num,den)
```

运行后绘制的根轨迹如图 4-23 所示。可知，根轨迹与虚轴相交时，临界根轨迹增益 K^* 的值大约是 15、69 和 162，如图 4-24 所示。

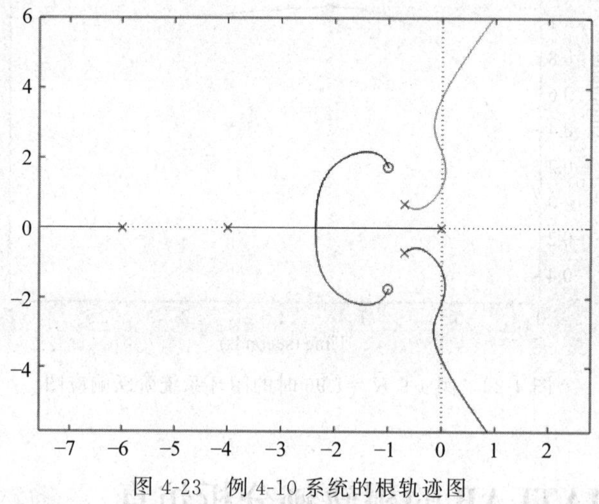

图 4-23 例 4-10 系统的根轨迹图

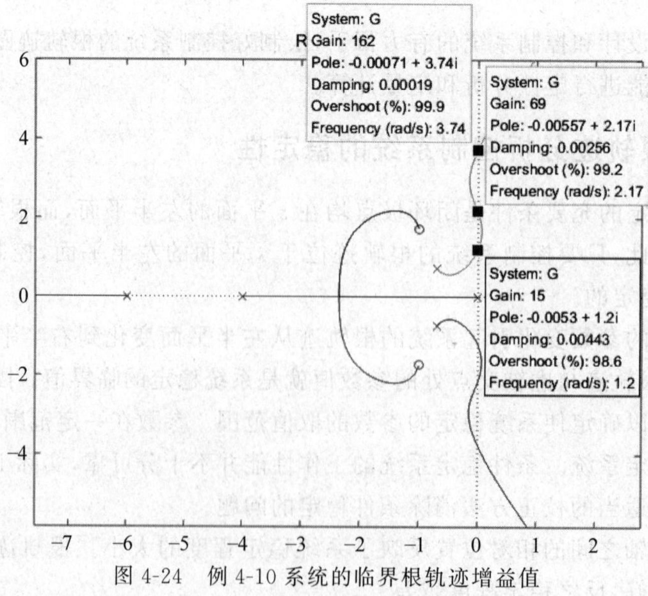

图 4-24 例 4-10 系统的临界根轨迹增益值

由图 4-24 可知，当 $0<K^*<15$ 及 $69<K^*<162$ 时，系统的根轨迹位于 s 平面左半平面，此时闭环系统是稳定的；而当 $15\leqslant K^*\leqslant 69$ 及 $K^*\geqslant 162$ 时，系统的根轨迹位于 s 平面的右半平面，此时闭环系统是不稳定的。

可以通过取不同的根轨迹增益 K^* 值验证上述结论。下面分别取 K^* 的值为 6、40、80、170，在 MATLAB 中分别绘制阶跃响应曲线。

在 MATLAB 命令窗口中输入如下命令。

```
num=[1 2 4];
den=conv(conv([1 4 0],[1 6]),[1 1.4 1])
K=[6 40 80 170]
n=length(K);
i=1;
for T=K
  subplot(1,n,i);
  step(feedback(tf(T*num,den),1));
  title(strcat('K=',num2str(T)));
  i=i+1;
end
```

运行结果如图 4-25 所示。

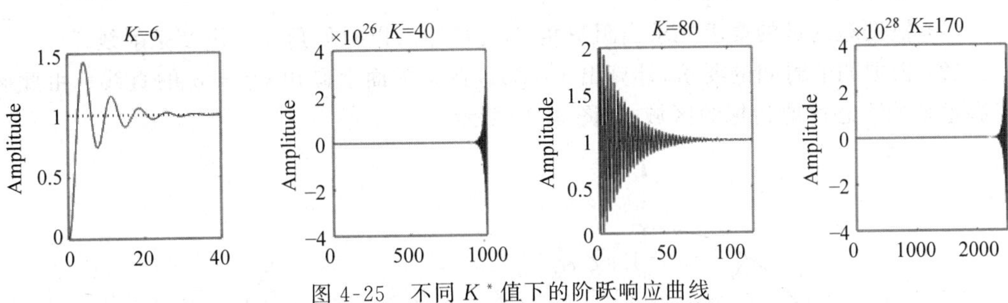

图 4-25　不同 K^* 值下的阶跃响应曲线

4.7.2　利用根轨迹分析控制系统的动态性能

对单位反馈系统，闭环零点就是开环零点，所以闭环零点很容易确定。而闭环极点与开环零点和极点及开环根轨迹增益均有关，无法直接得到。根轨迹法的基本任务就是根据已知开环零点和极点的分布及开环根轨迹增益，通过图解的方法找出系统的闭环极点。一旦闭环零点、极点都确定了，系统的闭环传递函数也就确定了，于是就可采用拉普拉斯变换法或直接利用计算机求解得到闭环系统的时间响应，最终从时间响应可以得到各项性能指标。

在工程实践中，常常采用主导极点的概念对高阶系统的性能进行近似分析。高阶系统的动态性能基本是由接近虚轴的闭环极点决定的，因此，通常把既靠近虚轴，又不十分接近闭环零点的闭环极点称为主导极点。主导极点对系统性能的影响最大，而那些比主导极点的实部大 5 倍以上的其他闭环极点，对系统的影响可以忽略。这样就将高阶系统进行降阶处理，从而可以利用一阶和二阶系统的性能指标计算公式对原高阶系统进行性能估算。

利用根轨迹法可清楚地看到根轨迹增益或其他开环系统参数改变时，闭环系统极点位置及其动态性能的变化情况。

以二阶系统为例，典型二阶系统的开环传递函数为 $G(s)=\dfrac{\omega_n^2}{s(s+2\zeta\omega_n)}$，闭环传递函数为 $\Phi(s)=\dfrac{\omega_n^2}{s^2+2\zeta\omega_n s+\omega_n^2}$。

当 ζ 变化时，绘制出系统的参数根轨迹，如图 4-26 所示。闭环系统的共轭极点为 $s_{1,2}=-\zeta\omega_n\pm j\sqrt{1-\zeta^2}\,\omega_n$

图中阻尼角 β 和阻尼比 ζ 的关系为

$$\beta=\arccos\zeta$$

根据根轨迹可以确定系统工作在根轨迹上任一点时所对应的 ζ 和 ω_n 值，再根据二阶系统动态指标的计算公式

$$\sigma=e^{\frac{\zeta\pi}{\sqrt{1-\zeta^2}}}\times 100\%,\quad t_s=\frac{3}{\zeta\omega_n}$$

可得到系统工作在该点的动态性能指标值。反过来，也可以根据系统动态指标的要求确定系统特征根的位置。方法如下。

(1) 根据超调量的要求先求出阻尼角 β，再从原点以阻尼角 β 引出 2 条射线。

(2) 根据调节时间的要求，计算出 $\sigma=\zeta\omega_n$，在 s 平面上画出 $s=-\sigma$ 的直线。由此确定满足系统暂态性能指标的区域，如图 4-27 所示。

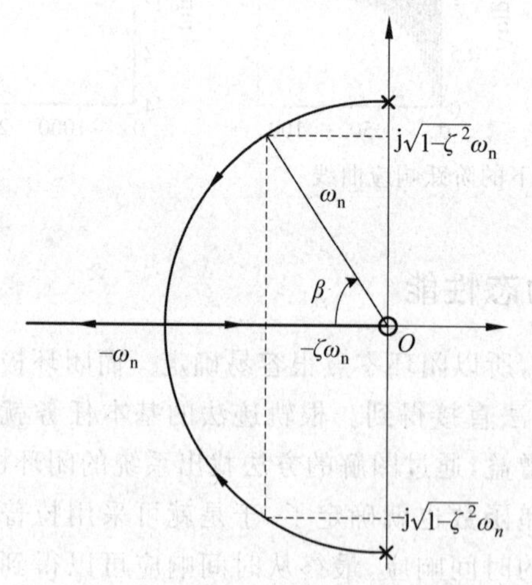

图 4-26 典型二阶系统的根轨迹

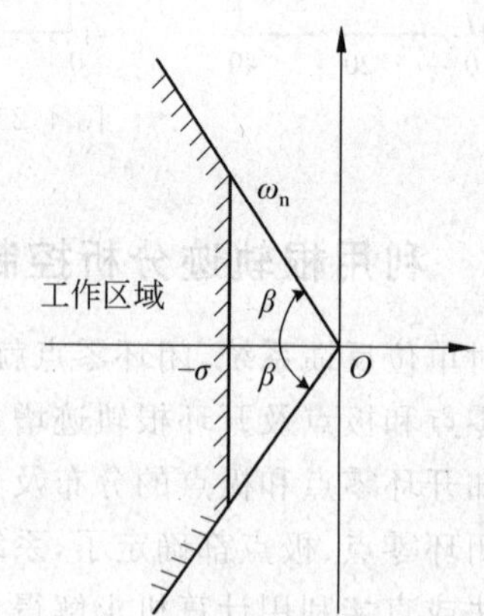

图 4-27 满足动态性能指标的工作区域

若在该区域内没有合适的根轨迹，则应在系统中加入合适的极点、零点校正装置以改变根轨迹的形状，使根轨迹进入该区域，然后确定满足要求的闭环极点位置及相应的开环系统参数值。

闭环系统的根 s_i 在 s 平面上的不同位置决定了闭环系统的动态性能。现对其规律

总结如下。

(1) 左右分布决定终值。s_i 位于虚轴左边时暂态分量最终衰减到零，s_i 位于虚轴右边时暂态分量一定发散，s_i 正好位于虚轴(除原点)时暂态分量为等幅振荡。

(2) 虚实分布决定振型。s_i 位于实轴上时暂态分量为非周期运动，s_i 位于虚轴上时暂态分量为周期运动。

(3) 远近分布决定快慢。s_i 位于虚轴左边时离虚轴越远过渡过程衰减得越快。离虚轴最近的闭环极点"影响"系统响应的时间最长，因此称为主导极点。

4.7.3 利用根轨迹分析控制系统的稳态性能

对于典型输入信号，控制系统的稳态性能只与开环传递函数有关，也就是和系统的开环增益 K 及系统的型别 v 有关，这些信息在根轨迹图上都有反映。在根轨迹图上，位于原点处的根轨迹起点数对应于系统的型别 v，根轨迹增益与开环增益仅仅相差一个比例常数。因此，利用第 3 章介绍的静态误差系数法可以得到控制系统在典型输入信号作用下的稳态误差。

4.7.4 增加开环零点对根轨迹及系统性能的影响

一般情况下，在开环传递函数中增加零点，相当于在根轨迹的相角条件中增加了一个正的相角，这将导致根轨迹向 s 平面的左半平面移动，从而增加系统的稳定性，减小系统响应的调节时间，而且所增加的开环零点越靠近虚轴影响越大。

【例 4-11】 已知开环传递函数为

$$G(s)=\frac{K^*}{s(s^2+2s+2)}$$

增加一个开环零点 $z=a$，$(a<0)$，绘制 a 取不同值时的系统根轨迹并分析其对系统动态性能的影响。

解 利用 MATLAB 的 rlocus 函数分别绘制原系统及 a 值为 -4、-2、-1 时的根轨迹，如图 4-28 所示。

在 MATLAB 命令窗口中输入如下命令。

```
gs=tf(1,[1 2 2 0]);
rlocus(gs)
gs1=tf([1 4],[1 2 2 0]);
figure(2)
rlocus(gs1)
gs2=tf([1 2],[1 2 2 0]);
figure(3)
rlocus(gs2)
gs3=tf([1 1],[1 2 2 0]);
figure(4)
rlocus(gs3)
```

运行结果如图 4-28 所示。

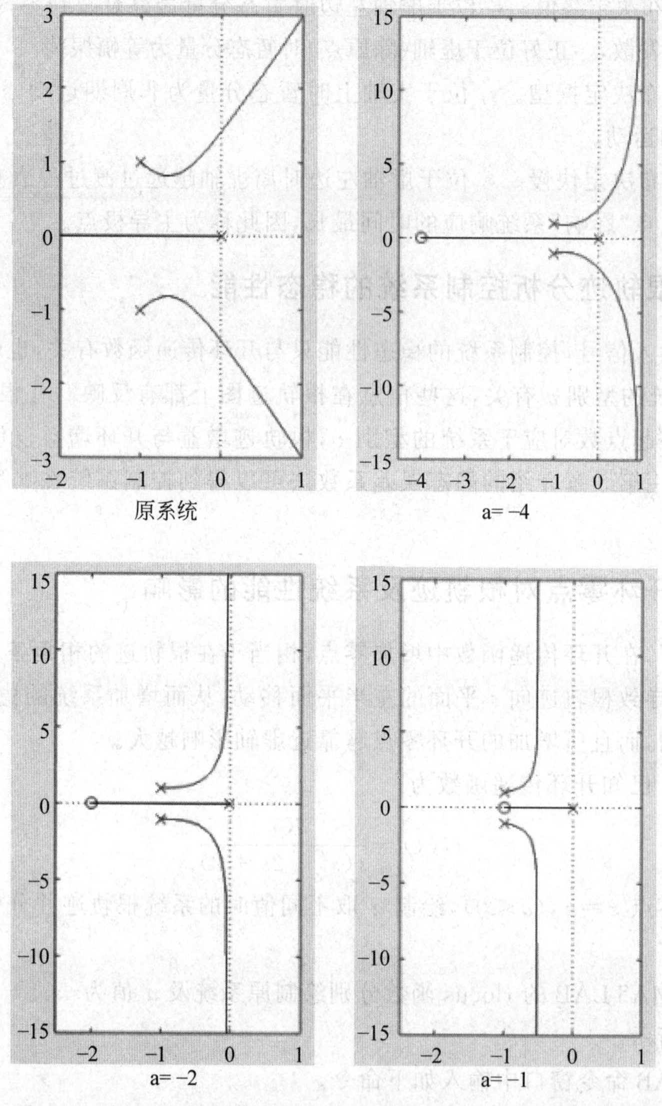

图 4-28 例 4-11 的系统根轨迹及添加不同开环零点后的根轨迹

从图中可以看到，增加一个开环零点对系统的性能产生了影响，且零点位置对系统的性能影响较大。当 $-\infty<a<0$ 时，即增加的开环零点位于 s 平面左半平面时，系统的根轨迹向左偏移，提高了系统的稳定性，有利于系统动态性能的改善，而且开环零点离虚轴越近，系统动态性能改善越显著。

还可以通过 K^* 取 7，a 分别取 -4、-2、-1 时的系统阶跃响应曲线来验证上述结论。

在 MATLAB 命令窗口中输入如下命令。

```
num=[1];
```

```
den=conv([1 0],[1 2 2]);
K=7;
a=[-4 -2 -1];
n=length(a);
i=1;
subplot(1,n+1,i);
step(feedback(tf(K*num,den),1));
title('原系统');
for T=a
  i=i+1;
  subplot(1,n+1,i);
  step(feedback(tf(conv(K*num,[1 -T]),den),1));
  title(strcat('a=',num2str(T)));
end
```

运行结果如图 4-29 所示。在 $K^*=7$ 的条件下，原系统在 $a=-4$ 时振荡不稳定；当 $a=-2$ 与 $a=-1$ 时，系统稳定；$a=-1$ 时，调节时间、超调量均好于 $a=-2$ 时的情况。

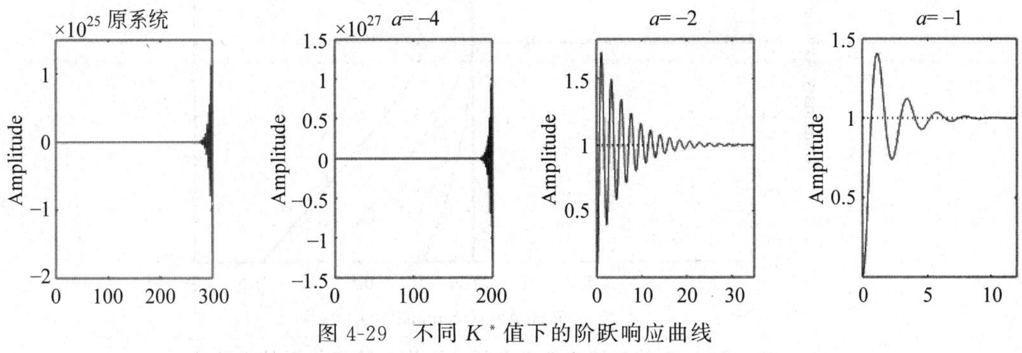

图 4-29　不同 K^* 值下的阶跃响应曲线

4.7.5　增加开环极点对根轨迹及系统性能的影响

在系统的开环传递函数中增加开环极点，相当于在根轨迹的相角条件中增加了一个负的相角，这将导致根轨迹向 s 平面的右半平面弯曲，从而降低了系统的相对稳定性。增加极点后系统的阶次变高，稳定性变差，性能变坏，并且所增加的极点越靠近坐标原点，其作用越强。

【例 4-12】 已知开环传递函数为

$$G(s)=\frac{K^*}{s(s+1)}$$

增加一个开环极点 $p=b(b<0)$，绘制 b 取不同值时的系统根轨迹并分析其对系统动态性能的影响。

解　利用 MATLAB 分别绘制原系统根轨迹并增加一个开环极点 $p=b(b<0)$，b 取 -10、-2、-0.1 时的根轨迹。

在 MATLAB 命令窗口中输入如下命令。

```
gs=tf(1,[1 1 0]);
rlocus(gs)
hold on
gs1=tf(1,conv([1 0],conv([1 1],[1 10])));
rlocus(gs1)
gs2=tf(1,conv([1 0],conv([1 1],[1 2])));
rlocus(gs2)
gs3=tf(1,conv([1 0],conv([1 1],[1 0.1])));
rlocus(gs3)
```

运行结果如图 4-30 所示。

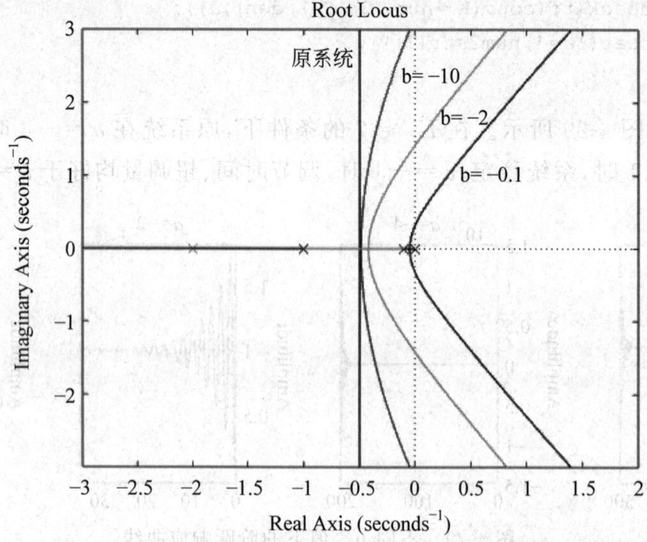

图 4-30 例 4-12 的系统根轨迹及添加不同开环极点后的根轨迹

从图中可以看到，增加一个开环极点改变了实轴上的根轨迹分布；改变了根轨迹渐近线条数、渐近线的倾角和渐近线与实轴的交点；根轨迹向右偏移或弯曲，系统的稳定性变差；增加的开环极点离虚轴越近，系统稳定性越差；根轨迹向右偏移或弯曲导致系统的响应速度变差。

下面通过 K^* 取 0.7，b 分别取 −10、−2、−0.1 时的系统阶跃响应曲线来验证上述结论。

在 MATLAB 命令窗口中输入如下命令。

```
num=[1];
den=[1 1 0];
K=0.7;
b=[-10 -2 -0.1];
n=length(b);
i=1;
subplot(1,n+1,i);
step(feedback(tf(K*num,den),1));
```

```
title('原系统');
for T=b
  i=i+1;
  subplot(1,n+1,i);
  step(feedback(tf(num,conv(K*den,[1 -T])),1));
  title(strcat('b=',num2str(T)));
end
```

运行结果如图 4-31 所示。

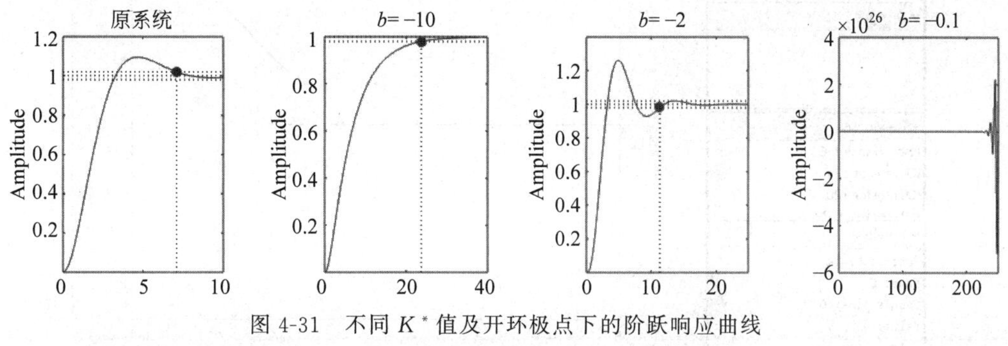

图 4-31　不同 K^* 值及开环极点下的阶跃响应曲线

4.7.6 MATLAB 图形化根轨迹分析工具 rltool

MATLAB 还提供了一个图形化的根轨迹分析工具 rltool,可以方便地进行根轨迹分析。例 4-13 简要介绍了 rltool 的使用。

【例 4-13】 设系统的开环传递函数为 $G(s)=\dfrac{K}{s(s^2+2s+2)}$,使用 rltool 工具对系统性能进行分析。

解　(1) 首先在 MATLAB 中建立系统的数学模型 G,命令如下。

```
s=tf('s');
G=1/(s*(s^2+2*s+2));
```

(2) 在命令窗口中输入 rltool(G),打开根轨迹分析工具 rltool 的界面,其中显示了系统 G 的根轨迹,如图 4-32 所示。

(3) 在 Data Browser 窗格的 Controlers and Fixed Blocks 下选择 C,则可在 Preview 窗格中看到其当前值为 1。这就是根轨迹增益 K,右侧根轨迹图中的小红点是根轨迹增益 $K=1$ 时所对应的 3 个根。可以在根轨迹图上拖动鼠标改变根轨迹增益 C 的值,如图 4-33 所示,此时 $C=3.8139$。

在状态栏上还可以看到此时所拖动的根为−0.0158+1.39i、阻尼比为 0.0114 等信息。

(4) 将右侧绘图窗口的显示方式设置为垂直排列(视图→左侧/右侧),同时显示开环系统的根轨迹和闭环系统的阶跃响应曲线。随着鼠标在根轨迹图上拖动,闭环系统的阶跃响应曲线也随之变化,显示根轨迹增益改变后的阶跃响应,如图 4-34 所示。可以看到当 $K=C=3.8139$ 时,闭环系统振荡收敛,但性能较差,原因是此时闭环极点非常接近虚轴。

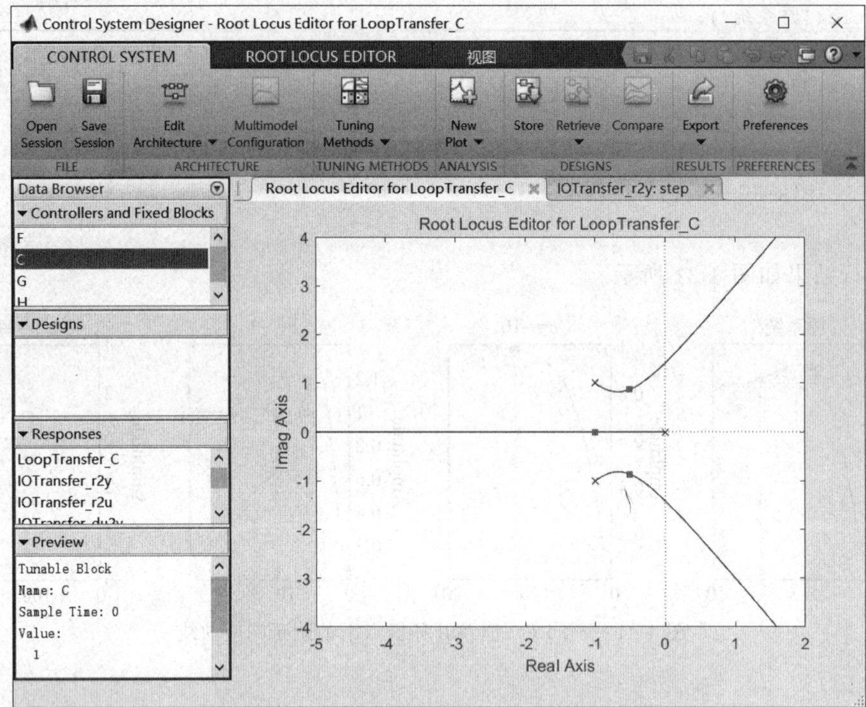

图 4-32　rltool 工具界面

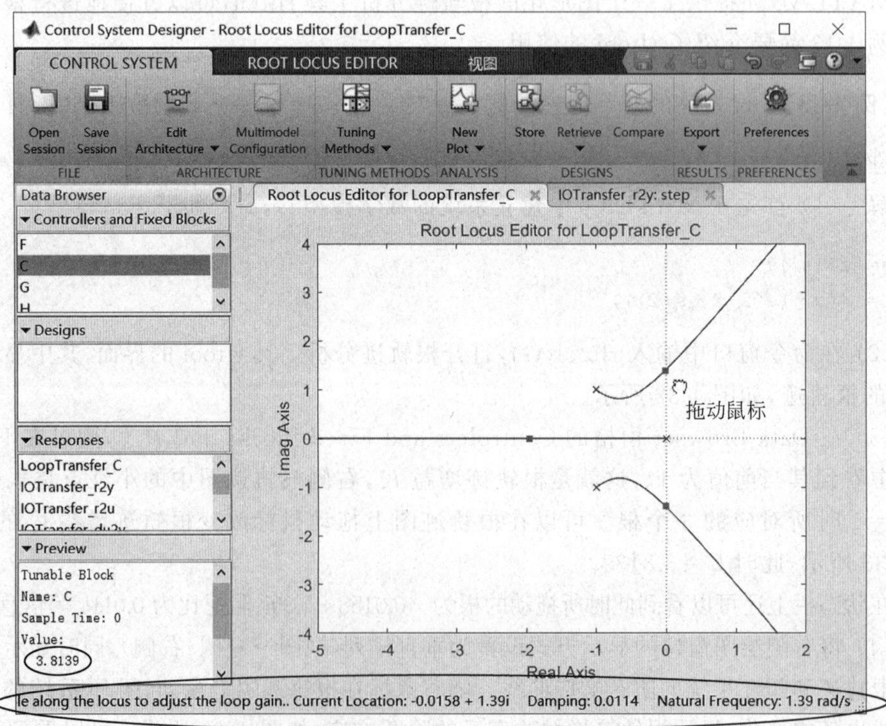

图 4-33　拖动鼠标改变根轨迹增益

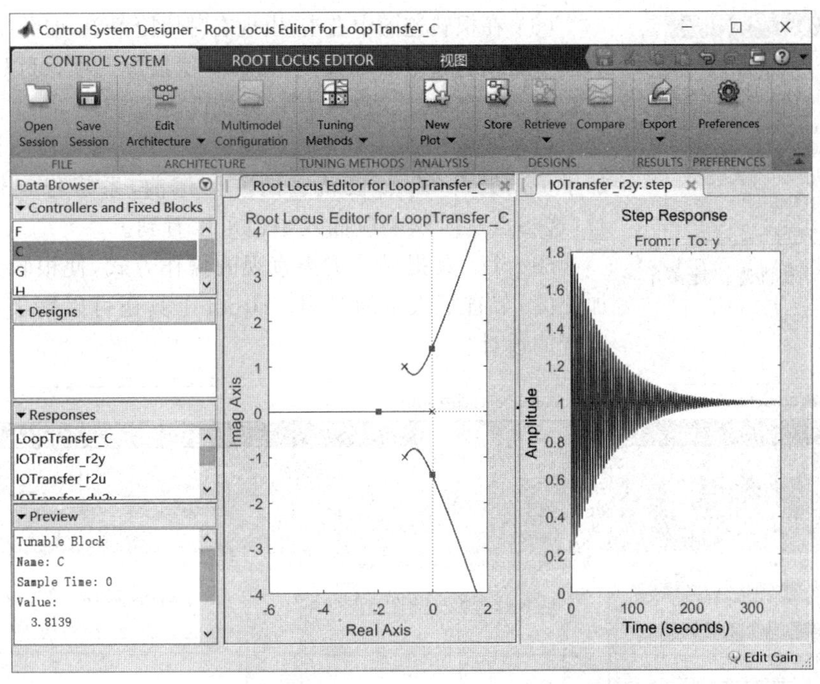

图 4-34　开环系统的根轨迹及闭环系统的阶跃响应

(5) 双击 Controlers and Fixed Blocks 下的 C，出现手动输入 C 值的对话框。在其中输入 4，这时闭环系统的阶跃响应呈现等幅振荡，闭环系统临界稳定，如图 4-35 所示。可知当 $K<4$ 时，系统稳定；当 $K=4$ 时系统临界稳定；当 $K>4$ 时，系统不稳定。

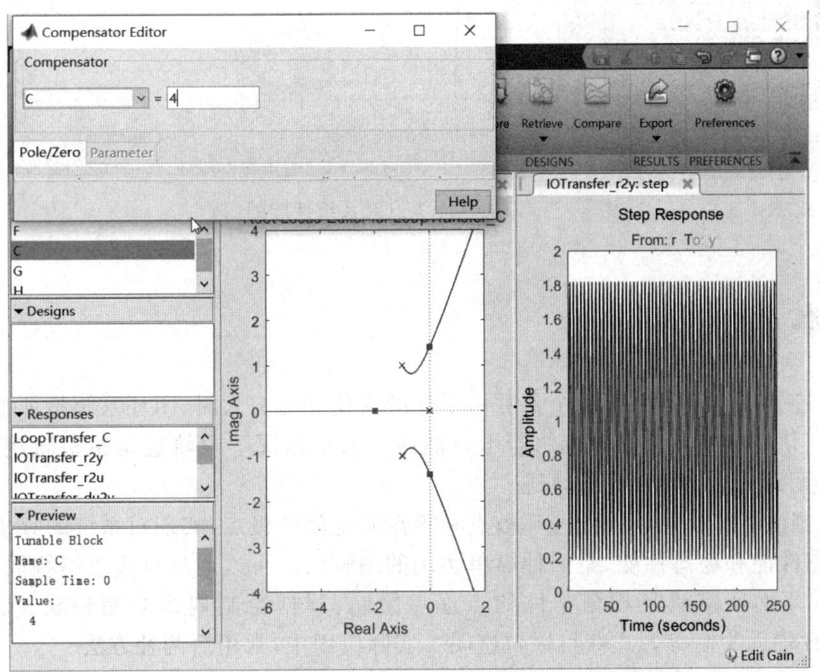

图 4-35　手动输入 C 的值为 4，此时闭环系统临界稳定

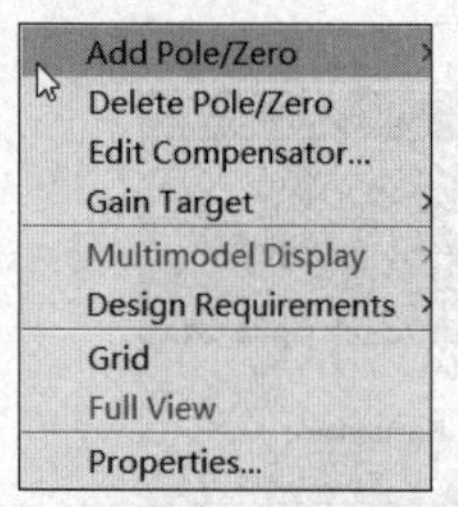

图 4-36 根轨迹快捷菜单

(6) 在根轨迹图中右击，出现右键快捷菜单，如图 4-36 所示。选择添加或删除零点和极点，编辑补偿器等选项，可以实时添加或删除零点和极点，观察对闭环系统性能的影响。

(7) 试着添加一个零点，如图 4-37 所示，可以看到由于添加了负的开环零点，根轨迹向左侧弯曲，系统稳定性得到改善，这一点从阶跃响应曲线中也可以看到。

rltool 工具提供了更为直观的操作方式，使根轨迹分析更加便捷，节省了大量的时间。rltool 工具还可以用于系统校正装置的设计。

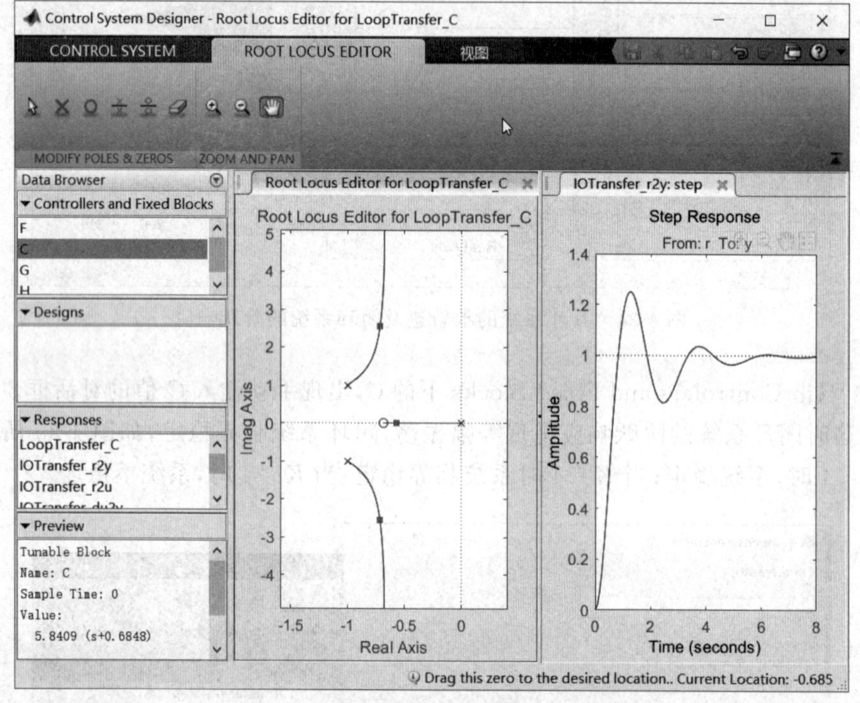

图 4-37 添加开环零点对系统性能的影响

4.8 本章小结

根轨迹是指当开环系统某个参数由零连续变化到无穷大时，闭环系统特征根(闭环极点)连续变化而在 s 平面上形成的若干条曲线。通常情况下根轨迹是指根轨迹增益 K^* 由零到正无穷大变化形成的根轨迹。

根轨迹法能够根据系统的开环极点和零点确定闭环极点，实现对系统的分析，包括稳定性、动态性能和稳态性能，是一种简单实用的图解法。可以通过直接求解特征根逐点绘制、找出 s 平面所有满足相角条件的点逐点绘制、根据绘制规则绘制根轨迹概略图和 MATLAB 辅助绘制等方式获得根轨迹图。实际应用中，常用后两种方法。

借助 MATLAB 提供的强大功能，可以方便地进行根轨迹绘制及系统分析，因此需要熟练掌握 MATLAB 绘制根轨迹相关函数的用法。

本章思维导图如图 4-38 所示。

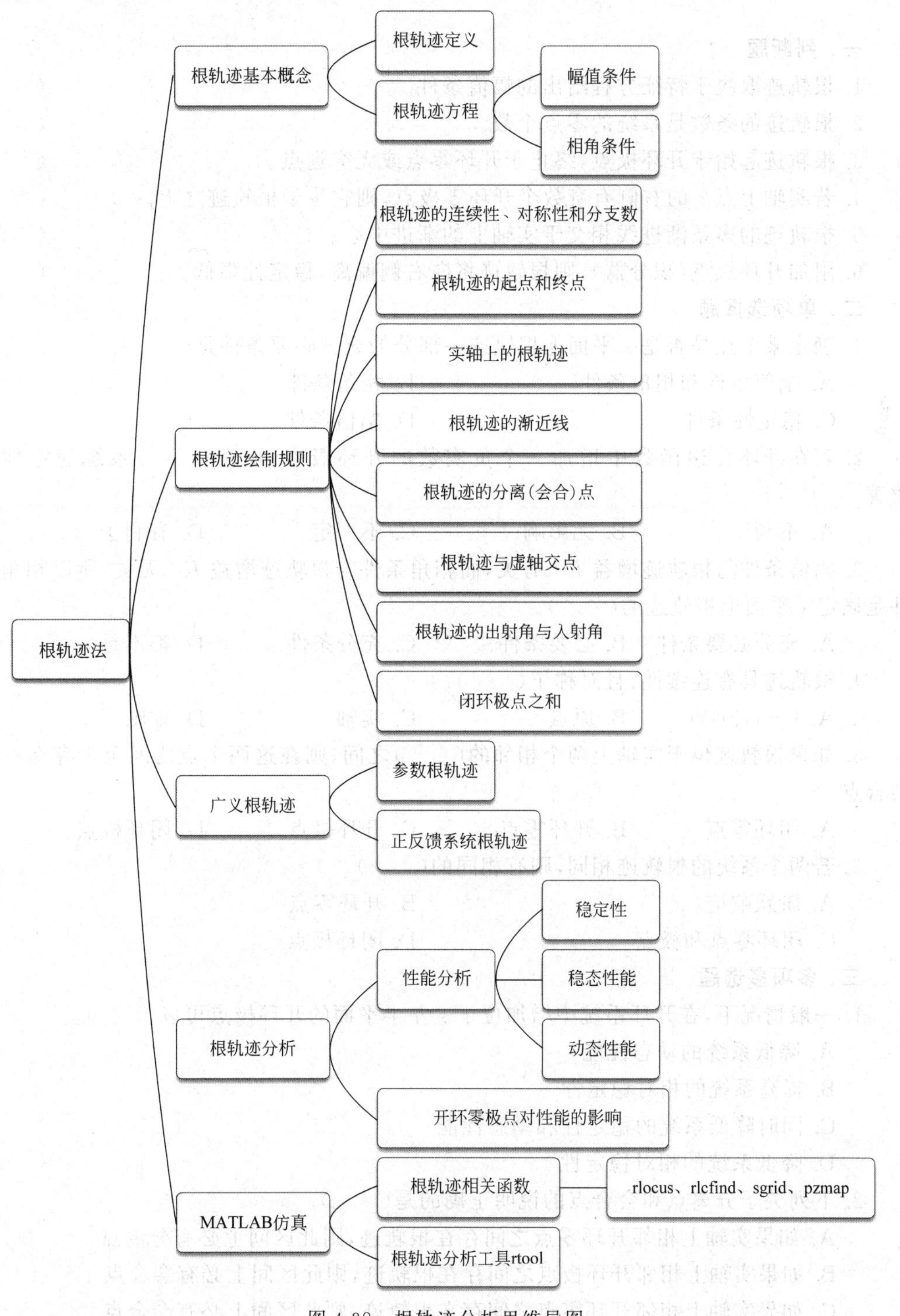

图 4-38　根轨迹分析思维导图

4.9 习题

一、判断题

1. 根轨迹取决于特征方程给出的幅值条件。 （ ）

2. 根轨迹的条数是系统的零点个数。 （ ）

3. 根轨迹起始于开环极点，终止于开环零点或无穷远点。 （ ）

4. 若实轴上点 s 的右侧有奇数个开环零极点，则它位于根轨迹之上。 （ ）

5. 根轨迹的多条渐进线相交于实轴上的渐进中心。 （ ）

6. 附加开环极点（积分器），则根轨迹将向右侧偏离，稳定性降低。 （ ）

二、单项选择题

1. 确定某个点是否是 s 平面上根轨迹一部分的充分必要条件是（ ）。

A. 幅值条件和相角条件 B. 相角条件
C. 稳定性条件 D. 幅值条件

2. 若在开环传递函数中增加一个负实数的开环极点，通常（ ）系统稳定性的改善。

A. 不利于 B. 无影响 C. 不一定 D. 有利于

3. 幅值条件与根轨迹增益 K^* 有关，而相角条件与根轨迹增益 K^* 无关，所以相角条件是确定 s 平面上根轨迹的（ ）。

A. 充分必要条件 B. 必要条件 C. 充分条件 D. 都不是

4. 根轨迹具有连续性，且对称于（ ）。

A. （－1，j0）点 B. 原点 C. 实轴 D. 虚轴

5. 如果根轨迹位于实轴上两个相邻的（ ）之间，则在这两个点之间至少存在一个会合点。

A. 闭环零点 B. 开环零点 C. 开环极点 D. 闭环极点

6. 若两个系统的根轨迹相同，则有相同的（ ）。

A. 阶跃响应 B. 开环零点
C. 闭环零点和极点 D. 闭环极点

三、多项多选题

1. 一般情况下，在开环系统中增加位于 s 左半平面的开环极点可以（ ）。

A. 降低系统的动态性能
B. 提高系统的相对稳定性
C. 同时降低系统的稳定性和动态性能
D. 降低系统的相对稳定性

2. 下列关于分离点和会合点的说明正确的是（ ）。

A. 如果实轴上相邻开环零点之间存在根轨迹，则此区间上必有分离点
B. 如果实轴上相邻开环极点之间存在根轨迹，则此区间上必有会合点
C. 如果实轴上相邻开环零点之间存在根轨迹，则此区间上必有会合点
D. 如果实轴上相邻开环极点之间存在根轨迹，则此区间上必有分离点

3. 当根轨迹越过虚轴，进入右半 s 平面时（　　）。

A. 系统开始不稳定

B. 表示出现实部为正的特征根

C. 表示出现虚部为正的特征根

D. 系统开始稳定

4. 在系统中增加开环零点会引起影响有（　　）。

A. 若设计得当，控制系统的稳定性和动态性能指标会得到改善

B. 将使系统的根轨迹向左弯曲

C. 将使系统的根轨迹向右弯曲

D. 无论参数如何，控制系统的稳定性和动态性能指标都会变差

5. 设 $G(s)H(s)=\dfrac{K(s+10)}{(s+2)(s+5)}$，当 K 增大时，下面说法中错误的是（　　）。

A. 闭环系统由稳定到不稳定

B. 闭环系统始终稳定

C. 闭环系统始终不稳定

D. 闭环系统由不稳定到稳定

四、综合题

1. 已知某单位负反馈系统的开环传递函数为 $G(s)=\dfrac{K^*}{(s+1)(s+2)(s+4)}$，为使系统闭环稳定，用根轨迹法确定 K^* 的取值范围。

2. 已知单位负反馈系统的开环传递函数如下，试绘制相应的根轨迹图。

(1) $G(s)=\dfrac{K^*}{(s+0.2)(s+0.5)(s+1)}$

(2) $G(s)=\dfrac{K^*(s+2)}{(s^2+2s+10)}$

(3) $G(s)=\dfrac{K^*(s+5)}{s(s+2)(s+3)}$

3. 已知某单位负反馈系统的开环传递函数为 $G(s)=\dfrac{K^*(s+T)}{s^2(s+2)}$，试绘制 $K^*=1$ 时，以 T 为参数的根轨迹图。

4. 已知某单位负反馈系统的开环传递函数为 $G(s)=\dfrac{K^*(s+6)}{s(s+3)}$。

(1) 绘制系统的根轨迹图。

(2) 分析 K^* 对系统性能的影响。

4.10　基于 MATLAB 的根轨迹分析综合仿真实验题

1. 实验目的

(1) 熟练掌握使用 MATLAB 绘制系统零极点图和根轨迹图的方法。

(2) 学会分析系统根轨迹的一般规律。

(3) 利用根轨迹图进行系统性能分析。

(4) 研究闭环零点、极点对系统性能的影响。

2. 实验原理

(1) 根轨迹与系统的稳定性

当系统根轨迹增益 K^* 变化时，若根轨迹不会越过虚轴进入 s 右半平面，那么系统对所有的 K^* 值都是稳定的；若根轨迹越过虚轴进入 s 右半平面，那么根轨迹与虚轴交点处的 K^* 值就是临界根轨迹增益。应用根轨迹法，可以迅速确定系统在某一根轨迹增益或某一参数下的闭环零点和极点位置，从而得到相应的闭环传递函数。

(2) 根轨迹与系统性能的定性分析

① 稳定性。如果闭环极点全部位于 s 左半平面，则系统一定是稳定的，即稳定性只与闭环极点的位置有关，而与闭环零点位置无关。

② 运动形式。如果闭环系统无零点，且闭环极点为实数极点，则时间响应一定是单调的；如果闭环极点均为复数极点，则时间响应一般是振荡的。

③ 超调量。超调量主要取决于闭环复数主导极点的衰减率，并与其他闭环零点、极点接近坐标原点的程度有关。

④ 调节时间。调节时间主要取决于最靠近虚轴的闭环复数极点的实部绝对值；如果实数极点距虚轴最近，并且附近没有实数零点，则调节时间主要取决于该实数极点的模值。

⑤ 零点和极点影响。零点减小闭环系统的阻尼，从而使系统的峰值时间提前，超调量增大；极点增大闭环系统的阻尼，使系统的峰值时间滞后，超调量减小。这种影响将随其接近坐标原点的程度而加强。

3. 实验内容

已知如下各系统的开环传递函数，绘制相应的根轨迹图，并完成给定要求。对每道题要记录代码、进行运行截图与结果分析。

(1) 系统开环传递函数为 $G_1(s)=\dfrac{K^*}{s(s+1)(s+2)}$。要求：

① 准确记录根轨迹条数和根轨迹的起点、终点。

② 确定根轨迹的分离点与相应的根轨迹增益。

③ 确定临界稳定时的临界根轨迹增益。

(2) 系统开环传递函数为 $G_2(s)=\dfrac{K^*(s+1)}{s(s-1)(s^2+4s+16)}$。要求：确定根轨迹与虚轴的交点，并确定使系统稳定的根轨迹增益取值范围。

(3) 系统开环传递函数为 $G_3(s)=\dfrac{K^*(s+3)}{s(s+2)}$。要求：

① 确定系统阶跃响应具有最大超调量时的根轨迹增益，并进行验证。

② 确定系统阶跃响应无超调量时的根轨迹增益取值范围，并进行验证。

(4) 系统开环传递函数为 $G(s)=K\cdot\dfrac{1}{s(0.5s+1)}$。要求：

① 绘制根轨迹图，粗略估计要求该闭环系统超调量为 1.38% 时 K 的取值、阻尼比和自然振荡频率。

② 计算阻尼系数为最佳时 K 的取值、超调量与自然振荡频率。

(5) 某单位负反馈系统开环传递函数为 $G(s)=K_g\cdot\frac{1}{s(s+2)(s+3)}$（下述各小题中的原系统）。要求：

① 绘制根轨迹图，在根轨迹图中找出当原系统阻尼系数为 0.707 与 0.455 时，参数 K_g 的值。

② 绘制系统阻尼系数为 0.707 和 0.455 时原系统的阶跃响应曲线（绘制在同一张图中并标注），比较分析系统性能。

③ 对原系统分别增加 −1、−1.5、−1.7、−1.9 这 4 个零点值，将增加零点后 4 个系统的根轨迹绘制在同一张图中，比较并分析。

④ 从第③小题的根轨迹图中，找出当阻尼比为 0.455 时，4 个系统不同的增益参数 K_g。

⑤ 绘制当阻尼比为 0.455 时，原系统与增加零点后系统的阶跃响应输出（5 条输出曲线绘制在同一张图中），比较系统性能。请问选择原系统增加的 4 个零点中的哪一个，可以获得更好的动态性能。

第 5 章

控制系统频域分析法

学习目标

- 掌握频率特性的基本概念、频率特性与传递函数的关系。
- 掌握频率特性的表达方法。
- 熟练掌握奈奎斯特图和伯德图的一般绘制方法。
- 熟练运用奈奎斯特图与奈奎斯特稳定判据分析系统性能。
- 熟练运用伯德图与对数稳定判据分析系统性能。
- 掌握稳定裕度的概念。
- 掌握利用 MATLAB 进行频域分析仿真的方法。

控制系统时域分析法在分析系统动态和稳态性能时比较直观准确，对于一阶、二阶系统可以快速、直接地求得输出的时域表达式、绘制出响应曲线，从而利用时域指标直接评价系统的性能。但在工程实践中有大量的高阶系统，采用时域分析法进行计算十分烦琐，而且在需要改善系统性能时，采用时域分析法也难以确定该如何调整系统的结构或参数。

控制系统频域分析法是一种利用系统的频率特性（系统对不同频率正弦输入信号的响应特性）来分析系统性能的方法，在工程实践中被广泛采用。频域分析法是一种图解的分析方法，它不要求直接求解系统输出的时域表达式，不要求求解系统的闭环特征根，具有较强的直观性，计算量较小；可以根据系统的开环频率特性分析闭环系统的动态性能和稳态性能，得到定性和定量的结论；可以用实验方法得到控制系统的频率特性，并由此求出系统的数学模型；可以简单迅速地判断某些环节或者参数对系统闭环性能的影响，并提出改进系统的方法。

5.1 频率特性的基本概念

5.1.1 频率特性的定义

考察一个系统性能的好坏，通常用阶跃信号输入时系统的阶跃响应来分析系统的动态性能和稳态性能，有时也通过正弦信号输入时系统的响应进行分析，但这种响应并不是仅看某一个频率正弦信号输入时的瞬态响应，而是考察频率由低到高无数个正弦信号输入时所对应的每个输出的稳态响应。

例如，设某个系统的传递函数为 $G(s)=\dfrac{10}{s(s+2)(s+3)}$，由劳斯稳定判据可知该系统是稳定的。为系统输入一个幅值 A_r 不变、频率 ω 不断增大的正弦信号，观察系统的输出响应。从图 5-1 可以看出，对稳定系统输入一个正弦信号，系统的稳态输出是与输入同频率的正弦信号，只是幅值和相角都发生了变化，变化的数值与频率 ω 有关，都是频率 ω 的函数，这种响应叫作频率响应。

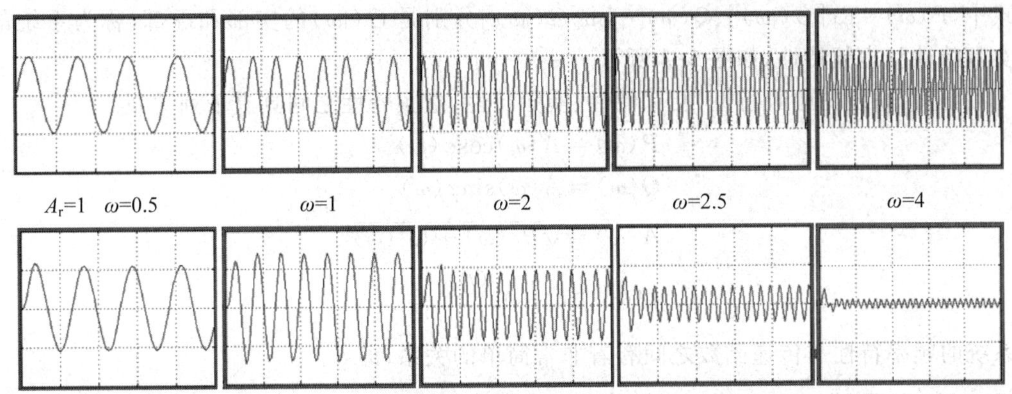

图 5-1　不同频率正弦信号下的输出响应

频率响应是指在正弦信号作用下系统的稳态输出响应。对于线性定常系统，在正弦信号作用下，系统的稳态输出是与输入信号同频率的正弦信号，仅仅是幅值和相角发生了改变，如图 5-2 所示。

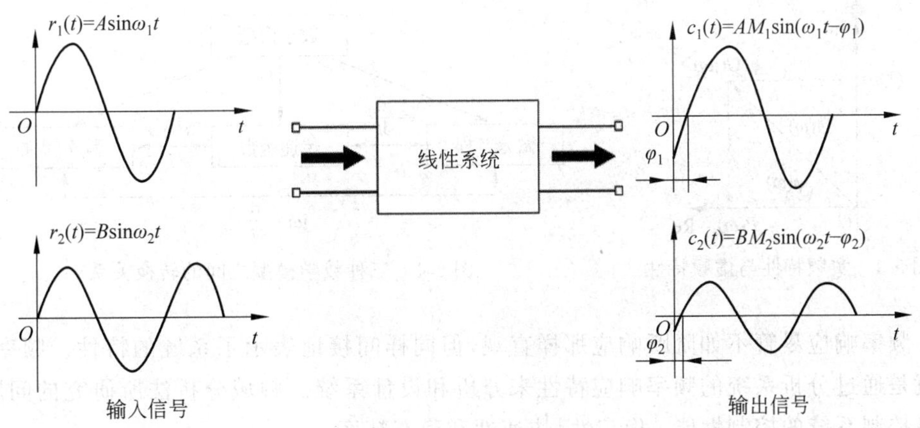

图 5-2　系统的频率响应

线性定常系统频率特性是指系统稳态正弦响应与输入正弦信号的复数比，通常用 $G(\mathrm{j}\omega)$表示，即

$$G(\mathrm{j}\omega)=\frac{A_r\,|G(\mathrm{j}\omega)|\,\mathrm{e}^{\mathrm{j}\angle G(\mathrm{j}\omega)}}{A_r\mathrm{e}^{\mathrm{j}0}}=|G(\mathrm{j}\omega)|\,\mathrm{e}^{\mathrm{j}\angle G(\mathrm{j}\omega)}=A(\omega)\mathrm{e}^{\mathrm{j}\varphi(\omega)}$$

式中，$A(\omega)=|G(\mathrm{j}\omega)|$称为系统的幅频特性，是稳态响应的幅值与输入信号幅值之比，它

反映了系统对不同频率输入信号在稳态情况下的衰减(或放大)特性;$\varphi(\omega)=\angle G(\mathrm{j}\omega)$称为系统的相频特性,是稳态响应的相角与输入信号相角之差,它反映了系统对不同频率输入信号在稳态情况下的相位滞后(或超前)特性。

幅频特性和相频特性可在复平面上构成一个完整的向量 $G(\mathrm{j}\omega)=A(\omega)\mathrm{e}^{\mathrm{j}\varphi(\omega)}$,它是 ω 的函数。还可以将频率特性写成复数的形式,即

$$G(\mathrm{j}\omega)=P(\omega)+\mathrm{j}Q(\omega)$$

式中,$P(\omega)=\mathrm{Re}[G(\mathrm{j}\omega)]$、$Q(\omega)=\mathrm{Im}[G(\mathrm{j}\omega)]$分别是 $G(\mathrm{j}\omega)$的实部和虚部,称为系统的实频特性和虚频特性,如图 5-3 所示。

显然,系统的幅频特性、相频特性、实频特性、虚频特性之间具有下列关系。

$$P(\omega)=A(\omega)\cos\varphi(\omega)$$

$$Q(\omega)=A(\omega)\sin\varphi(\omega)$$

$$A(\omega)=\sqrt{P^2(\omega)+Q^2(\omega)}$$

$$\varphi(\omega)=\arctan\frac{Q(\omega)}{P(\omega)}$$

系统的频率特性与传递函数之间有着非常简单的关系,即

$$G(\mathrm{j}\omega)=G(s)\Big|_{s=\mathrm{j}\omega}$$

这个结论对于一般的线性系统都是适合的。和传递函数、微分方程一样,频率特性也是一种数学模型,它包含了系统和元部件全部的结构特性和参数,表征了系统的内在规律,这是频域分析法从频率特性出发研究系统的理论基础。频率特性与微分方程、传递函数之间可以相互转换,三种数学模型之间的转换关系如图 5-4 所示。

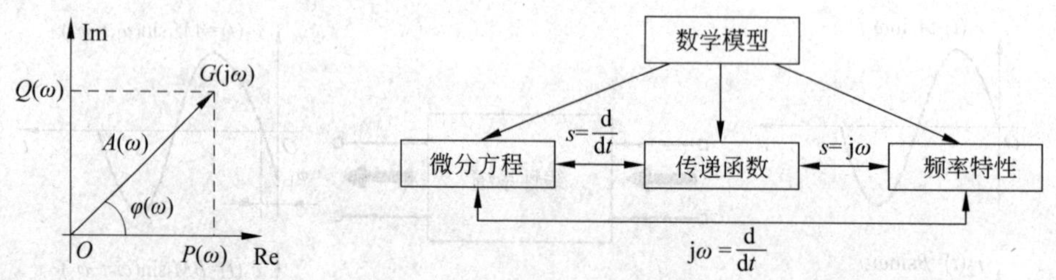

图 5-3 实频特性与虚频特性　　　图 5-4 三种数学模型之间的转换关系

频率响应尽管不如阶跃响应那样直观,但同样间接地表示了系统的特性。频率分析法就是通过分析系统的频率响应特性来分析和设计系统。频域分析法所研究的问题,仍然是控制系统的控制性能:稳定性、快速性和稳态精度。

【例 5-1】 设系统的传递函数为 $G(s)=\dfrac{y(s)}{x(s)}=\dfrac{1}{s^2+3s+4}$,求系统的微分方程、频率特性、幅频特性、相频特性、实频特性和虚频特性。

解 微分方程为

$$\frac{y(t)}{x(t)}=\frac{1}{\dfrac{\mathrm{d}^2}{\mathrm{d}t^2}+3\dfrac{\mathrm{d}}{\mathrm{d}t}+4}\Rightarrow\frac{\mathrm{d}^2y(t)}{\mathrm{d}t^2}+3\frac{\mathrm{d}y(t)}{\mathrm{d}t}+4y(t)=x(t)$$

频率特性为

$$G(j\omega)=\frac{1}{(j\omega)^2+3(j\omega)+4}\Rightarrow G(j\omega)=\frac{1}{(4-\omega^2)+j(3\omega)}$$

$$\Rightarrow G(j\omega)=\frac{-\omega^2+4}{\omega^4+\omega^2+16}-j\frac{3\omega}{\omega^4+\omega^2+16}\quad（实频—虚频形式）$$

$$\Rightarrow G(j\omega)=\frac{1}{\sqrt{\omega^4+\omega^2+16}}e^{j\left(-\arctan\frac{3\omega}{-\omega^2+4}\right)}\quad（指数形式）$$

幅频特性为

$$A(\omega)=|G(j\omega)|=\frac{1}{\sqrt{\omega^4+\omega^2+16}}$$

相频特性为

$$\varphi(\omega)=\angle G(j\omega)=-\arctan\frac{3\omega}{-\omega^2+4}$$

实频特性为

$$P(\omega)=\frac{-\omega^2+4}{\omega^4+\omega^2+16}$$

虚频特性为

$$Q(\omega)=-\frac{3\omega}{\omega^4+\omega^2+16}$$

5.1.2　频率特性的性质

频率特性的性质主要包括以下几个方面。

(1) 频率特性是控制系统的一种数学模型，描述了系统的内在特性，与外界因素无关。当系统结构参数给定，频率特性即完全确定。

(2) 频率特性是系统的稳态响应，这是因为频率特性的定义为线性系统正弦输入作用下，输出稳态分量和输入的复数比。

(3) 频率特性 $G(j\omega)$、幅频特性 $A(\omega)$ 和相频特性 $\varphi(\omega)$ 都是频率 ω 的函数，随频率 ω 的变化而改变，与输入幅值无关。

(4) 频率特性反映了系统性能，不同性能指标对系统频率特性提出了不同的要求；反之，根据系统的频率特性可确定系统的性能指标。

(5) 大多数实际控制系统的输出幅值 $A(\omega)$ 随频率 ω 的增大而衰减，呈现低通滤波器的特性。

(6) 频率特性一般适用于线性系统（元件）的分析，但也可推广到某些非线性系统的分析。

5.1.3　频率特性的表示方法

系统频率特性的表示方法很多，其本质上都是一样的，只是表示形式不同。工程上用频域分析法研究控制系统时，主要采用图解法以迅速获得问题的近似解。频率特性 $G(j\omega)$ 的图示是描述频率 ω 从 $0\to\infty$ 变化时频率响应的幅值、相角与频率之间关系的一组曲线，根据采用的坐标系不同主要分为幅相频率特性曲线（奈奎斯特图）与对数频率特性曲线（伯德图），前者又称为极坐标图，后者又称为对数坐标图。

1. 幅相频率特性曲线

幅相频率特性曲线的坐标系是极坐标与直角坐标的重合。取极点为直角坐标的原点、极坐标轴为直角坐标的实轴。逆时针旋转的角度为正角度，顺时针旋转的角度为负角度。由于系统的频率特性表达式为 $G(\mathrm{j}\omega)=A(\omega)\mathrm{e}^{\mathrm{j}\varphi(\omega)}$，对于某一特定频率 ω_i 下的 $G(\mathrm{j}\omega_i)$ 总可以用复平面上的一个向量与之对应，该向量的长度为 $A(\mathrm{j}\omega_i)$，与正实轴的夹角为 $\varphi(\mathrm{j}\omega_i)$。

由于 $A(\omega)$ 和 $\varphi(\omega)$ 是频率 ω 的函数，当 ω 在 $0\rightarrow\infty$ 的范围内连续变化时，向量的幅值与相角均随之连续变化，不同 ω 下的向量端点在复平面上扫过的轨迹即为该系统的幅相频率特性曲线，又称为极坐标图、奈奎斯特图，简称奈氏图。在绘制奈氏图时，常把 ω 作为参变量标在曲线旁边，并用箭头表示频率 ω 增大时曲线的变化轨迹，以便更清楚地看出该系统频率特性的变化规律，如图 5-5 所示。

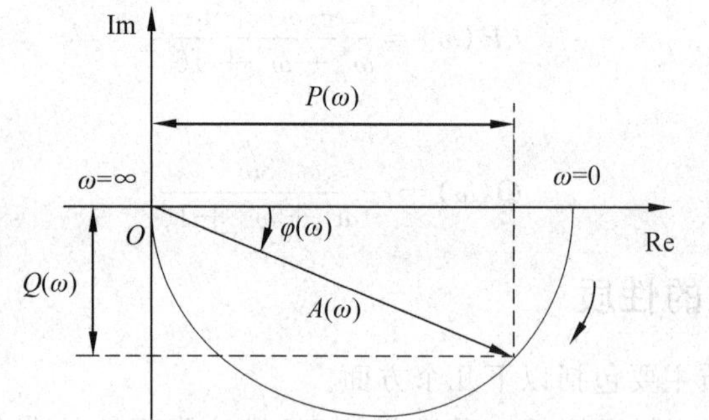

图 5-5　幅相特性曲线（极坐标图、奈奎斯特图、奈氏曲线）

系统的幅频特性 $A(\omega)$ 是 ω 的偶函数，而相频特性 $\varphi(\omega)$ 是 ω 的奇函数，即 $G(\mathrm{j}\omega)$ 与 $G(-\mathrm{j}\omega)$ 互为共轭复数。因此，假定 ω 可为负数，当 ω 从 $0\rightarrow\infty$ 时的奈氏曲线与 ω 从 $-\infty\rightarrow0$ 的奈氏曲线关于实轴对称。通常只画出 ω 从 $0\rightarrow\infty$ 的奈氏曲线，并在曲线上用箭头表示 ω 增大的方向。ω 取负数虽然没有实际的物理意义，但是具有鲜明的数学意义，主要用于控制系统的奈奎斯特稳定判据中。

当系统的传递函数已知时，可以先求取系统的频率特性，再求出系统幅频特性、相频特性或者实频特性、虚频特性的表达式，最后逐点计算描出幅相频率特性曲线。具体步骤如下。

(1) 用 $\mathrm{j}\omega$ 代替 s，求出频率特性 $G(\mathrm{j}\omega)$。

(2) 求出幅频特性 $A(\omega)$ 与相频特性 $\varphi(\omega)$ 的表达式，也可求出实频特性 $P(\omega)$ 与虚频特性 $Q(\omega)$，帮助判断 $G(\mathrm{j}\omega)$ 所在的象限。

(3) 在 $0\rightarrow\infty$ 的范围内选取不同的 ω，一般取 $\omega=0$ 和 $\omega=\infty$ 两点，必要时还可以选取一些特殊点（如与实轴或虚轴的交点），根据 $A(\omega)$ 与 $\varphi(\omega)$ 表达式计算出对应的值，在坐标图上描出对应的向量 $G(\mathrm{j}\omega)$，将所有 $G(\mathrm{j}\omega)$ 的端点连接描出光滑的曲线，并在曲线上用箭头表示增大的方向，即可得到所求的幅相频率特性曲线。

(4) 如有必要,可利用幅相频率特性曲线关于实轴的对称性,画出 ω 从 $-\infty \to 0$ 变化时的曲线,即可得到 ω 从 $-\infty \to +\infty$ 变化时的幅相频率特性曲线。

如果无法确切描述系统的传递函数,也可以采用实验的方法获取系统的频率特性,绘制幅相频率特性曲线。

采用奈奎斯特图的优点是它能在一幅图上表示出系统在整个频率范围内的频率响应特性。但它不能清楚地表明开环传递函数中每个因子对系统的具体影响。

2. 对数频率特性曲线

对数频率特性曲线又称伯德图,由对数幅频特性和对数相频特性两条曲线构成,采用的坐标系是半对数坐标系。绘图时通常将这两条曲线画在一起,共用一个横坐标轴,如图 5-6 所示。

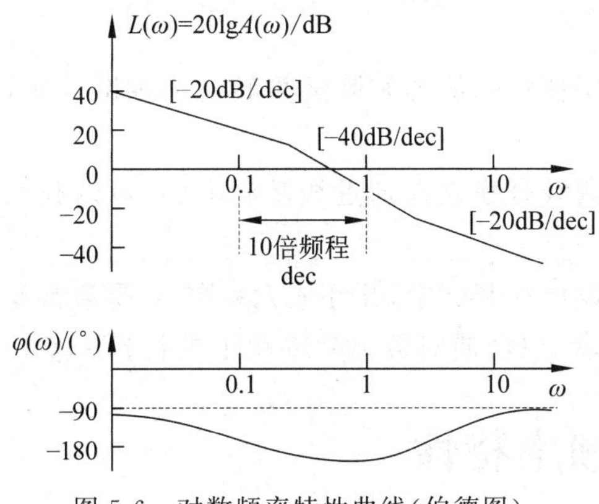

图 5-6　对数频率特性曲线(伯德图)

对数幅频特性是频率特性的对数值 $L(\omega)=20\lg A(\omega)$ 与频率 ω 的关系曲线;对数相频特性是频率特性的相角 $\varphi(\omega)$ 与频率 ω 的关系曲线。

对数幅频特性的纵轴为 $L(\omega)=20\lg A(\omega)$,单位为 dB(分贝),采用线性分度。$A(\omega)$ 每增加 10 倍,$L(\omega)$ 增加 20dB;横轴按 ω 的对数分度,但以 ω 的实际值标定,即横轴上的 ω 取对数后为等分点,标以频率 ω 值,单位为弧度/秒(rad/s)。频率每变化 10 倍,称为 10 倍频程,记作 dec。

对数相频特性横轴按 ω 的对数分度,纵轴为线性分度,单位为°(度)。

由此构成的坐标系称为半对数坐标系,如图 5-7 所示。

伯德图是将幅频特性和相频特性分别绘制在两个不同的坐标平面上,前者称为对数幅频特性,后者称为对数相频特性,统称为对数频率特性。两个坐标平面横轴(ω 轴)用对数分度。

伯德图的优点如下。

(1) 将幅频特性和相频特性分别作图,使系统或环节的幅值和相角与频率之间的关系更加清晰。

(2) 对数幅频特性采用频率 ω 的对数分度实现了横坐标的非线性压缩,扩展了低频段,同时也兼顾了中、高频段,可在一张图纸上清楚地画出频率特性的低、中、高频段的

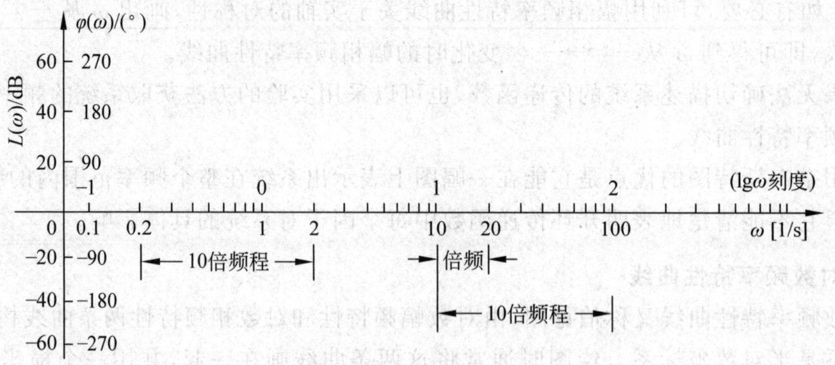

图 5-7 半对数坐标系

特性。

(3) 采用对数幅频特性将幅值的乘除运算转化为加减运算，可以简化图形的处理和分析计算。

(4) 对数幅频特性曲线是建立在渐近线基础上的，可以利用简便的方法绘制近似对数幅频特性曲线。

(5) 在控制系统的设计和调试中，开环放大系数 K 是最常变化的参数。K 的变化不影响对数幅频特性的形状，只会使对数幅频特性曲线上下平移。

5.2 典型环节频率特性

一个控制系统通常由若干典型环节组成，常见的典型环节有比例环节、积分环节、纯微分环节、惯性环节、一阶微分环节、振荡环节、二阶微分环节等。利用频域分析法研究控制系统的性能，必须掌握几种典型环节的幅相频率特性和对数频率特性的绘制方法及其特点。下面分别讨论这些典型环节的频率特性。

5.2.1 比例环节

比例环节的传递函数为

$$G(s)=K \quad (K>0)$$

比例环节的频率特性为

$$G(\mathrm{j}\omega)=K+\mathrm{j}0=K\mathrm{e}^{\mathrm{j}0}$$

幅频特性和相频特性为

$$\begin{cases}A(\omega)=K\\ \varphi(\omega)=0^\circ\end{cases}$$

对数幅频特性和对数相频特性为

$$\begin{cases}L(\omega)=20\lg A(\omega)=20\lg K\\ \varphi(\omega)=0^\circ\end{cases}$$

1. 奈氏图

比例环节的幅频特性和相频特性均是与频率 ω 无关的常量，比例环节的奈氏图是实轴上的一个点(K,0°)，如图 5-8 所示。

2. 伯德图

比例环节的对数幅频特性是一条平行于横轴、高度为 $20\lg K$ dB 的直线。当 $K>1$ 时，伯德图 $L(\omega)>0$dB，对数幅频特性 $L(\omega)$ 位于横轴上方；当 $0<K<1$ 时，伯德图 $L(\omega)<0$dB，对数幅频特性 $L(\omega)$ 位于横轴下方；当 $K=1$ 时，伯德图 $L(\omega)=0$dB，对数幅频特性 $L(\omega)$ 与横轴重合。对数相频特性为 $\varphi(\omega)=0°$，为与横轴重合的直线。比例环节的伯德图如图 5-9 所示。

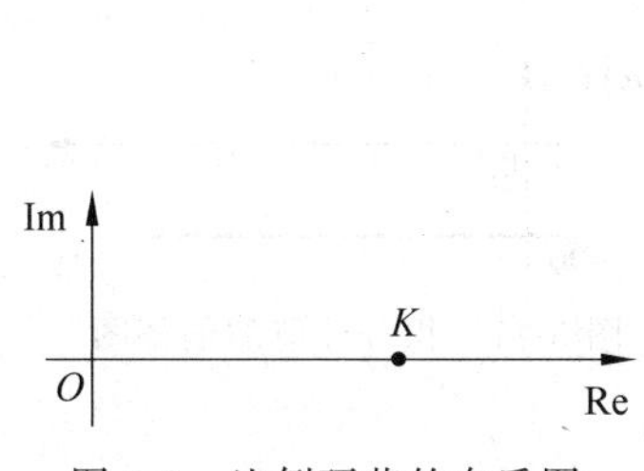

图 5-8　比例环节的奈氏图

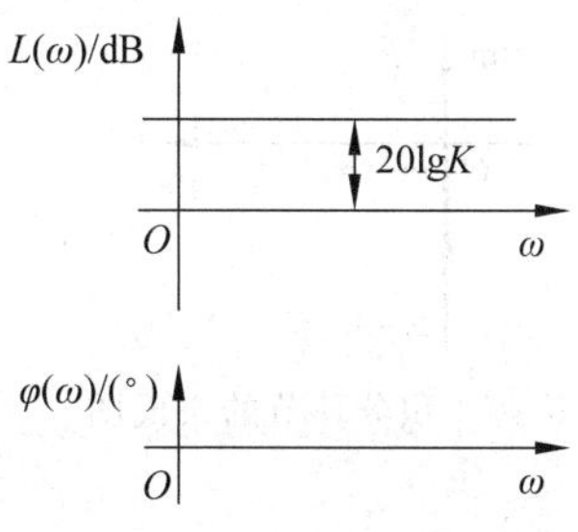

图 5-9　比例环节的伯德图

5.2.2 积分环节

积分环节的传递函数为

$$G(s)=\frac{1}{s}$$

积分环节的频率特性为

$$G(\mathrm{j}\omega)=\frac{1}{\mathrm{j}\omega}=-\mathrm{j}\frac{1}{\omega}=\frac{1}{\omega}\mathrm{e}^{\mathrm{j}(-90°)}$$

幅频特性和相频特性为

$$\begin{cases}A(\omega)=\dfrac{1}{\omega}\\ \varphi(\omega)=-90°\end{cases}$$

对数幅频特性和对数相频特性为

$$\begin{cases}L(\omega)=20\lg A(\omega)=20\lg\dfrac{1}{\omega}=-20\lg\omega\\ \varphi(\omega)=-90°\end{cases}$$

1. 奈氏图

起点：$\omega=0, A(\omega)=\infty, \varphi(\omega)=-90°$。

终点：$\omega=\infty, A(\omega)=0, \varphi(\omega)=-90°$。

积分环节的幅相特性曲线是一条与负虚轴重合，从无穷远处指向坐标原点的直线，如

图 5-10 所示。

2. 伯德图

由积分环节的对数幅频特性 $L(\omega)=-20\lg\omega$ 可知，频率 ω 每增加 10 倍，对数幅值下降 20dB，且当 $\omega=1$ 时，$L(\omega)=-20\lg1=0$dB，即 $L(\omega)$ 是一条过点（1，0）、斜率为 -20dB/dec 的直线。积分环节的对数相频特性 $\varphi(\omega)$ 与 ω 无关，是一条位于横轴下方（$-90°$位置）的水平直线，如图 5-11 所示。

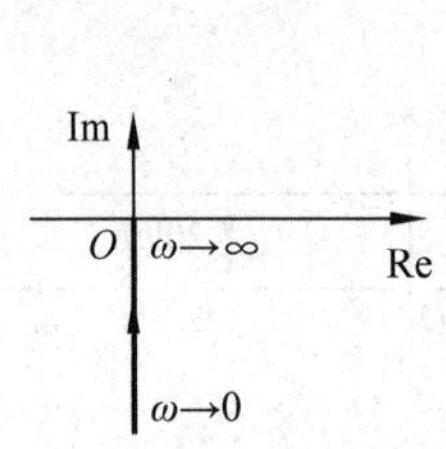

图 5-10　积分环节的奈氏图

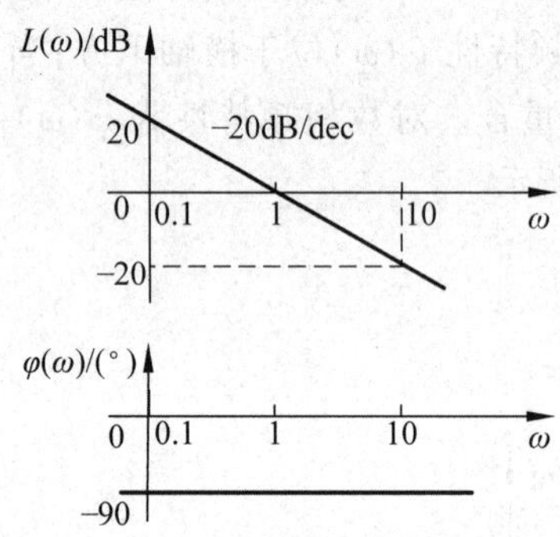

图 5-11　积分环节的伯德图

5.2.3　纯微分环节

纯微分环节的传递函数为

$$G(s)=s$$

纯微分环节的频率特性为

$$G(\mathrm{j}\omega)=\mathrm{j}\omega=\omega \mathrm{e}^{\mathrm{j}(90°)}$$

幅频特性和相频特性为

$$\begin{cases}A(\omega)=\omega\\ \varphi(\omega)=90°\end{cases}$$

对数幅频特性和对数相频特性为

$$\begin{cases}L(\omega)=20\lg A(\omega)=20\lg\omega\\ \varphi(\omega)=90°\end{cases}$$

1. 奈氏图

起点：$\omega=0, A(\omega)=0, \varphi(\omega)=90°$。

终点：$\omega=\infty, A(\omega)=\infty, \varphi(\omega)=90°$。

纯微分环节的幅相特性曲线是一条与正虚轴重合，从坐标原点指向无穷远处的直线，如图 5-12 所示。

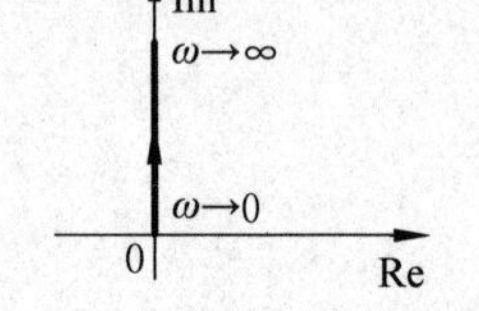

图 5-12　纯微分环节的奈氏图

2. 伯德图

纯微分环节的频率特性和积分环节的频率特性互为倒数，它们的对数幅频特性只相差一个“负号”，因此纯微分环节与积分环节的对数幅频特性曲线关于横轴对称，为一条过点(1,0)、斜率为20dB/dec的直线。纯微分环节的对数相频特性是一条位于横轴上方(90°位置)的水平直线。如图5-13所示。

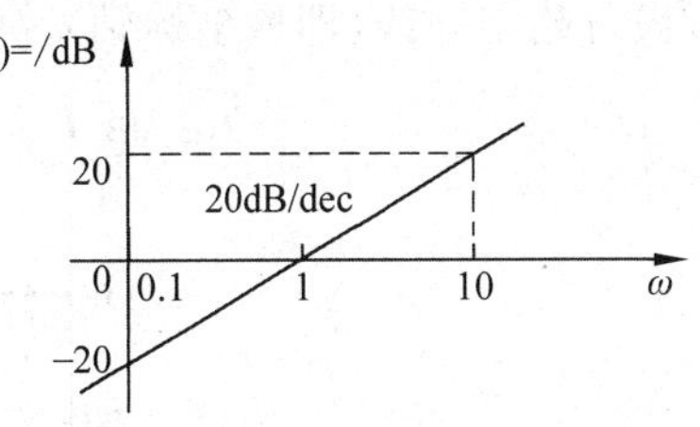

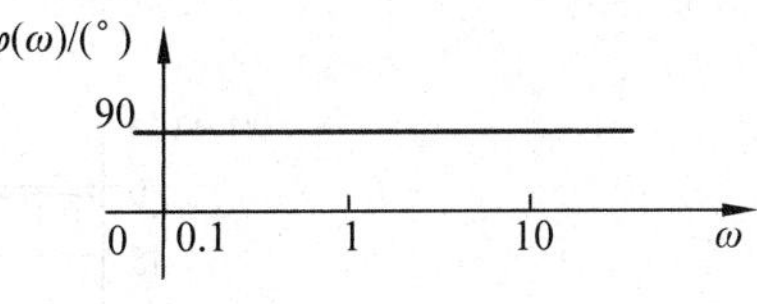

图5-13　纯微分环节的伯德图

5.2.4　惯性环节

惯性环节的传递函数为

$$G(s)=\frac{1}{Ts+1}$$

惯性环节的频率特性为

$$G(\mathrm{j}\omega)=\frac{1}{\mathrm{j}T\omega+1}=\frac{1}{1+T^2\omega^2}+\mathrm{j}\frac{T\omega}{1+T^2\omega^2}$$

$$=\frac{1}{\sqrt{1+(\omega T)^2}}\mathrm{e}^{-\arctan\omega T}$$

幅频特性和相频特性为

$$\begin{cases}A(\omega)=\dfrac{1}{\sqrt{1+(\omega T)^2}}\\ \varphi(\omega)=-\arctan\omega T\end{cases}$$

对数幅频特性和对数相频特性为

$$\begin{cases}L(\omega)=20\lg A(\omega)=-20\lg\sqrt{1+(\omega T)^2}\\ \varphi(\omega)=-\arctan\omega T\end{cases}$$

1. 奈氏图

起点：$\omega=0, A(\omega)=1, \varphi(\omega)=0°$。

终点：$\omega=\infty, A(\omega)=0, \varphi(\omega)=-90°$。

可以证明惯性环节的幅相特性曲线是以(0.5,j0)为圆心、半径为0.5的一个半圆，如图5-14所示。

图5-14　惯性环节的奈氏图

2. 伯德图

因为逐点绘制惯性环节的对数幅频特性曲线很烦琐，所以通常采用渐近线的方法绘制大致图形。在低频段，当$\omega\ll\frac{1}{T}$时，$L(\omega)=0$，惯性环节的对数幅频特性曲线在低频段近似为0dB的水平渐进线；在高频段，当$\omega\gg\frac{1}{T}$时，$L(\omega)\approx-20\lg\omega$，惯性环节的对数幅频特性曲线在高频段近似为一条过点$\left(\frac{1}{T},0\right)$，斜率为−20dB/dec的直线渐近线。因此，惯性环节的对数幅频特性曲线近似为两条直线，两条渐近线的交点处频率$\omega=\frac{1}{T}$称为转折频率。转折点的实际对数幅频$L(\omega)=L\left(\frac{1}{T}\right)=-20\lg\sqrt{2}\approx-3\mathrm{dB}$，转折点的相角$\varphi(\omega)=\varphi\left(\frac{1}{T}\right)=-45°$。以渐近线近似表示对数幅频特性曲线，在交接频率处误差最大约为

-3dB。绘制对数相频特性曲线用描点法，可得其图形是一条关于$-45°$奇对称的曲线，低频段时趋于$0°$线(即横坐标轴)，高频段时为趋于$-90°$的水平线。如图 5-15 所示。

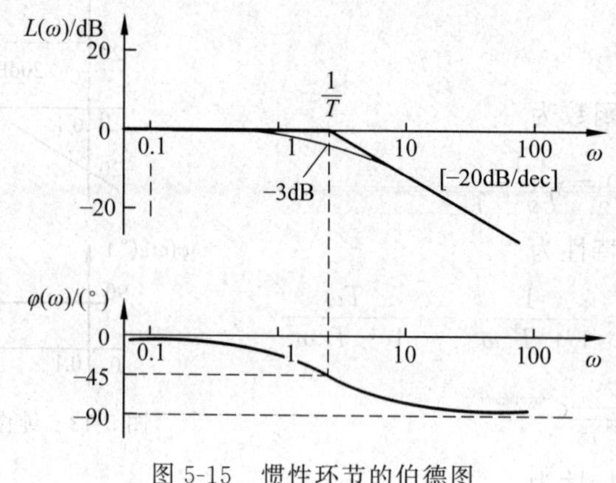

图 5-15 惯性环节的伯德图

5.2.5 一阶微分环节

一阶微分环节的传递函数为

$$G(s)=Ts+1$$

所以，一阶微分环节的频率特性为

$$G(\mathrm{j}\omega)=\mathrm{j}T\omega+1=\sqrt{1+(\omega T)^2}\,\mathrm{e}^{\arctan\omega T}$$

幅频特性和相频特性为

$$\begin{cases}A(\omega)=\sqrt{1+(\omega T)^2}\\ \varphi(\omega)=\arctan\omega T\end{cases}$$

对数幅频特性和对数相频特性为

$$\begin{cases}L(\omega)=20\lg A(\omega)=20\lg\sqrt{1+(\omega T)^2}\\ \varphi(\omega)=\arctan\omega T\end{cases}$$

1. 奈氏图

起点：$\omega=0, A(\omega)=1, \varphi(\omega)=0°$。

终点：$\omega=\infty, A(\omega)=1, \varphi(\omega)=\infty$。

一阶微分环节的幅频特性曲线是实部恒为 1 且平行于虚轴的直线，由相频的变化范围$[0,\infty]$可知曲线在直角坐标的第一象限中，如图 5-16 所示。

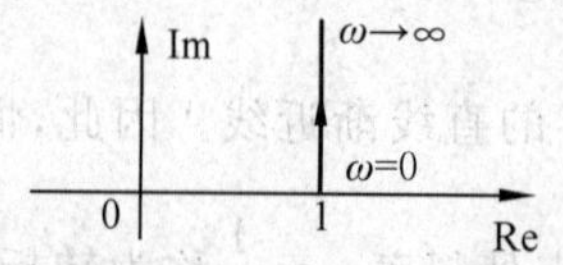

图 5-16 一阶微分环节的奈氏图

2. 伯德图

一阶微分环节与惯性环节的传递函数互为倒数，它们的对数频率特性曲线关于横轴对称，一阶微分环节对数频率特性曲线如图 5-17 所示。

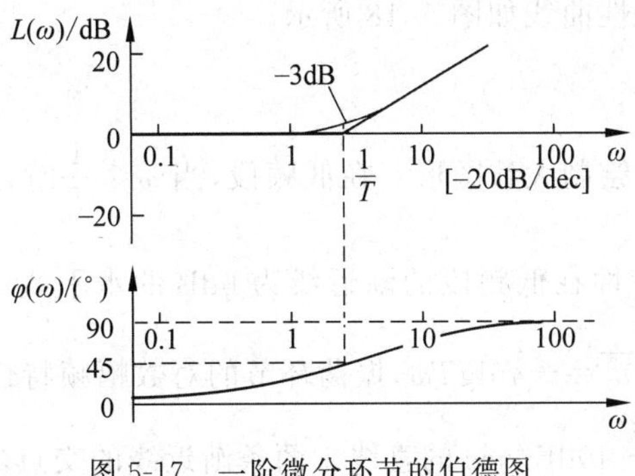

图 5-17　一阶微分环节的伯德图

5.2.6　振荡环节

振荡环节的传递函数为

$$G(s)=\frac{1}{T^2s^2+2\zeta Ts+1}$$

振荡环节的频率特性为

$$G(j\omega)=\frac{1}{1-T^2\omega^2+j2\zeta T\omega}=\frac{1-T^2\omega^2}{(1-T^2\omega^2)^2+(2\zeta T\omega)^2}-j\frac{2\zeta T\omega}{(1-T^2\omega^2)^2+(2\zeta T\omega)^2}$$

$$=\frac{1}{\sqrt{(1-T^2\omega^2)^2+(2\zeta T\omega)^2}}e^{-\arctan\frac{2\zeta T\omega}{1-T^2\omega^2}}$$

幅频特性和相频特性为

$$\begin{cases}A(\omega)=\dfrac{1}{\sqrt{(1-T^2\omega^2)^2+(2\zeta T\omega)^2}}\\ \varphi(\omega)=-\arctan\dfrac{2\zeta T\omega}{1-T^2\omega^2}\end{cases}$$

对数幅频特性和对数相频特性为

$$\begin{cases}L(\omega)=20\lg A(\omega)=-20\lg\sqrt{(1-T^2\omega^2)^2+(2\zeta T\omega)^2}\\ \varphi(\omega)=-\arctan\dfrac{2\zeta T\omega}{1-T^2\omega^2}\end{cases}$$

1. 奈氏图

起点：$\omega=0, A(\omega)=1, \varphi(\omega)=0°$。

终点：$\omega=\infty, A(\omega)=1, \varphi(\omega)=-180°$。

与坐标轴交点：$\omega=\frac{1}{T}, A(\omega)=\frac{1}{2\zeta}, \varphi(\omega)=-90°$。

与虚轴交点的频率就是无阻尼固有频率 ω_n，此时的幅值为$\frac{1}{2\zeta}$。当阻尼比 $\zeta<0.707$ 时，在频率为 ω_r 处出现峰值，称为谐振峰值，ω_r 也称为谐振频率；当阻尼比 $\zeta\geqslant0.707$ 时，无谐振。

振荡环节的幅频特性曲线如图 5-18 所示。

2. 伯德图

采用渐近线的方法绘制大致图形。在低频段，当 $\omega \ll \frac{1}{T}$ 时，$L(\omega) \approx -20\lg\sqrt{1} = 0\text{dB}$，振荡环节的对数幅频特性在低频段的渐近线为 0dB 的水平线。在高频段，当 $\omega \gg \frac{1}{T}$ 时，$L(\omega) \approx -20\lg\sqrt{(T^2\omega^2)^2} = -40\lg T\omega$，振荡环节的对数幅频特性在高频段的渐近线是一条过点 $\left(\frac{1}{T}, 0\right)$、斜率为 -40dB/dec 的直线。两条渐近线的交点的转折频率为 $\omega = \frac{1}{T}$。转折点的实际对数幅频 $L(\omega) = L\left(\frac{1}{T}\right) = -20\lg(2\zeta)$，与渐近线近似表示的对数幅频特性之间存在误差，误差的大小与阻尼比 ζ 有关。转折点的相角 $\varphi(\omega) = \varphi\left(\frac{1}{T}\right) = -90°$。对数相频特性曲线是一条关于 $-90°$ 奇对称的曲线，低频段时趋于 0°线（即横坐标轴），高频段时为趋于 $-180°$ 的水平线，如图 5-19 所示。

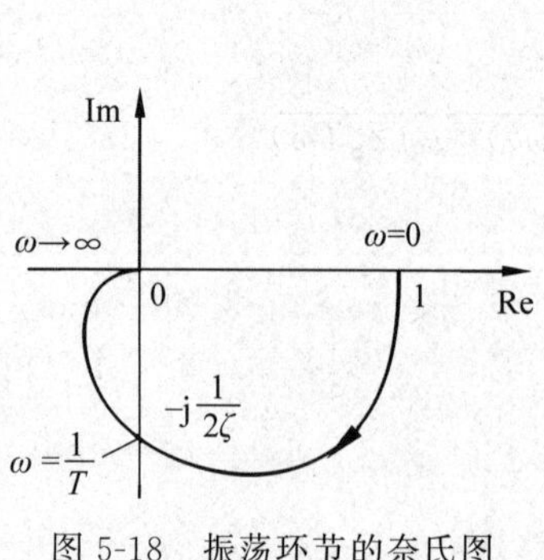

图 5-18 振荡环节的奈氏图

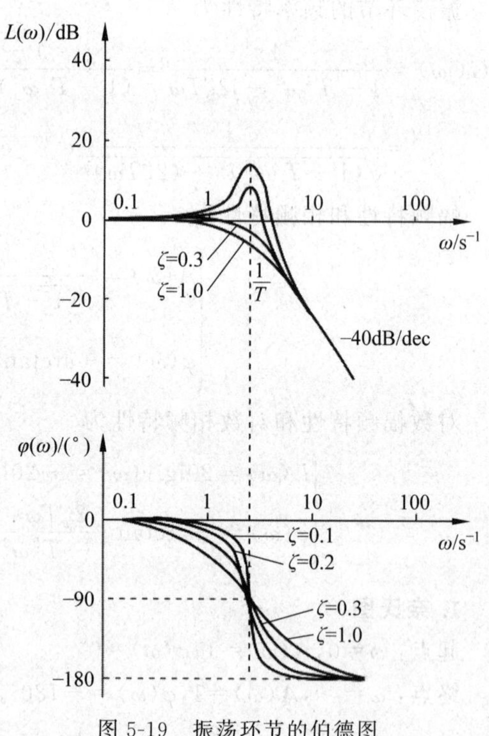

图 5-19 振荡环节的伯德图

5.2.7 二阶微分环节

二阶微分环节的传递函数为

$$G(s) = T^2 s^2 + 2\zeta T s + 1$$

二阶微分环节的频率特性为

$$G(\mathrm{j}\omega)=1-T^2\omega^2+\mathrm{j}2\zeta T\omega=\sqrt{(1-T^2\omega^2)^2+(2\zeta T\omega)^2}\,\mathrm{e}^{\arctan\frac{2\zeta T\omega}{1-T^2\omega^2}}$$

幅频特性和相频特性为

$$\begin{cases}A(\omega)=\sqrt{(1-T^2\omega^2)^2+(2\zeta T\omega)^2}\\ \varphi(\omega)=\arctan\dfrac{2\zeta T\omega}{1-T^2\omega^2}\end{cases}$$

对数幅频特性和对数相频特性为

$$\begin{cases}L(\omega)=20\lg A(\omega)=20\lg\sqrt{(1-T^2\omega^2)^2+(2\zeta T\omega)^2}\\ \varphi(\omega)=\arctan\dfrac{2\zeta T\omega}{1-T^2\omega^2}\end{cases}$$

1. 奈氏图

起点：$\omega=0, A(\omega)=1, \varphi(\omega)=0°$。

终点：$\omega=\infty, A(\omega)=\infty, \varphi(\omega)=180°$。

与坐标轴交点：$\omega=\dfrac{1}{T}, A(\omega)=2\zeta, \varphi(\omega)=90°$。

二阶微分环节的幅相特性曲线从点$(1,0°)$单调变化到$(\infty,180°)$，如图 5-20 所示。

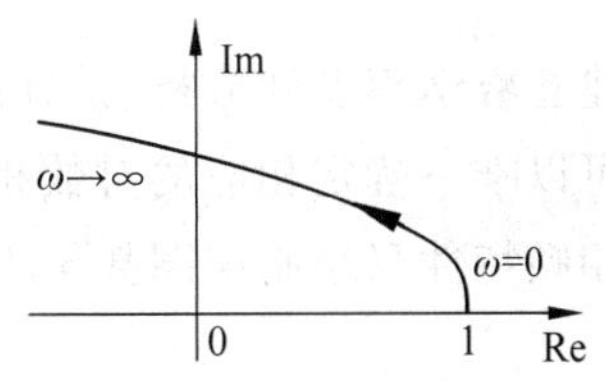

图 5-20　二阶微分环节的奈氏图

2. 伯德图

二阶微分环节与振荡环节的传递函数互为倒数，它们的对数幅频特性曲线基于横轴对称，低频段的渐近线为 0dB 的水平线，高频段的渐近线是一条过点$\left(\dfrac{1}{T},0\right)$、斜率为 40dB/dec 的直线，转折频率为 $\omega=\dfrac{1}{T}$。对数相频特性曲线是一条关于 90°奇对称的曲线，低频段时趋于 0°线（即横坐标轴），高频段时则为趋于 180°的水平线，如图 5-21 所示。

5.2.8　最小相位系统与非最小相位系统

如果系统开环传递函数在 s 右半平面内既无极点也无零点，则称为最小相位传递函数。具有最小相位传递函数的系统称为最小相位系统。反之若系统的开环传递函数在 s 右半平面内至少有一个极点或零点，则称为非最小相位传递函数，相应的系统称为非最小相位系统。

对于具有相同幅频特性的一些系统，最小相位系统相角变化量的绝对值比非最小相位系统的小，即最小相位。任何非最小相位系统的相角变化范围必定大于最小相位系统的相角变化范围。

对于最小相位系统，对数幅频特性和对数相频特性不是相互独立的，两者之间存在着严格确定的联系。如果已知对数幅频特性，通过公式可以计算出对数相频特性。如果已知对数相频特性，通过公式也可以计算出对数幅频特性，两者包含的信息内容是相同的。

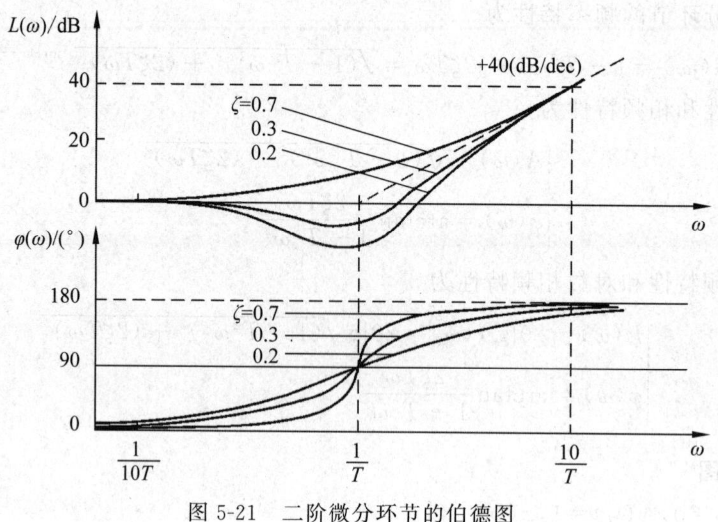

图 5-21　二阶微分环节的伯德图

从建立数学模型和分析、设计系统的角度看，对于最小相位系统，根据系统的对数幅频特性可以唯一确定相应的对数相频特性和传递函数，通常只绘制详细的对数幅频特性图，对数相频特性只绘制简图甚至不绘制。

5.3 系统开环频率特性曲线的绘制

控制系统通常由若干环节组成，用频域分析法分析控制系统时，根据它们的基本特性，可以把系统分解成一些典型环节的串联，再按照串联的规律将这些典型环节的频率特性组合起来，得到整个系统的开环频率特性。

设开环系统由 n 个典型环节串联组成，其传递函数为

$$G(s)=G_1(s)G_2(s)\cdots G_n(s)$$

则系统的开环频率特性为

$$G(\mathrm{j}\omega)=G_1(\mathrm{j}\omega)G_2(\mathrm{j}\omega)\cdots G_n(\mathrm{j}\omega)$$

开环幅频特性和相频特性为

$$\begin{cases}A(\omega)=A_1(\omega)A_2(\omega)\cdots A_n(\omega)\\ \varphi(\omega)=\varphi_1(\omega)+\varphi_2(\omega)+\cdots+\varphi_n(\omega)\end{cases}$$

开环对数幅频特性和对数相频特性为

$$\begin{cases}L(\omega)=L_1(\omega)+L_2(\omega)+\cdots+L_n(\omega)\\ \theta(\omega)=\theta_1(\omega)+\theta_2(\omega)+\cdots+\theta_n(\omega)\end{cases}$$

上面各式中的 $A_i(\omega)$、$\varphi_i(\omega)$、$L_i(\omega)$、$\theta_i(\omega)$ 分别为各个环节的幅频特性、相频特性、对数幅频特性与对数相频特性。可以看到系统开环幅频特性等于各个环节幅频特性的乘积；相频特性等于各个环节相频特性之和；开环对数幅频特性等于各个环节对数幅频特性之和；开环对数相频特性等于各个环节对数相频特性之和。

5.3.1　开环幅相频率特性

系统的开环传递函数可以用以下形式表示。

$$G(s)=\frac{K\prod_{i=1}^{m_i}(\tau_i s+1)\prod_{k=1}^{m_2}(\tau_k^2 s^2+2\zeta_k\tau_k s+1)}{s^v\prod_{j=1}^{n_1}(T_j s+1)\prod_{l=1}^{n_2}(T_l^2 s^2+2\zeta_l T_l s+1)}$$

上式中，分子多项式的阶数为 m，分母多项式的阶数为 n，且 $m\leqslant n$，可知 $m_1+m_2=m$，$v+n_1+n_2=n$。

可得系统的开环频率特性为

$$G(\mathrm{j}\omega)=\frac{K\prod_{i=1}^{m_1}(1+\mathrm{j}\omega\tau_i)\prod_{k=1}^{m_2}(1-\tau_k^2\omega^2+2\mathrm{j}\omega\zeta_k\tau_k)}{(\mathrm{j}\omega)^v\prod_{j=1}^{n_1}(1+\mathrm{j}\omega T_j)\prod_{l=1}^{n_2}(1-T_l^2\omega^2+2\mathrm{j}\omega\zeta_l T_l)}$$

由于系统的开环幅频特性等于各个环节幅频特性的乘积，相频特性等于各个环节相频特性之和，因此有

$$\begin{cases}A(\omega)=\dfrac{K\prod_{i=1}^{m_1}\sqrt{1+(\omega\tau_i)^2}\prod_{k=1}^{m_2}\sqrt{(1-\tau_k^2\omega^2)^2+(2\zeta_k\tau_k\omega)^2}}{(\omega)^v\prod_{j=1}^{n_1}\sqrt{1+(\omega T_j)^2}\prod_{l=1}^{n_2}\sqrt{(1-T_l^2\omega^2)^2+(2\zeta_l T_l\omega)^2}}\\[2ex]\varphi(\omega)=-v\cdot 90^\circ+\left(\sum_{i=1}^{m_1}\arctan\omega\tau_i+\sum_{k=1}^{m_2}\arctan\dfrac{2\zeta_k\tau_k\omega}{1-\tau_k^2\omega^2}\right)\\\qquad\quad-\left(\sum_{j=1}^{n_1}\arctan\omega T_j+\sum_{l=1}^{n_2}\arctan\dfrac{2\zeta_l T_l\omega}{1-T_l^2\omega^2}\right)\end{cases}$$

绘制奈氏图并不需要十分精确，只需要绘制出大致形状和几个关键点的准确位置即可。如果要得到精确的系统奈氏图，可以借助 MATLAB 进行绘制。概略奈氏图的一般作图方法归纳如下。

(1) 确定奈氏图起点，即低频段($\omega\to 0$)的形状。在低频段，$G(\mathrm{j}\omega)$的表达式为

$$G(\mathrm{j}\omega)=\frac{K}{(\mathrm{j}\omega)^v}$$

因此低频段的开环幅频特性和相频特性为

$$\begin{cases}A(\omega)=\dfrac{K}{\omega^v}\\\varphi(\omega)=-v\cdot 90^\circ\end{cases}$$

可见低频段的幅值和相位与系统的型别 v 和开环增益 K 有关。

① **0** 型系统：$v=0$，$A(0)=K$，$\varphi(0)=0^\circ$。

奈氏图的起点为正实轴上的一点(K，0°)。

② Ⅰ型系统：$v=1, A(0)=\infty, \varphi(0)=-90°$。

奈氏图起始于负虚轴的无穷远处。

③ Ⅱ型系统：$v=2, A(0)=\infty, \varphi(0)=-180°$。

奈氏图起始于负实轴的无穷远处。

④ Ⅲ型系统：$v=3, A(0)=\infty, \varphi(0)=-270°$。

奈氏图起始于正虚轴的无穷远处。

根据以上分析可以得到 **0** 型、Ⅰ型、Ⅱ型、Ⅲ型系统奈氏图起点(低频段)的一般形状，如图 5-22 所示。

(2) 确定奈氏图终点，即高频段($\omega\to\infty$)的形状。

系统高频段的开环幅频特性和相频特性为

$$\begin{cases} A(\omega)=0 \\ \varphi(\omega)=-(n-m)\cdot 90° \end{cases}$$

可见高频段终止于坐标原点，最终相位由 $n-m$ 确定以什么角度进入坐标原点。开环奈氏图的终点形状如图 5-23 所示。

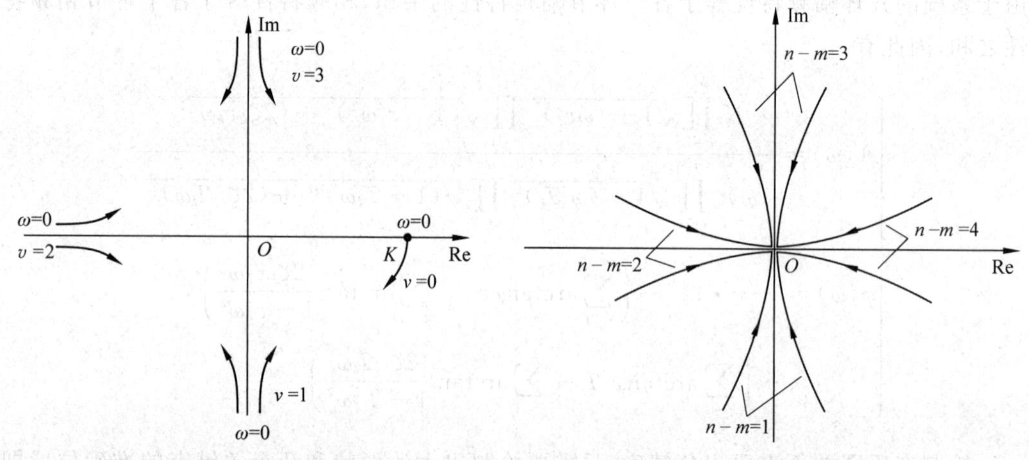

图 5-22　开环奈氏图的起点　　图 5-23　开环奈氏图的终点

(3) 确定奈氏图与坐标轴的交点。将频率特性表达式按照分母有理化的方法分解为实部与虚部，即求出系统的实频特性 $P(\omega)$ 和虚频特性 $Q(\omega)$，然后分别令 $P(\omega)=0$ 或 $Q(\omega)=0$，求出与虚轴或实轴交点处的 ω 值，再带回相应的频率特性求出交点处的坐标。特别是需要求出奈氏图与负实轴的交点，在利用奈奎斯特稳定判据时需要用到与负实轴交点的信息。

(4) 根据 $G(j\omega)$ 的变化趋势，确定奈氏图所在象限和单调性，绘制大概形状。由频率特性 $G(j\omega)$ 的幅频、相频或实频、虚频确定奈氏图以何种趋势和单调性由起点进入终点或图所在的象限。$G(j\omega)$ 不含零点时，幅值和相角一般单调变化，当有零点时，曲线可能会扭曲。

注意：上述极坐标图的高、低频段规则只适合于开环最小相位系统。

【例 5-2】 已知系统开环传递函数为 $G(s)=\dfrac{10}{(0.1s+1)(s+1)}$，试概略绘制系统的开

环奈氏图。

解　由系统的开环传递函数，可知系统为 **0** 型系统，且 $n-m=2$。

频率特性为

$$G(j\omega)=\frac{10}{(1+j0.1\omega)(1+j\omega)}=\frac{10-\omega^2}{0.01\omega^4+1.01\omega^2+1}-\frac{11\omega j}{0.01\omega^4+1.01\omega^2+1}$$

实频特性和虚频特性分别为

$$\begin{cases}P(\omega)=\dfrac{10-\omega^2}{0.01\omega^4+1.01\omega^2+1}\\ Q(\omega)=-\dfrac{11\omega}{0.01\omega^4+1.01\omega^2+1}\end{cases}$$

幅频特性和相频特性分别为

$$\begin{cases}A(\omega)=\dfrac{10}{\sqrt{1+0.01\omega^2}\sqrt{1+\omega^2}}\\ \varphi(\omega)=-\arctan 0.1\omega-\arctan\omega\end{cases}$$

起点：$\omega=0, A(0)=10, \varphi(0)=0°$。

终点：$\omega=\infty, A(\infty)=0, \varphi(\infty)=-(n-m)\cdot 90°=-180°$。

因为不含零点，在 ω 从 $0\to\infty$ 变化过程中，相频特性 $\varphi(\omega)$ 单调从 $0°\to180°$ 变化，与负虚轴有一个交点，可以求出交点坐标(也可不求)。令实频特性 $P(\omega)=0$，可求出与虚轴相交时 ω 的值，即 $10-\omega^2=0\Rightarrow\omega=\sqrt{10}$，将其带回幅频特性，得

$$A(\omega)=\frac{10}{\sqrt{1+0.01\times10}\cdot\sqrt{1+10}}\approx2.87$$

所以奈氏图与虚轴的交点为$(2.87,-90°)$。概略的开环奈氏图如图 5-24 所示。

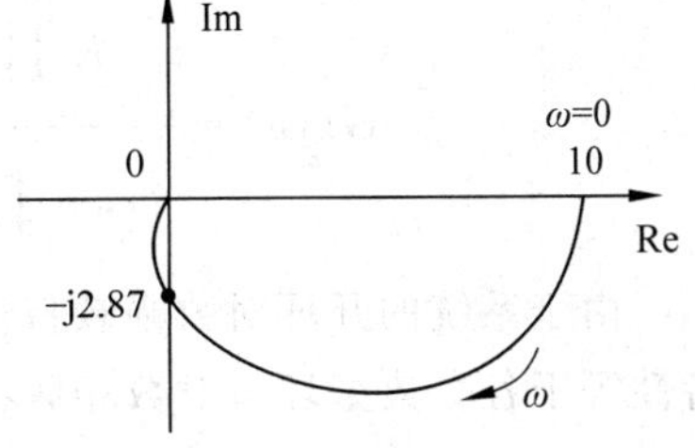

图 5-24　例 5-2 的概略开环奈氏图

【例 5-3】　已知系统开环传递函数为 $G(s)=\dfrac{5(s+2)(s+3)}{s^2(s+1)}$，试绘制系统的概略开环奈氏图。

解　由系统的开环传递函数，可知系统为Ⅱ型系统，且 $n-m=1$。

起点：$\omega=0, A(0)=\infty, \varphi(0)=-180°$。

终点：$\omega=\infty, A(\infty)=0, \varphi(\infty)=-(n-m)\cdot 90°=-90°$。

与实轴的交点：令虚频特性 $Q(\omega)=0$，得$(6-\omega^2)\omega^3-5\omega^3=0\Rightarrow\omega=1$。

将 $\omega=1$ 带回频率特性：

$$G(j\omega)=\frac{5(j\omega+2)(j\omega+3)}{(j\omega)^2(j\omega+5)}=\frac{5[(6-\omega^2)+j5\omega]}{-(\omega^2+j\omega^3)}$$

得

$$G(j1)=\frac{5(5+j5)}{-(1+j)}=-25+j0$$

求得奈氏图与负实轴的交点为$(-25,-180°)$。

概略的开环奈氏图如图 5-25 所示。

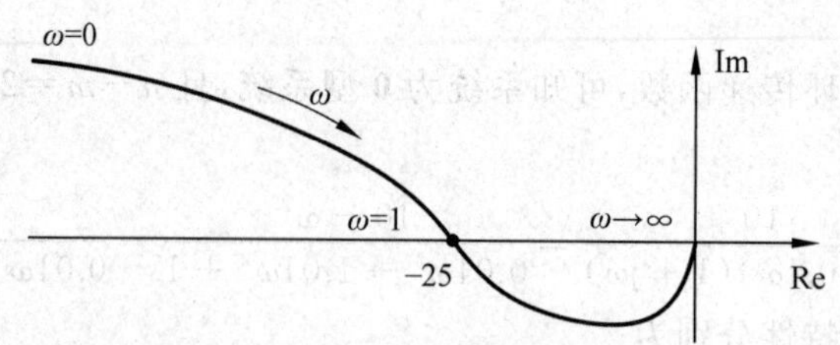

图 5-25 例 5-3 的概略开环奈氏图

5.3.2 开环对数频率特性

将系统的开环传递函数写成典型环节串联的形式。

$$G(s)=\frac{K\prod_{i=1}^{m_1}(\tau_i s+1)\prod_{k=1}^{m_2}(\tau_k^2 s^2+2\zeta_k\tau_k s+1)}{s^v\prod_{j=1}^{n_1}(T_j s+1)\prod_{l=1}^{n_2}(T_l^2 s^2+2\zeta_l T_l s+1)}$$

在上式中，分子多项式的阶数为 m，分母多项式的阶数为 n，且 $m\leqslant n$，可知 $m_1+m_2=m$，$v+n_1+n_2=n$。

可得系统的开环频率特性为

$$G(\mathrm{j}\omega)=\frac{K\prod_{i=1}^{m_1}(1+\mathrm{j}\omega\tau_i)\prod_{k=1}^{m_2}(1-\tau_k^2\omega^2+2\mathrm{j}\omega\zeta_k\tau_k)}{(\mathrm{j}\omega)^v\prod_{j=1}^{n_1}(1+\mathrm{j}\omega T_j)\prod_{l=1}^{n_2}(1-T_l^2\omega^2+2\mathrm{j}\omega\zeta_l T_l)}$$

由于系统的开环对数幅频特性等于各个典型环节对数幅频特性之和，开环对数相频特性等于各个典型环节对数相频特性之和，于是有

$$\begin{cases}L(\omega)=20\lg\dfrac{K}{\omega^v}+\sum_{i=1}^{m_1}20\lg\sqrt{1+\tau_i^2\omega^2}+\sum_{k=1}^{m_2}20\lg\sqrt{(1-\tau_k^2\omega^2)^2+(2\zeta_k\tau_k\omega)^2}\\ \qquad -\sum_{j=1}^{n_1}20\lg\sqrt{1+T_j^2\omega^2}-\sum_{l=1}^{n_2}20\lg\sqrt{(1-T_l^2\omega^2)^2+(2\zeta_l T_l\omega)^2}\\ \varphi(\omega)=-v\cdot 90^\circ+\left(\sum_{i=1}^{m_1}\arctan\omega\tau_i+\sum_{k=1}^{m_2}\arctan\dfrac{2\zeta_k\tau_k\omega}{1-\tau_k^2\omega^2}\right)\\ \qquad -\left(\sum_{j=1}^{n_1}\arctan\omega T_j+\sum_{l=1}^{n_2}\arctan\dfrac{2\zeta_l T_l\omega}{1-T_l^2\omega^2}\right)\end{cases}$$

在绘制对数幅频特性曲线时，可以用典型环节的直线或渐近线代替精确的对数幅频特性，得到折线形式的对数幅频特性曲线，必要时对曲线进行修正。

绘制对数幅频特性的步骤归纳如下。

(1) 分解开环频率特性，写成典型环节相乘的形式。

(2) 求出各个典型环节的转折频率，将其从小到大排列为 $\omega_1,\omega_2,\omega_3,\cdots,\omega_n$，并标注

在 ω 轴上。

(3) 绘制低频渐近线(ω_1 左侧部分)，这是一条斜率为 $-20 \cdot v$dB/dec(v 为积分环节的个数)的直线，它或它的延长线应通过点$(1, 20\lg K)$和点$(\sqrt[v]{K}, 0)$。

(4) 随着 ω 的增加，每遇到一个典型环节的转折频率，就按以下方法改变一次斜率：一个惯性环节减小 20dB/dec；一个一阶微分环节增加 20dB/dec；一个振荡环节减小 40dB/dec；一个二阶微分环节增加 40dB/dec。在每条直线上标注斜率。

(5) 必要时可在转折频率附近对渐近线进行修正，以求得更精确的曲线。

绘制对数相频特性曲线可以由各个典型环节的相频特性相加而得，也可以利用相频特性函数 $\varphi(\omega)$直接计算。

【例 5-4】 已知开环传递函数为 $G(s)=\dfrac{1250(s+0.4)}{s(s+0.1)(s+10)(s+5)}$，概略绘制系统的开环对数幅频特性渐近线和对数相频特性曲线。

解 (1) 将 $G(s)$改写为典型环节串联的“尾 1”形式。

$$G(s)=\frac{1250 \cdot \dfrac{2.5s+1}{2.5}}{s \cdot \dfrac{10s+1}{10} \cdot 10(0.1s+1) \cdot 5(0.2s+1)}$$

$$=\frac{100(2.5s+1)}{s(10s+1)(0.1s+1)(0.2s+1)}$$

(2) 确定各个典型环节的转折频率，按由小到大的顺序排列，依次标注在 ω 轴上，分别是：

① 惯性环节 $\dfrac{1}{10s+1}$ 的转折频率 $\omega_1=0.1$；

② 一阶微分环节 $2.5s+1$ 的转折频率为 $\omega_2=0.4$；

③ 惯性环节 $\dfrac{1}{0.2s+1}$ 的转折频率 $\omega_3=5$；

④ 惯性环节 $\dfrac{1}{0.1s+1}$ 的转折频率 $\omega_4=10$。

(3) 绘制低频段($\omega<0.1$)部分的对数幅频特性渐近线。

因系统有一个积分环节，故 $v=1$，低频段斜率为 -20dB/dec。

因系统的比例环节 $K=100$，故低频段渐近线的延长线过点$(1, 20\lg K)$，即点(1,40)。

(4) 绘制在各转折频率的渐近线。

在 $\omega_1=0.1$ 处，对应的是惯性环节，斜率减小 20dB/dec，变为 -40dB/dec。

在 $\omega_2=0.4$ 处，对应的是一阶微分环节，斜率增加 20dB/dec，变为 -20dB/dec。

在 $\omega_3=5$ 处，对应的是惯性环节，斜率减小 20dB/dec，变为 -40dB/dec。

在 $\omega_4=10$ 处，对应的是惯性环节，斜率减小 20dB/dec，变为 -60dB/dec。

(5) 根据 $\varphi(\omega)=-90°+\arctan 2.5\omega-\arctan 10\omega-\arctan 0.1\omega-\arctan 0.2\omega$，采用计算点的方式绘制出开环对数相频特性曲线。

得到对数幅频特性渐近线与对数相频特性曲线如图 5-26 所示。

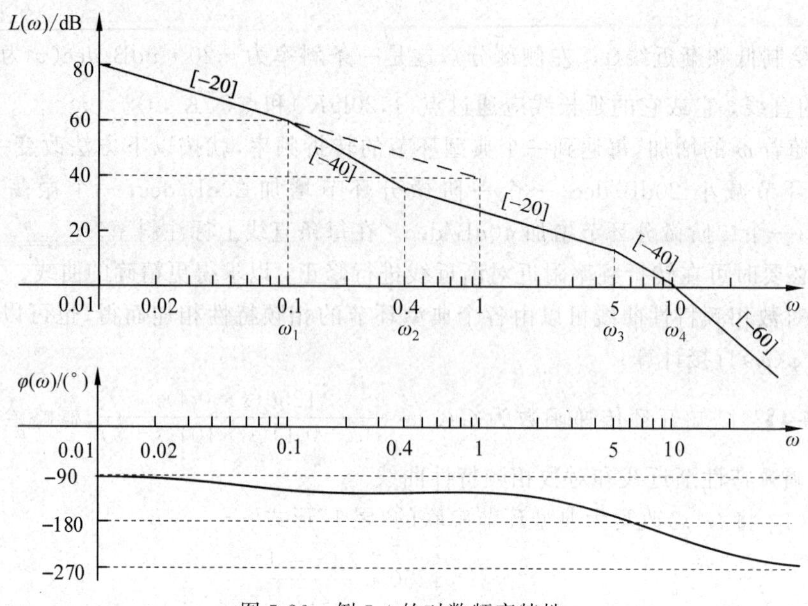

图 5-26　例 5-4 的对数频率特性

例 5-4 为根据已知系统的开环传递函数，绘制对数频率特性曲线的过程。若已知系统的对数幅频特性曲线，也能够反向推导出系统的开环传递函数。

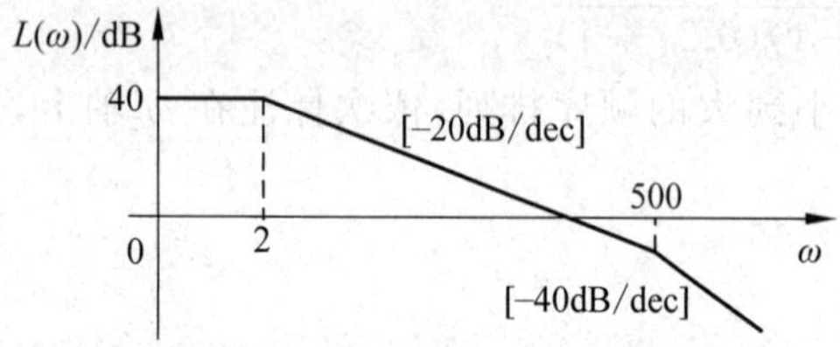

图 5-27　例 5-5 对数幅频特性曲线

【例 5-5】　已知控制系统的对数幅频特性曲线如图 5-27 所示，其中 $\omega_1=2,\omega_2=500$，求对应的系统开环传递函数。

解　分析幅频特性曲线图。

(1) 初始斜率为 0，系统无积分环节，$v=0$。

(2) 包含两个转折频率。

$\omega_1=2$，斜率减小 20dB/dec，对应的是惯性环节。

$\omega_2=500$，斜率减小 20dB/dec，对应的是惯性环节。

得出系统开环传递函数为

$$G(s)=\frac{K}{\left(\frac{1}{2}s+1\right)\left(\frac{1}{500}s+1\right)}$$

(3) 与纵轴交点为 40dB，是一条与实轴平行的水平线。由低频段渐近线的延长线过点$(1,20\lg K)$可得

$$20\lg(K)=40\text{dB}\Rightarrow K=100$$

因此，系统开环传递函数为

$$G(s)=\frac{100}{\left(\frac{1}{2}s+1\right)\left(\frac{1}{500}s+1\right)}$$

5.4　利用频率特性法分析线性系统的性能

在学习了开环系统的频率特性之后，本节介绍利用频率特性分析线性系统的性能（稳定性、快速性及稳态精度）的方法。频率特性分析法不必直接求解系统的微分方程，而是间接利用系统的开环频率特性曲线，分析闭环系统的响应，主要用到奈氏图和伯德图两种图示法。一般利用奈氏图分析系统的绝对稳定性和相对稳定性，利用伯德图分析系统的相对稳定程度、快速性及稳态精度。

5.4.1　奈奎斯特稳定判据

系统稳定的充分必要条件是系统闭环特征根都具有负实部，即位于 s 左半平面。在时域分析中判断系统的稳定性，一种方法是求出特征方程的全部根；另一种方法是使用劳斯稳定判据。但是，这两种方法都有不足之处，对于高阶系统，非常困难且费时，也不便于研究系统参数、结构对稳定性的影响。特别是，如果知道了开环特性，要研究闭环系统的稳定性，还需要求出闭环特征方程，无法直接利用开环特性判断闭环系统的稳定性。而对于一个自动控制系统，其开环数学模型易于获取，同时它包含了闭环系统所有环节的动态结构和参数。

除劳斯稳定判据外，分析系统稳定性的另一种常用判据为奈奎斯特在 1932 年提出的奈奎斯特稳定判据。奈奎斯特稳定判据的主要理论依据是复变函数理论中的柯西幅角定理，根据系统的开环幅相特性曲线来判断系统的稳定性。奈奎斯特稳定判据是频率分析法的重要内容，简称奈氏判据。

奈奎斯特稳定判据的描述如下。

已知系统的开环传递函数 $G(s)$ 在 s 右半平面的极点个数为 P，当 ω 从 $-\infty\to+\infty$ 变化时，系统的开环幅相频率特性曲线 $G(\mathrm{j}\omega)$ 包围 $(-1,\mathrm{j}0)$ 点的圈数为 N（逆时针方向包围时，N 为正；顺时针方向包围时，N 为负），则闭环系统在 s 右半平面的极点个数 $Z=P-N$。$Z=0$ 时，闭环系统稳定；$Z>0$ 时，闭环系统不稳定，有 Z 个正实部的特征根。

如果开环幅相频率特性曲线 $G(\mathrm{j}\omega)$ 正好通过 $(-1,\mathrm{j}0)$ 点，则闭环系统临界稳定。

【例 5-6】　设系统的开环传递函数为 $G(s)=\dfrac{52}{(s+2)(s^2+2s+5)}$，使用奈奎斯特稳定判据判定闭环系统的稳定性。

解　绘制出系统的开环幅相特性曲线如图 5-28 所示。图中实线部分为 ω 从 $0\to\infty$ 时的奈氏图，虚线部分为 ω 从 $-\infty\to0$ 变化时的曲线，与实线部分关于实轴对称。

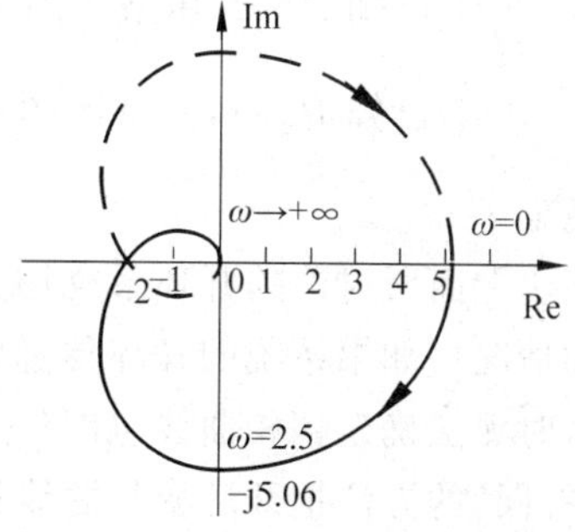

图 5-28　例 5-6 幅相特性曲线图

已知系统在 s 右半平面的开环极点数 $P=0$，从图中可以看出开环幅相特性曲线逆时针围绕 $(-1,\mathrm{j}0)$ 点的圈数 $N=-2$，则闭环系统在 s 右半平面的极点个数为

$$Z=P-N=0-(-2)=2$$

因为 $Z=2>0$，所以闭环系统不稳定，闭环系统特征方程有两个正实部的根。

由于 ω 由 $0\to\infty$ 与 ω 从 $-\infty\to0$ 变化时的奈氏曲线关于实轴对称，有时只绘制 ω 从 $0\to\infty$ 部分的奈氏图，这时奈奎斯特稳定判据可以描述如下。

已知系统的开环传递函数 $G(s)$ 在 s 右半平面的极点个数为 P，当 ω 从 $0\to\infty$ 变化时，系统的开环幅相频率特性曲线 $G(j\omega)$ 包围 $(-1,j0)$ 点的圈数为 N（逆时针方向包围时，N 为正；顺时针方向包围时，N 为负），则闭环系统在 s 右半平面的极点个数 $Z=P-2N$。$Z=0$ 时，闭环系统稳定；$Z>0$ 时，闭环系统不稳定，有 Z 个正实部的特征根。

【例 5-7】 已知系统的开环奈氏图如图 5-29 所示，试分别判断其闭环系统的稳定性。

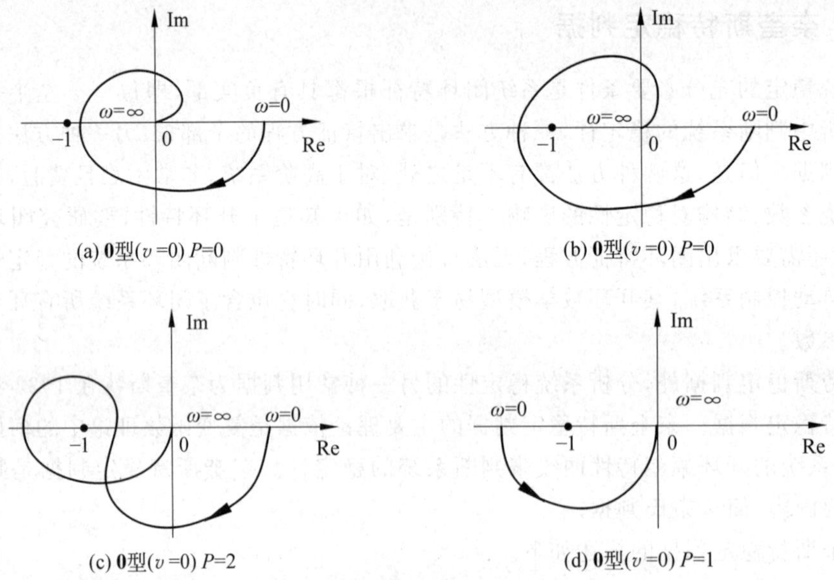

图 5-29 例 5-7 的开环奈氏图

解 题目所给的均为 ω 从 $0\to\infty$ 变化时的奈氏图，故采用 $Z=P-2N$ 计算闭环系统右半平面的极点数，由此判断闭环系统是否稳定。

(1) 已知 $P=0$，由奈氏图可得 $N=0$，$Z=P-2N=0$，所以闭环系统稳定。

(2) 已知 $P=0$，由奈氏图可得 $N=-1$，$Z=P-2N=0-2\times(-1)=2$，所以闭环系统不稳定，闭环系统特征方程有 2 个正实部的根。

(3) 已知 $P=2$，由奈氏图可得 $N=1$，$Z=P-2N=2-2\times1=0$，所以闭环系统稳定。

(4) 已知 $P=1$，由奈氏图可得 $N=\frac{1}{2}$，$Z=P-2N=1-2\times\frac{1}{2}=0$，所以闭环系统稳定。

上面所讨论的开环系统均为 **0** 型 $(v=0)$ 系统，即开环系统的传递函数不含积分环节的情况。如果系统的开环传递函数含有积分环节，则幅相特性曲线不能构成闭合轨迹。这时无法确定幅相曲线包围 $(-1,j0)$ 点的圈数 N，要应用奈奎斯特稳定判据首先要采用"补圆"的方法把开环幅相曲线补为封闭曲线。"补圆"即由奈氏图的起点 $(\omega=0)$ 处，逆时针方向做一个半径为 ∞、圆心角为 $v\times90°$ 的圆弧（v 是积分环节的个数），该圆弧一般用虚线表示，弧上箭头方向为顺时针，接着再根据奈奎斯特稳定判据判断稳定性。

【例 5-8】 某单位负反馈系统的开环传递函数 $G(s)=\dfrac{K}{s^2(Ts+1)}$，用奈奎斯特稳定判据判断闭环系统的稳定性。

解　画出开环系统的奈氏图，由于开环传递函数中含有 2 个积分环节，即 $v=2$，需要在奈氏图的起点处作一个半径为∞、圆心角为 $v\times 90°=2\times 90°=180°$ 的圆弧。如图 5-30 所示。

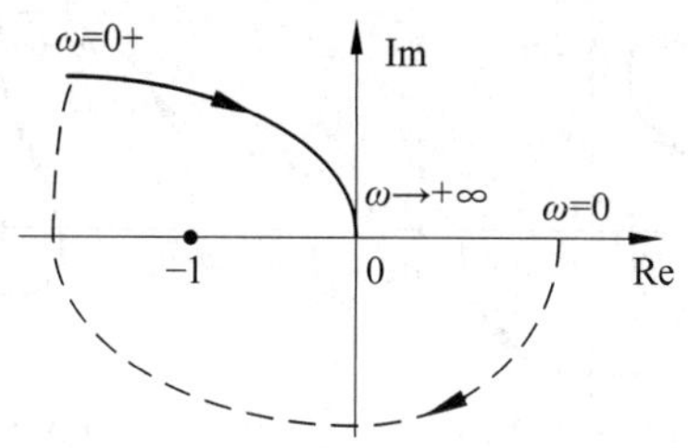

图 5-30　例 5-8 系统的奈氏图

已知系统在 s 右半平面的开环极点数 $P=0$，从图中可以看出开环幅相特性曲线逆时针围绕 $(-1,\mathrm{j}0)$ 点的圈数 $N=-1$，则闭环系统在 s 右半平面的极点个数为

$$Z=P-2N=0-2\times(-1)=2$$

因为 $Z=2>0$，所以闭环系统不稳定，闭环系统特征方程有 2 个正实部的根。

【例 5-9】 系统的奈氏图如图 5-31 所示，其中 v 为积分环节的个数，P 为不稳定极点的个数。试用奈奎斯特稳定判据判断其闭环系统的稳定性。

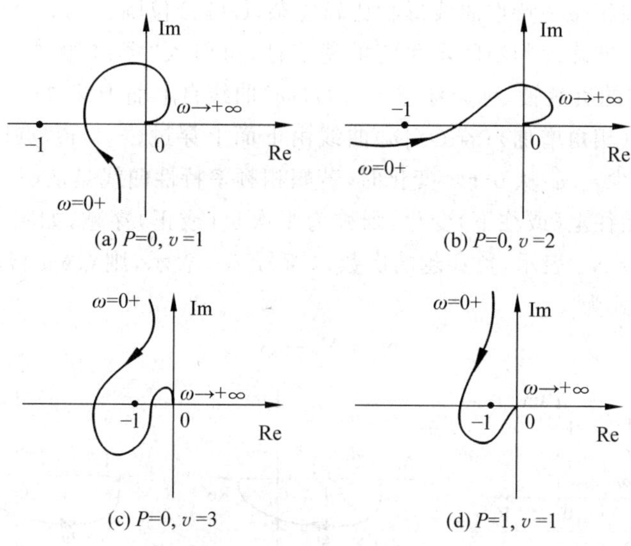

图 5-31　例 5-9 中各系统的奈氏图

解　因图中四个系统的开环传递函数都含有积分环节，故先对图中曲线依次进行“补圆”，修正后的曲线如图 5-32 所示。

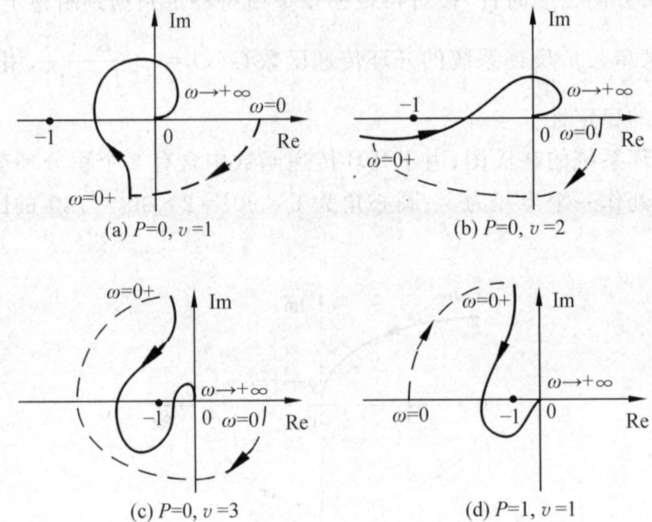

图 5-32 例 5-9 中各系统的补圆后的奈氏图

(1) 已知 $P=0$,由奈氏图可得 $N=0, Z=P-2N=0$,所以闭环系统稳定。

(2) 已知 $P=0$,由奈氏图可得 $N=0, Z=P-2N=0$,所以闭环系统稳定。

(3) 已知 $P=0$,由奈氏图可得 $N=0, Z=P-2N=0$,所以闭环系统稳定。

(4) 已知 $P=1$,由奈氏图可得 $N=\frac{1}{2}, Z=P-2N=1-2\times\frac{1}{2}=0$,所以闭环系统稳定。

当系统开环幅相频率特性曲线形状比较复杂,$G(\mathrm{j}\omega)$包围$(-1,\mathrm{j}0)$点的圈数 N 不易找准时,为了快速、准确地判断闭环系统的稳定性,可引入"穿越"的概念。$G(\mathrm{j}\omega)$曲线穿过$(-1,\mathrm{j}0)$点以左的负实轴,称为穿越。若 $G(\mathrm{j}\omega)$曲线自上而下穿过$(-1,\mathrm{j}0)$点以左的负实轴,称为正穿越(相角增加);若 $G(\mathrm{j}\omega)$曲线由下而上穿过$(-1,\mathrm{j}0)$点以左的负实轴,称为负穿越(相角减少)。ω 从 $0\to\infty$ 变化时,若幅相频率特性曲线是从$(-1,\mathrm{j}0)$点以左的负实轴上某一点开始往上(或往下)变化,则称为半次负(或正)穿越,如图 5-33 所示。设正穿越的次数以符号 N_+ 表示,负穿越的次数以符号 N_- 表示,则 $G(\mathrm{j}\omega)$包围$(-1,\mathrm{j}0)$点的圈数 N 的计算方式为

$$N=N_+-N_-$$

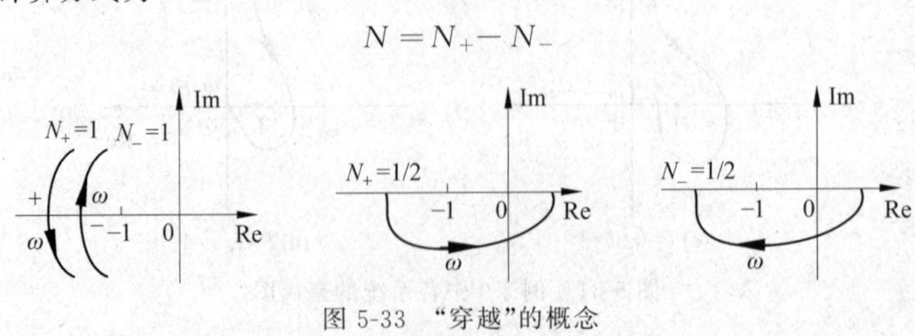

图 5-33 "穿越"的概念

【例 5-10】 采用"穿越"的方法求解例 5-9。

解 采用"穿越"的概念计算奈氏图包围$(-1,\mathrm{j}0)$的圈数 N。

(1) 已知 $P=0, N_+=0, N_-=0, N=N_+-N_-=0$,则 $Z=P-2N=0$,所以闭环系统稳定。

(2) 已知 $P=0, N_+=0, N_-=0, N=N_+-N_-=0$,则 $Z=P-2N=0$,所以闭环系统稳定。

(3) 已知 $P=0, N_+=1, N_-=1, N=N_+-N_-=0$,则 $Z=P-2N=0$,所以闭环系统稳定。

(4) 已知 $P=1, N_+=1, N_-=\frac{1}{2}, N=N_+-N_-=\frac{1}{2}$,则 $Z=P-2N=1-2\times\frac{1}{2}=0$,所以闭环系统稳定。

5.4.2　对数稳定判据

对数稳定判据实质为奈奎斯特稳定判据在系统开环伯德图上的反映,因为系统开环频率特性 $G(\mathrm{j}\omega)$的奈氏图与伯德图之间有一定的对应关系,即奈氏图中的单位圆 $|G(\mathrm{j}\omega)|=1$(虚线圆)与伯德图中的对数幅频特性图的横轴相对应,因为此时 $20\lg|G(\mathrm{j}\omega)|=0\mathrm{dB}$,单位圆外部($|G(\mathrm{j}\omega)|>1$)对应伯德图中 $20\lg|G(\mathrm{j}\omega)|>0\mathrm{dB}$ 即对数幅频特性横轴以上区域,单位圆内部($|G(\mathrm{j}\omega)|<1$)对应伯德图中 $20\lg|G(\mathrm{j}\omega)|<0\mathrm{dB}$ 即对数幅频特性横轴以下区域;奈氏图的负实轴与伯德图中对数相频特性图的$-180°$水平线($\varphi(\omega)=-180°$)相对应。奈氏图上幅相特性曲线正穿越负实轴时,相角增大,方向"从上到下",对应伯德图对数相频特性曲线"从下到上"穿越$-180°$水平线,同样是相角增大。奈氏图上幅相特性曲线负穿越负实轴时,相角减小,方向"从下到上",对应伯德图中对数相频特性曲线"从上到下"穿越$-180°$水平线,同样是相角减小。上述的对应关系如图 5-34 所示。

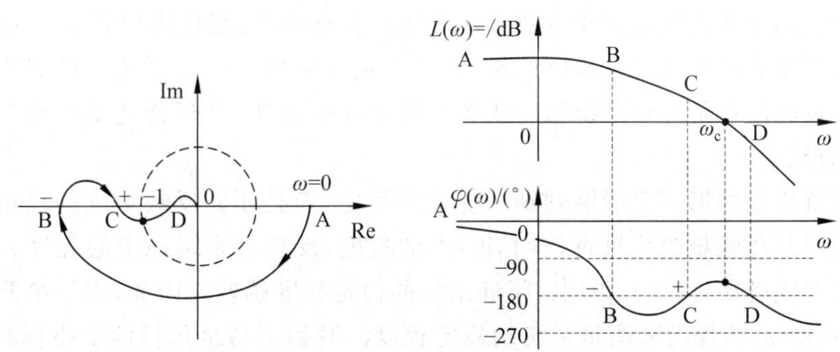

图 5-34　奈氏图与伯德图的对应关系

当开环传递函数含有积分环节时,应用奈奎斯特稳定判据需要"补圆"。同样,在利用对数判据也需要在伯德图的对数相频特性曲线上添加辅助虚线,方法是在低频段补画一条 $v\cdot 90°$的虚线,且把虚线看成对数相频特性曲线的一部分。

对数稳定判据和奈奎斯特稳定判据本质相同,两种判据所依据的公式都是 $Z=P-2N$(这里的 P 为开环传递函数在 s 右半平面的极点数,N 为在 $L(\omega)>0$ 范围内穿过$-180°$水平线的总次数,Z 为闭环系统在右半平面的极点数)。两种稳定判据中,对数稳定判据依据的系统开环伯德图更容易绘制,便于对系统进行校正,因此对数频率稳定判据应用更广。

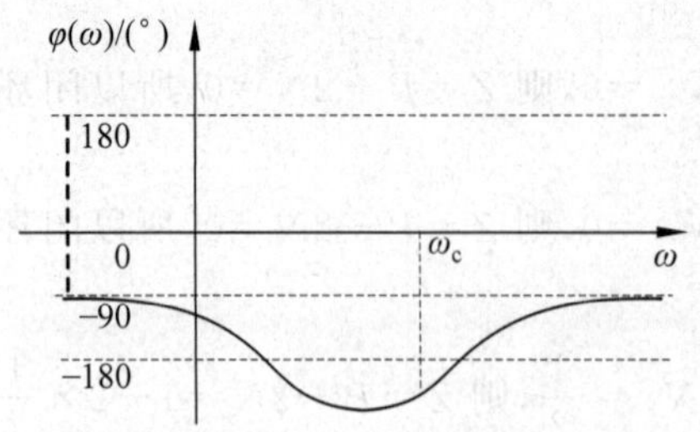

图 5-35 例 5-11 的对数开环相频特性曲线

【例 5-11】 已知开环系统型次为Ⅲ型，且 $P=0$，其开环对数相频特性曲线如图 5-35 所示。图中，$L(\omega_c)=0\text{dB}$；当 $\omega<\omega_c$ 时，$L(\omega)>L(\omega_c)$；当 $\omega>\omega_c$ 时，$L(\omega)<L(\omega_c)$。试确定闭环不稳定极点的个数。

解 因为开环系统为Ⅲ型，含有 3 个积分环节，$v=3$，需要在伯德图的对数相频特性曲线低频段上补画相角增加 $v\cdot 90°=270°$ 的虚线，如图 5-35 所示。因为当 $\omega<\omega_c$ 时，$L(\omega)>L(\omega_c)=0$，故只需要计算 ω_c 左边的穿越次数。另外，180°的水平线同样对应奈氏图的负实轴，可认为是半次负穿越，所以对数相频特性曲线负穿越 $-180°$ 线的次数为 $N_-=1.5$。于是有

$$P=0,\quad N_+=0, N_-=1.5, N=N_+-N_-=-1.5$$

因此有

$$Z=P-2N=0-2\times(-1.5)=3$$

所以闭环系统不稳定，有 3 个不稳定极点。

5.4.3 稳定裕量

根据根轨迹分析法，对于条件稳定系统，增益 K 值过大时，系统是不稳定的。当 K 减小到一定值时，系统可能稳定。

要保证实际系统能够正常地工作，不仅要求系统稳定，而且还应具有一定的稳定裕量。稳定裕量是表征系统稳定程度的量，它可以定量地确定一个系统的稳定程度。系统具备稳定裕量的前提是开环系统稳定或者是最小相位系统，开环传递函数在 s 右半平面没有零点和极点。

奈奎斯特稳定判据不但能够判别系统是否稳定，而且还能反映系统的稳定程度。开环稳定系统的开环幅相曲线接近$(-1,\text{j}0)$点的程度，反映了系统稳定的程度。系统的开环幅相特性曲线越接近$(-1,\text{j}0)$点，闭环系统的稳定程度越差。因此，用系统开环幅相曲线靠近$(-1,\text{j}0)$点的程度来衡量系统的稳定程度。其稳定裕量包括两个指标：相角裕量 γ 和幅值裕量 K_g。

相角裕量和幅值裕量与两个重要频率有关：幅值截止频率 ω_c 和相角穿越频率 ω_g。

幅值截止频率是指开环幅频特性曲线（奈氏图）上对应于幅值为临界值 1 的点的频率或伯德图中对数幅频特性曲线与临界线 0dB（ω 轴）交点的频率，记作 ω_c。表达式为

$$A(\omega_c)=1$$

或

$$L(\omega_c)=0\text{dB}$$

相角穿越频率是指开幅值环幅频特性曲线（奈氏图）上对应于相角为临界值 $-180°$ 的点的频率或伯德图中对数相频特性曲线与 $-180°$ 临界线交点的频率，记作 ω_g。表达式为

$$\varphi(\omega_g)=-180^\circ$$

相角裕量是指在幅值截止频率 ω_c 处，使系统达到不稳定时所需要附加的相角滞后量，如图 5-36 所示，记作 γ。表达式为

$$\gamma=180^\circ+\varphi(\omega_c)$$

其物理意义是：闭环稳定系统的开环相频特性再滞后 γ 度，则系统处于临界稳定状态。要使得系统稳定，要求相角裕量 $\gamma>0^\circ$，且 γ 越大，系统的相对稳定性越好，但相角裕量过大会影响系统的其他性能，一个良好的控制系统，一般要求 $\gamma=30^\circ\sim60^\circ$。

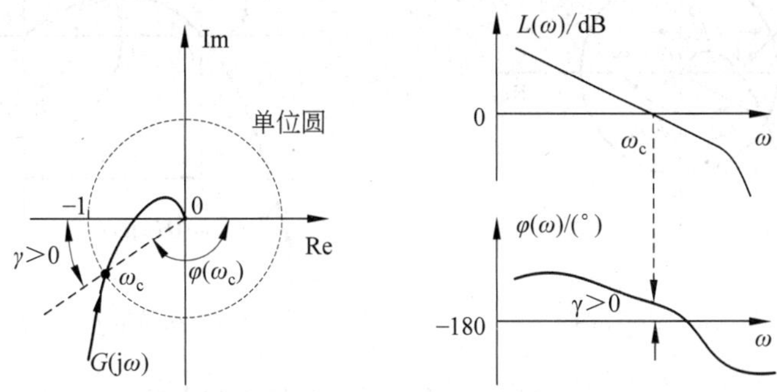

图 5-36　相角裕量的定义

幅值裕量是指在穿越频率 ω_g 处，使系统达到不稳定时开环幅值还可以增加的倍数（或对数幅值上升的分贝数），如图 5-37 所示，记作 K_g。在奈氏图中的表达式为

$$K_g=\frac{1}{|G(j\omega_g)|}=\frac{1}{A(\omega_g)}$$

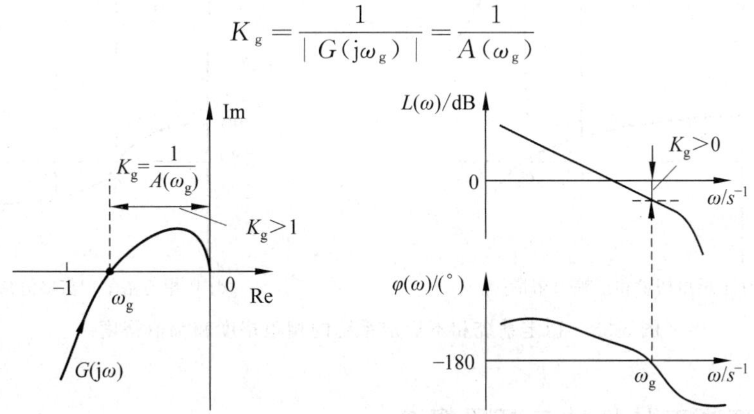

图 5-37　幅值裕度的定义

在伯德图中，幅值裕量以分贝(dB)表示，称为对数幅值裕量，表达式为

$$K_g=-20\lg A(\omega_g)$$

其物理意义是：稳定系统的开环幅频特性增大 K_g 倍（或对数幅值上升 K_g），系统将达到临界稳定状态。要使系统稳定，要求幅值裕度 $K_g>1$（或 $K_g>0$），且 K_g 越大，系统的相对稳定性越好。但幅值裕度过大会影响系统的其他性能，一个良好的控制系统，一般要求 $K_g>2$（或 $K_g>6\text{dB}$）。

注意：仅用相角裕量或幅值裕量之一不足以说明闭环系统的相对稳定性，必须同时

考虑两个指标，才能正确确定系统的相对稳定性。如图 5-38 所示，对于最小相位系统，只有当相角裕量 $\gamma>0$ 且幅值裕量 $K_g>1$（或 $K_g>0$）时，系统才是稳定的。如果不满足，则闭环系统不稳定。对于非最小相位系统，不能用相位裕量或幅值裕量来判断其闭环系统是否稳定。

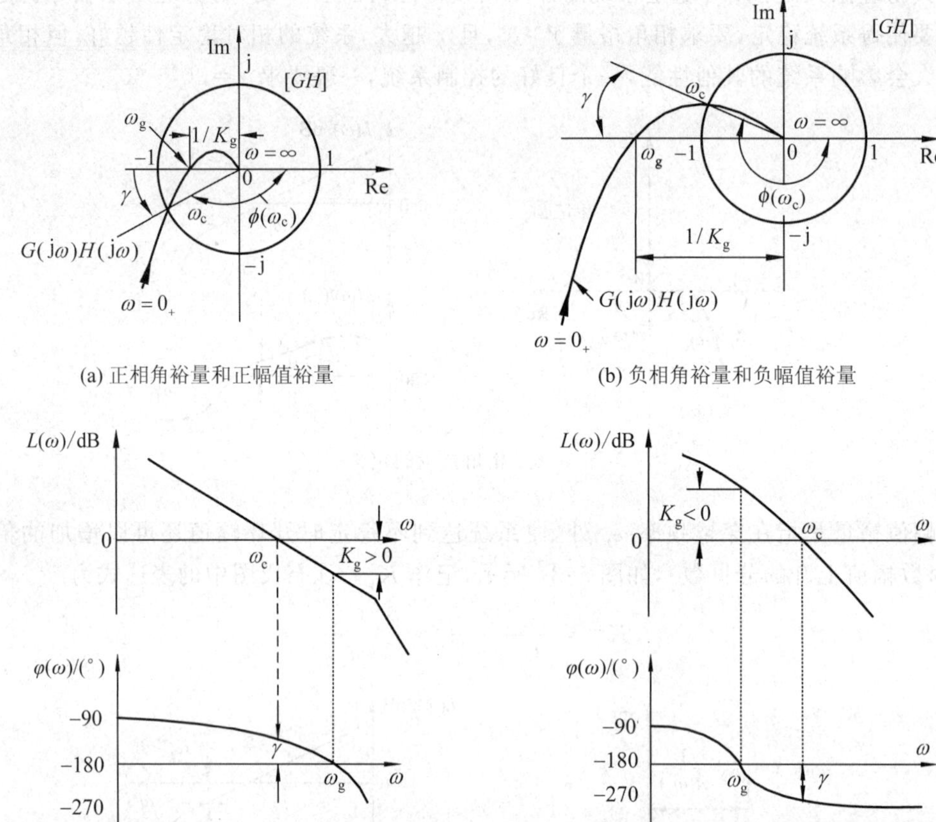

图 5-38　稳定系统和不稳定系统的相角裕度和幅值裕度

5.4.4　开环频率特性的三频段概念

频率特性分析法的主要特点之一是根据系统的开环频率特性来分析闭环系统的性能。对于最小相位系统而言，幅频特性曲线与相频特性曲线是一一对应的。所谓一一对应，是指可以通过幅频特性曲线得到相频特性曲线中的信息，比如通过幅值裕度来判断相角裕度的大小。利用最小相位系统的一一对应特性，可通过研究系统的幅值特性曲线来判断系统的特性，即快、准、稳。为了分析问题方便，通常将开环对数频率特性曲线分成低、中、高三个频段，这三个频段的划分不是很严格，一般将第一个转折频率之前的部分称为低频段，截止频率 ω_c 附近的区段称为中频段，中频段以后的部分（一般 $\omega>10\omega_c$）称为高频段。如图 5-39 所示。

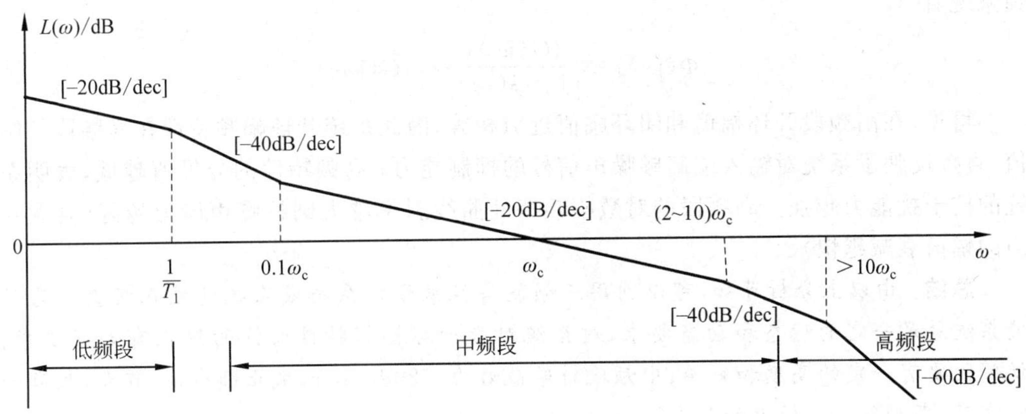

图 5-39　系统对数开环幅频特性曲线的三频段

1. 低频段

由前面的分析可知，系统开环频率特性在低频段可近似表示为

$$G(\mathrm{j}\omega)=\frac{K}{(\mathrm{j}\omega)^{v}}$$

因此，低频段的开环对数幅频特性为

$$L(\omega)=20\lg A(\omega)=20\lg\frac{K}{\omega^{v}}=20\lg K-20v\lg\omega$$

可以看到，开环幅频特性在低频段主要取决于开环增益 K 和积分环节的个数 v，其对数幅频特性曲线的渐近线(包括其延长线)是一条过点(1,20lg$K$)、斜率为$-20v$dB/dec 的直线。因此，积分环节的个数 v 决定了低频段的斜率，开环增益 K 决定了低频段在 $\omega=1$ 时的幅值。由时域分析的结果可知，开环增益 K 和积分环节个数 v 均与闭环系统的稳态误差有关，开环增益越大、系统的积分环节越多(对应系统的型次越高)，稳态误差就越小，动态响应的跟踪精度就越高，稳态性能就越好。因此，开环幅频特性曲线的低频段反映了系统的稳态性能。

2. 中频段

在工程实践中得到了如下结论：对数开环幅频特性中频段的斜率和宽度集中反映了闭环系统动态响应的平稳性和快速性。

系统开环对数幅频特性曲线的中频段斜率小于-60dB/dec 时，闭环系统一定不稳定；中频段斜率等于-60dB/dec 时，闭环系统也很难稳定；中频段斜率等于-40dB/dec，且所占的频率区间不是过宽时，闭环系统可能稳定，但即使稳定，稳定裕量也较小，系统的平稳性较差；中频段斜率等于-20dB/dec，且占据较宽的频段区间时，不仅可以保证系统稳定，而且可以使得系统的稳定裕量较大，系统的平稳性较好。

因此，提高截止频率 ω_c 的值，可以提高闭环系统的响应速度，提高快速性。

3. 高频段

在开环对数幅频特性的高频段，一般有 $L(\omega)\ll 0$dB，即$|G(\mathrm{j}\omega)|\ll 1$，所以对单位负反

馈系统有

$$|\Phi(j\omega)|=\frac{|G(j\omega)|}{|1+G(j\omega)|}\approx|G(j\omega)|$$

可见，在高频段开环幅值和闭环幅值近似相等，因此系统开环幅频特性在高频段的幅值，直接反映了系统对输入端高频噪声信号的抑制能力，高频特性的分贝值越低，表明系统的抗干扰能力越强。高频段的对数幅频特性曲线斜率越大则抗噪声能力越好（高频噪声的幅值衰减越快）。

总结：由以上分析可知，可以利用三频段特性来设计系统或系统的校正装置。为了使系统满足一定的稳态和动态要求，对系统对数开环幅频特性曲线的形状有如下要求：低频段要有一定的高度和斜率；中频段斜率最好为－20dB/dec，截止频率 ω_c 较大，且有一定宽度；高频段要有较大的斜率。

5.5 基于 MATLAB 的频域分析仿真

频域分析法在经典控制理论中占有重要的地位。借助 MATLAB 提供的与频域分析相关的函数，能够方便、简单、快捷、精确地绘制频率特性响应曲线，包括奈氏图和伯德图，并能够计算出频率性能指标（截止频率、穿越频率、幅值裕量、相角裕量等）。借助这些曲线与性能指标值能够更好地对系统进行分析。本节介绍用 MATLAB 快速精确地绘制奈氏图、伯德图及获取性能指标值的方法。

5.5.1 MATLAB 频域分析的相关函数

MATLAB 频域分析的相关函数包括绘制各种频率特性曲线的函数 nyquist、bode，以及做进一步分析的函数 margin、allmargin 等，表 5-1 简要给出了这些函数的用法及功能说明。

表 5-1 频域分析相关函数的用法及功能说明

函　数	功能说明
nyquist(sys)	绘制频率从－∞→＋∞的奈氏图
nyquist(sys,w)	绘制指定频率范围的奈氏图，w ＝ {wmin,wmax}为频率向量
nyquist(sys1,sys2,…,sys*N*)	绘制多个系统的奈氏图
nyquist(sys1,sys2,…,sys*N*,w)	绘制指定频率范围多个系统的奈氏图
nyquist (sys1, ' PlotStyle1 ',…, sys*N*,'PlotStyle*N*')	绘制多个系统的奈氏图，图形参数用户自行设置
[re,im,w]＝nyquist(sys)	返回奈氏图相应的实部、虚部和频率向量，此语法不会绘制图
[re,im]＝nyquist(sys,w)	返回奈氏图与指定频率 w 相应的实部和虚部，此语法不会绘制图
bode(sys)	绘制系统的伯德图

续表

函　数	功能说明
bode(sys,w)	绘制指定频率范围系统的伯德图,w={wmin,wmax}为频率向量
bode(sys1,sys2,…,sys$N$)	绘制多个系统的伯德图
bode(sys1,LineSpec1,…,sys$N$,LineSpec$N$)	绘制多个系统的伯德图,每个系统指定颜色,线条样式和标记
[mag,phase,wout]=bode(sys)	返回系统伯德图对应的幅值、相角和频率向量,此语法不会绘制图
[mag,phase,wout]=bode(sys,w)	返回指定频率的系统伯德图对应的幅值、相角和频率向量,此语法不会绘制图
margin(sys)	绘制系统伯德图,并在图中标记幅值裕量(单位:dB)和相角裕量
[Gm,Pm,Wcg,Wcp]=margin(sys)	不绘制伯德图,返回幅值裕量 Gm,相角裕量 Pm,截止频率 Wcg,穿越频率 Wcp
allmargin(sys)	该函数可以求传递函数的幅值裕量、相角裕量、截止频率、穿越频率,还可以判断系统的稳定性

5.5.2 利用 MATLAB 进行频域分析示例

【例 5-12】 设系统的开环传递函数为 $G(s)=\dfrac{20(s^2+s+0.5)}{s(s+1)(s+10)}$,试用 MATLAB 绘制系统的开环奈氏图。

解 在 MATLAB 命令窗口中输入以下命令。

```
num=20*[1 1 0.5];              %定义传递函数分子、分母系数
den=conv([1 1 0], [1 10]);
G=tf(num,den);                 %传递函数
figure(1);                     %打开绘图窗口
nyquist(G);                    %绘制奈氏图
```

结果如图 5-40 所示。

为了看清奈氏图的细节,并使得实轴与虚轴的比例相同,可单击工具栏中的放大镜按钮,并在图中框选需要放大的区域,然后在命令窗口中输入以下命令。

```
axis equal;                    %使坐标等比例
```

结果如图 5-41 所示,图中"+"标记的点为(−1,j0)点。

可以看到,利用 MATLAB 的 nyquist 函数默认绘制的奈氏图的频率 ω 的变化范围为 $-\infty\to+\infty$。如果只需要显示 $0\to+\infty$ 变化时的奈氏图,在显示图形的窗格中右击,取消快捷菜单项 Show→Negative Frequencies 前的"√"标记,此时 MATLAB 只显示频率 ω 从 $0\to+\infty$ 变化时的奈氏图,如图 5-42 所示。

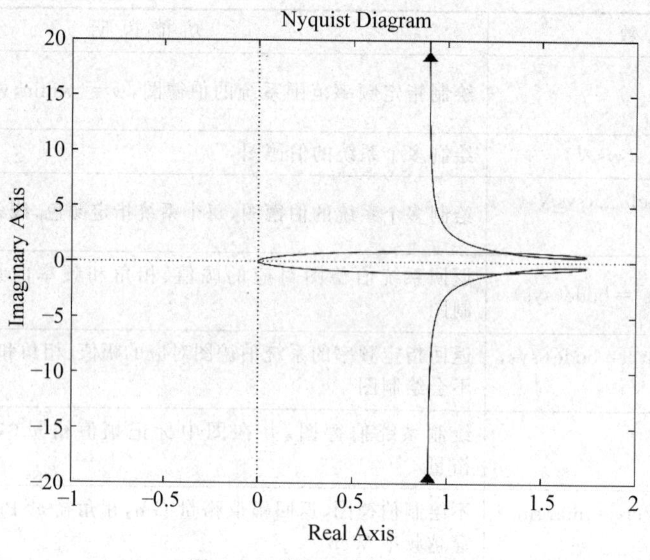

图 5-40 例 5-12 的奈氏图

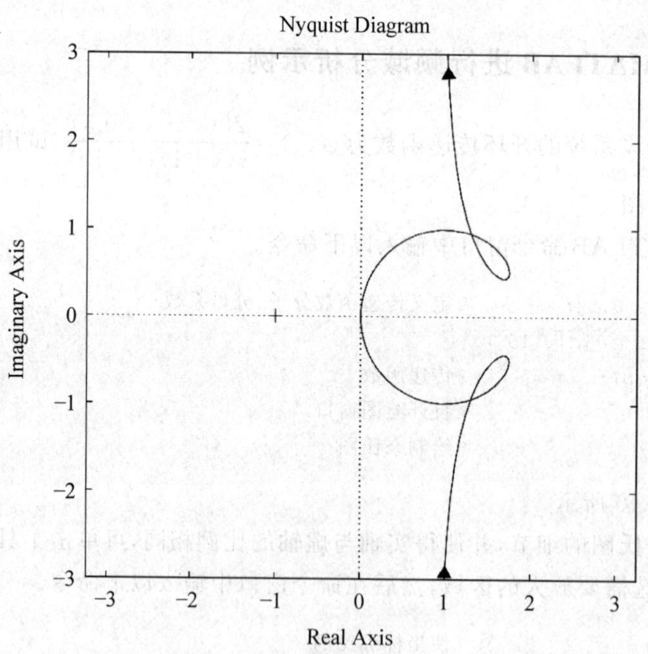

图 5-41 例 5-12 的奈氏图(局部放大,等比例)

在工具栏中单击数据游标工具,然后选择奈氏图上的某个点,这时将会显示该点处的频率特性值,包括实频特性 Real、虚频特性 Imag、当前频率 Frequency。拖动该点可查看其他点的频率特性值,也可以按住 Shift 键再选择其他的点。如图 5-43 所示,此时选择了两个点。

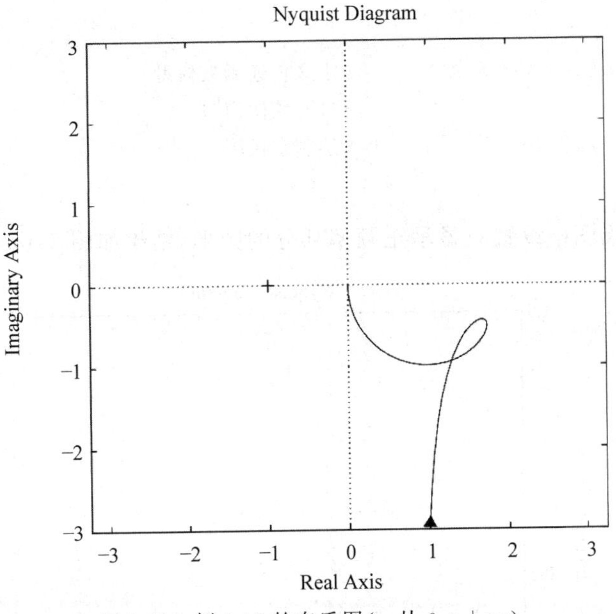

图 5-42 例 5-12 的奈氏图(ω 从 0→+∞)

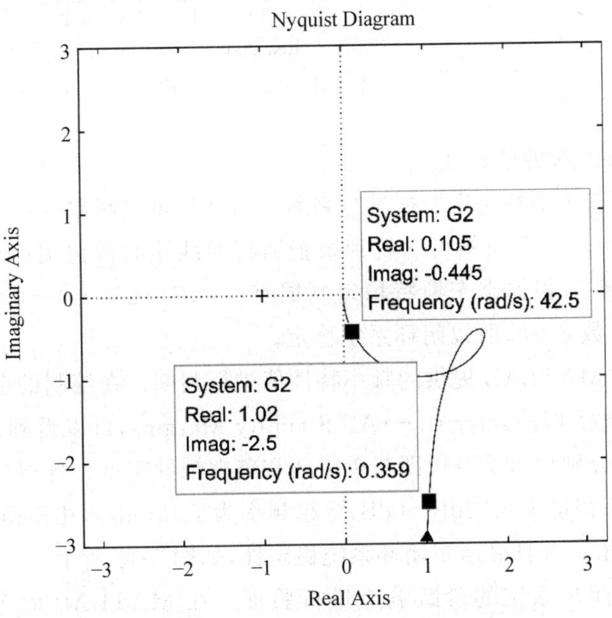

图 5-43 例 5-12 的奈氏图(查看频率特性值)

【例 5-13】 已知单位反馈系统的开环传递函数为 $G(s)=\dfrac{2}{(s^2+s+1)(3s+1)}$,试绘制系统开环奈氏图,并判断闭环系统的稳定性。

解 (1) 绘制奈氏图。在 MATLAB 命令窗口中输入以下命令。

```
s=tf('s');
G=2/((s*s+s+1)*(3*s+1));       %定义传递函数模型
figure(1);                     %打开绘图窗口
nyquist(G);                    %绘制奈氏图
axis equal;
```

在绘制的奈氏图中设置只显示正频率部分的图形,结果如图 5-44 所示。

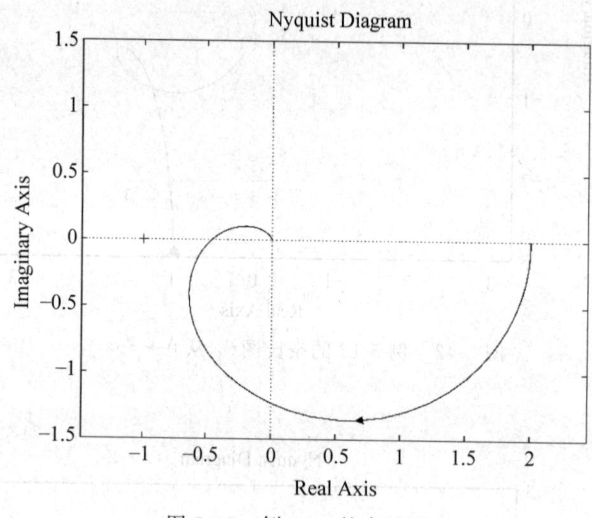

图 5-44 例 5-13 的奈氏图

(2) 判断闭环系统的稳定性。

方法 1: 根据奈奎斯特稳定判据进行判断。由开环传递函数可知,系统在 s 右半平面的开环极点数 $P=0$,由奈氏图可以看到奈奎斯特曲线逆时针包围$(-1,\mathrm{j}0)$的圈数 $N=N_+-N_-=0-0=0$,根据奈奎斯特稳定判据有 $Z=P-2N=0-0=0$,即闭环系统在 s 右半平面的极点数 $Z=0$,所以闭环系统稳定。

方法 2: 利用 MATLAB 提供的频率特性值进行判断。在绘制的奈氏图中右击,在弹出的快捷菜单中选择 Characteristic→All Stability Margins,可以看到这时绘制了一个虚线的单位圆,并且分别标出了奈氏图与单位圆和负虚轴的交点。分别单击这两个交点,可以看到系统的幅值裕量为 6.72dB>0dB,穿越频率为 1.15rad/s,相角裕量为 62.6°>0°,截止频率为 0.693rad/s,并且显示了闭环系统稳定性,如图 5-45 所示。

方法 3: 通过闭环系统的阶跃响应进行验证。在 MATLAB 命令窗口中输入以下命令。

```
Gc=feedback(G,1);              %闭环传递函数
figure(2);                     %打开绘图窗口 2
step(Gc);                      %绘制阶跃响应
```

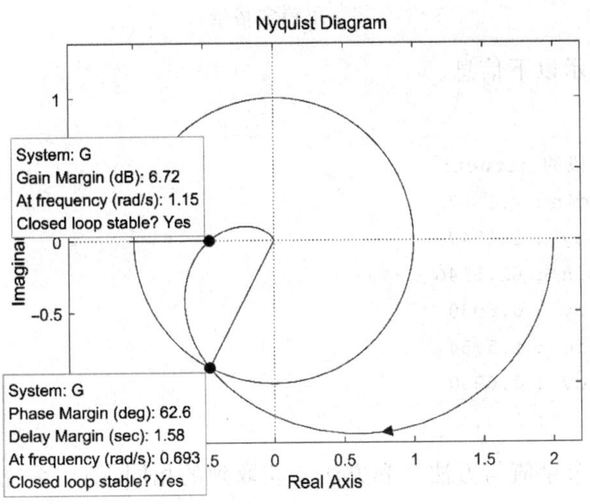

图 5-45　例 5-13 的奈氏图显示的稳定裕量

结果如图 5-46 所示。可以看到闭环系统是稳定的。

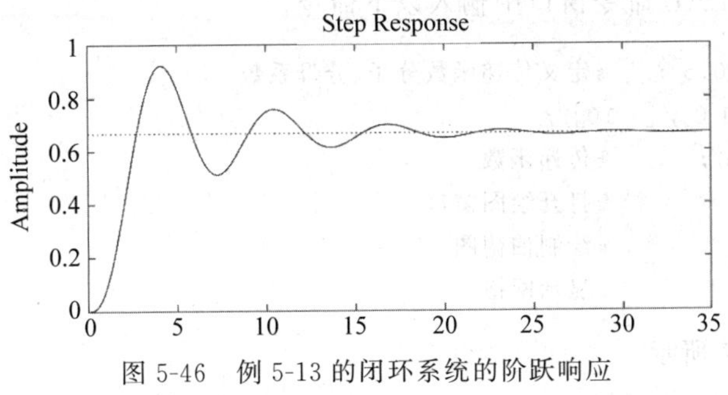

图 5-46　例 5-13 的闭环系统的阶跃响应

方法 4：通过稳定裕量函数 margin 判断稳定性。在 MATLAB 命令窗口中输入以下命令。

```
[Gm,Pm,Wcg,Wcp]=margin(G)          %求稳定裕量
```

命令窗口中显示以下信息。

```
Gm =2.1667
Pm =62.5546
Wcg =1.1547
Wcp =0.6930
```

可知开环系统的幅值裕量为 2.1667>1，相角裕量为 62.5546°>0°，截止频率为 1.1547，穿越频率为 0.6930。由稳定裕量可知闭环系统稳定。

方法 4 中获取的稳定裕量值与方法 2 中获取的数值相同。其中方法 4 中的幅值裕量若以 dB 来表示，转换式为 $K_g = 20\lg(2.1667) = 6.71598\text{dB} > 0$。

方法 5：通过函数 allmargin 判断稳定性。在 MATLAB 命令窗口中输入以下命令。

```
allmargin(G)                              %求稳定裕量
```

命令窗口中显示以下信息。

```
ans =
    包含以下字段的 struct:
      GainMargin : 2.1667
    GMFrequency : 1.1547
    PhaseMargin : 62.5546
    PMFrequency : 0.6930
    DelayMargin : 1.5754
    DMFrequency : 0.6930
        Stable   : 1
```

获取到的稳定余量值与方法 2 和方法 4 获取到的相同，闭环系统稳定。

【例 5-14】 设系统的开环传递函数为 $G(s)=\dfrac{20(s^2+s+0.5)}{s(s+1)(s+10)}$，试用 MATLAB 绘制系统的开环伯德图。

解 在 MATLAB 命令窗口中输入以下命令。

```
num=20*[1 1 0.5];      %定义传递函数分子、分母系数
den=conv([1 1 0],[1 10]);
G=tf(num,den);         %传递函数
figure(1);             %打开绘图窗口
bode(G);               %绘制伯德图
grid();                %显示网格
```

结果如图 5-47 所示。

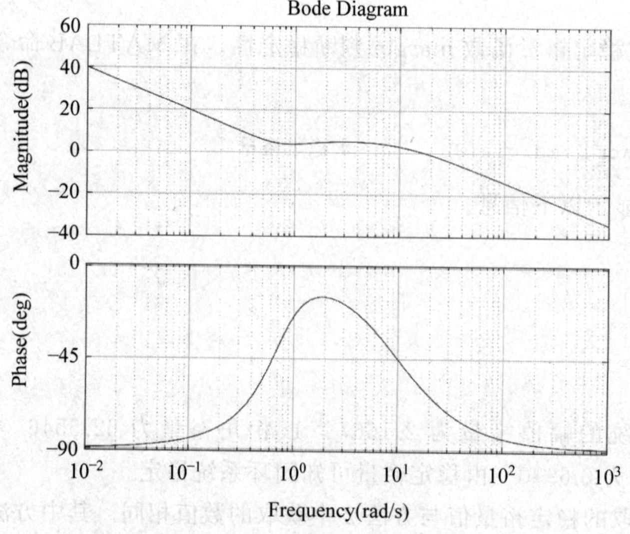

图 5-47 例 5-14 的伯德图

在工具栏中选择数据游标工具，然后选择伯德图上的某个点，将显示该点处的频率特性值，包括对数幅频特性 Magnitude(dB)，对数相频特性 Phase(deg)，当前频率 Frequency(rad/s)。拖动该点可查看其他位置的对数频率特性值，也可以按住 Shift 键再选择其他点。如图 5-48 所示，此时选择了两个点。

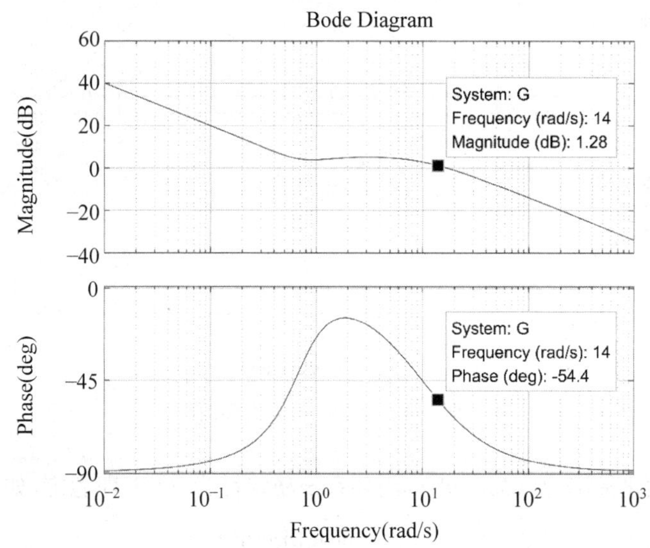

图 5-48 例 5-14 的伯德图(查看对数频率特性值)

【例 5-15】 已知单位反馈系统的开环传递函数为 $G(s)=\dfrac{2}{(s^2+s+1)(3s+1)}$，试绘制系统开环伯德图，并判断闭环系统的稳定性。

解 (1) 绘制伯德图。在 MATLAB 命令窗口中输入以下命令。

```
s=tf('s');
G=2/((s*s+s+1)*(3*s+1));   %定义传递函数模型
figure(1);                 %打开绘图窗口
bode(G);                   %绘制伯德图
grid();                    %显示网格
```

结果如图 5-49 所示。

(2) 判断闭环系统的稳定性。除利用例 5-13 中的方法来判断闭环系统的稳定性外，还可以采用以下方法判断稳定性。

方法 1：利用 MATLAB 提供的对数频率特性值进行判断。在绘制的伯德图中右击，在弹出的快捷菜单中选择 Characteristic→All Stability Margins，图中绘制出两条虚线，分别是 0dB 线和－180°线，还标出了对数幅频曲线与 0dB 线相交频率(截止频率)对应的对数相频曲线上的点，并由该点向－180°线作垂线，以及对数相频曲线与－180°线相交频率(穿越频率)对应的对数幅频曲线上的点，并由该点向 0dB 线作垂线。分别单击图中两个蓝色标记点，可以得知系统的对数幅值裕量为 6.72dB>0dB，穿越频率为 1.15rad/s，相角裕

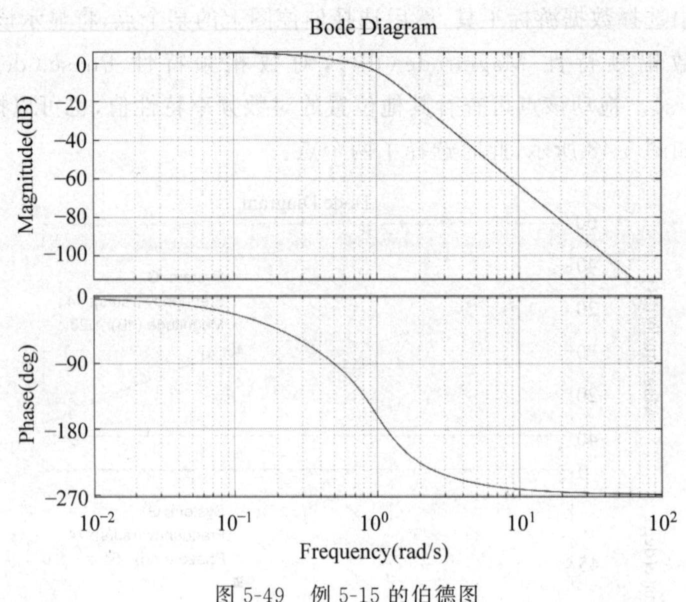

图 5-49　例 5-15 的伯德图

量为 62.6°>0°，截止频率为 0.693rad/s，闭环系统稳定性为 YES，即稳定，如图 5-50 所示。

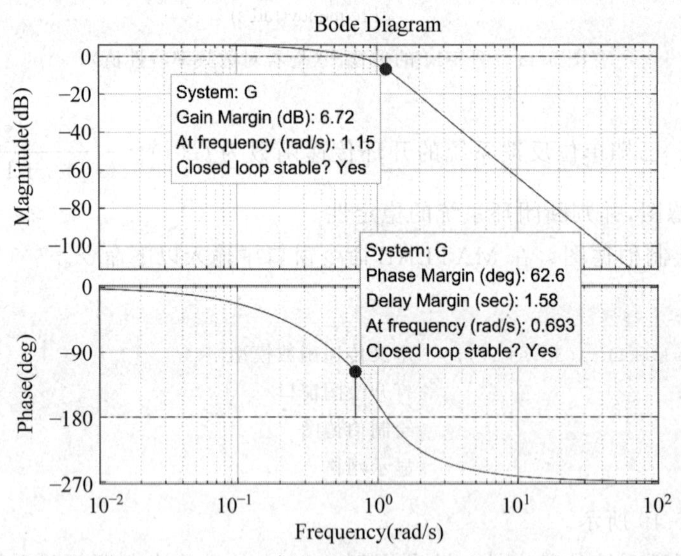

图 5-50　例 5-15 的伯德图（显示稳定裕量）

方法 2：在 MATLAB 命令窗口中输入以下命令。

```
margin(G);                      %绘制伯德图并显示稳定裕量
grid();                         %显示网格
```

结果如图 5-51 所示。

在图中可以看到稳定裕量标注在伯德图上方，根据稳定裕量判断闭环系统是稳

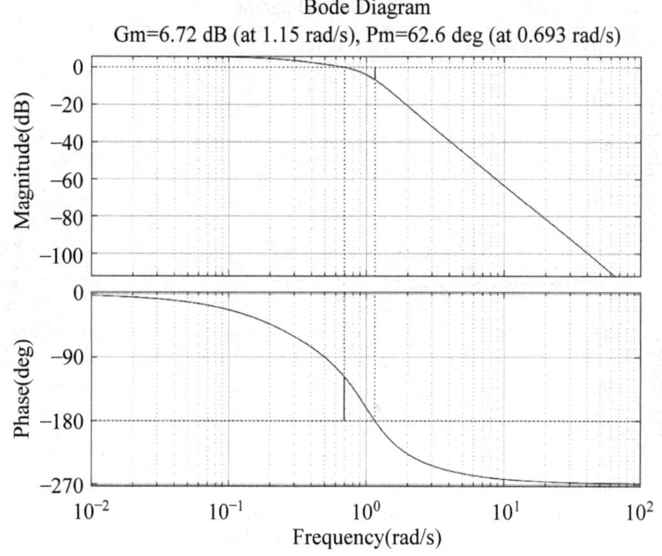

图 5-51　例 5-15 的稳定裕量图

定的。

【例 5-16】 已知二阶系统传递函数为 $G(s)=\dfrac{\omega_n^2}{s^2+2\zeta\omega_n s+\omega_n^2}$。

(1) 绘制固定 $\zeta=0.707,\omega_n=[3\ 5\ 7\ 10]$时的伯德图。

(2) 绘制固定 $\omega_n=6,\zeta=[0.1\ 0.4\ 0.6\ 0.707\ 1]$时的伯德图。

解 (1) 绘制固定 $\zeta=0.707,\omega_n=[3\ 5\ 7\ 10]$时的伯德图。在 MATLAB 命令窗口中输入以下命令。

```
zeta =0.707;
wn =[3 5 7 10];
for i =1 : length(wn)
     G=tf([wn(i) * wn(i)], [1 2 * zeta * wn(i) wn(i) * wn(i)]);
     bode(G);
     hold on;
end
```

结果如图 5-52 所示。可以看出，当 ζ 相同时，各个二阶系统的伯德图形状是一致的，只是转折频率不同。

(2) 绘制固定 $\omega_n=6,\zeta=[0.1\ 0.4\ 0.6\ 0.707\ 1]$时的伯德图。在 MATLAB 命令窗口中输入以下命令。

```
zeta =[0.1 0.4 0.6 0.707 1];
wn =6;
for i =1 : length(zeta)
     G=tf([wn * wn], [1 2 * zeta(i) * wn wn * wn]);
```

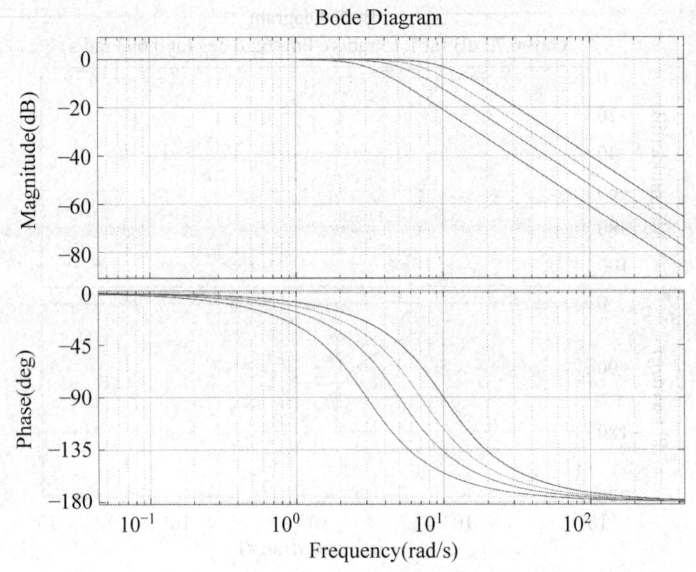

图 5-52 例 5-16 的二阶系统不同 ω_n 的伯德图

```
        bode(G);
        hold on;
    end
```

结果如图 5-53 所示。可以看出，二阶系统的伯德图形状与 ζ 值相关，当 $\zeta<0.707$ 时，对数幅频特性曲线在转折频率附近出现谐振峰值，且 ζ 越小，谐振峰值越大，它与渐近线的误差越大；对数相频特性曲线在转折频率附近，随着 ζ 的减小，曲线变得更陡峭。

【例 5-17】 已知系统的开环传递函数为 $G(s)=\dfrac{K}{s(2s+1)(s+1)}$，试讨论 K 值变化时的闭环系统稳定性。

解 (1) 先绘制 $K=1$ 时系统的奈氏图(ω 从 0→∞部分)。在 MATLAB 命令窗口中输入以下命令。

```
s=tf('s');
G0=1/(s*(2*s+1)*(s+1));        %传递函数
figure(1);
nyquist(G0);                    %绘制奈氏图
axis equal;                     %使坐标等比例
```

局部放大图像，设置奈氏图显示的频率范围，并显示幅值裕量的值，得到如图 5-54 所示的结果。可以确定 $K=1$ 时的对数幅值裕量 $K_g=3.52\text{dB}$，此时闭环系统是稳定的。

(2) 计算临界点的 K 值。在 MATLAB 命令窗口中输入以下命令。

```
Kg=power(10, 3.52/20)
```

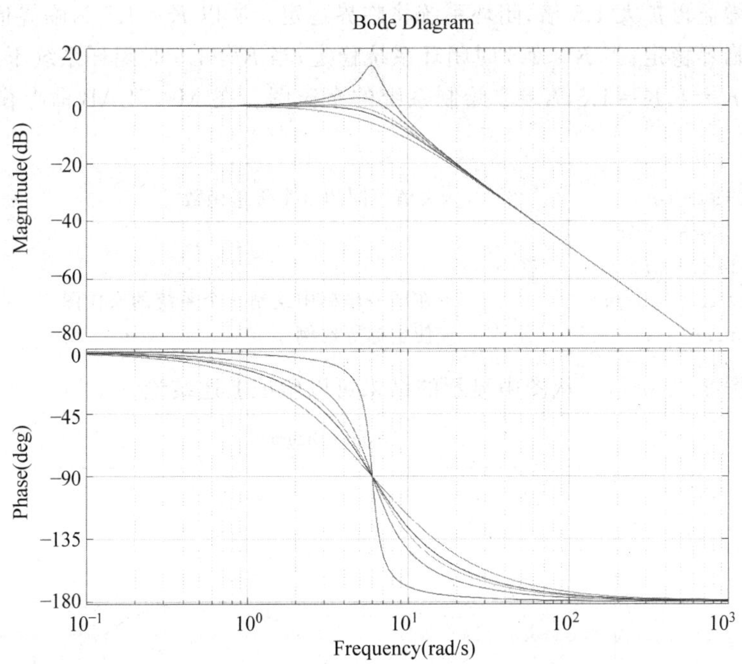

图 5-53　例 5-16 的二阶系统不同 ζ 的伯德图

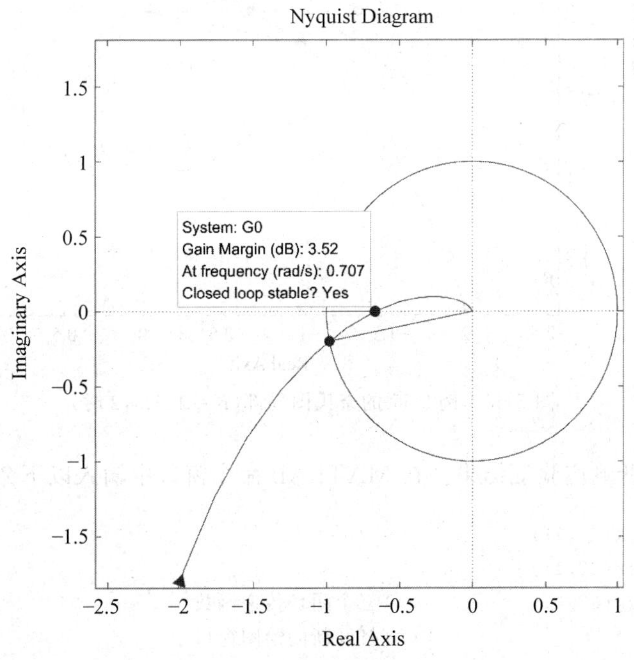

图 5-54　例 5-17 的奈氏图局部($K=1$ 时)

其中,power(x,y)函数的功能是计算 x^y 的值。

得到幅值裕量 $K_g=1.4997$。不妨取 $K_g=1.5$,根据幅值裕量的物理意义,可知当前系统的开环增益再扩大 1.5 倍，闭环系统将临界稳定。所以 $K=1.5$ 为临界值，当 $K=1.5$ 时闭环系统临界稳定；当 $K<1.5$ 时闭环系统稳定；当 $K>1.5$ 时闭环系统不稳定。

分别取 $K=1,K=1.5,K=2$ 绘制系统的奈氏图。在 MATLAB 命令窗口中输入以下命令。

```
K1=1;G1=K1 * G;                   %K 值不同的 3 个传递函数
K2=1.5; G2=K2 * G;
K3=2; G3=K3 * G;
nyquist(G1,G2,G3);                %在同一坐标中绘制 3 个系统的奈氏图
axis equal;                       %使坐标等比例
```

结果如图 5-55 所示。从图中显示的结果可以验证上述结论。

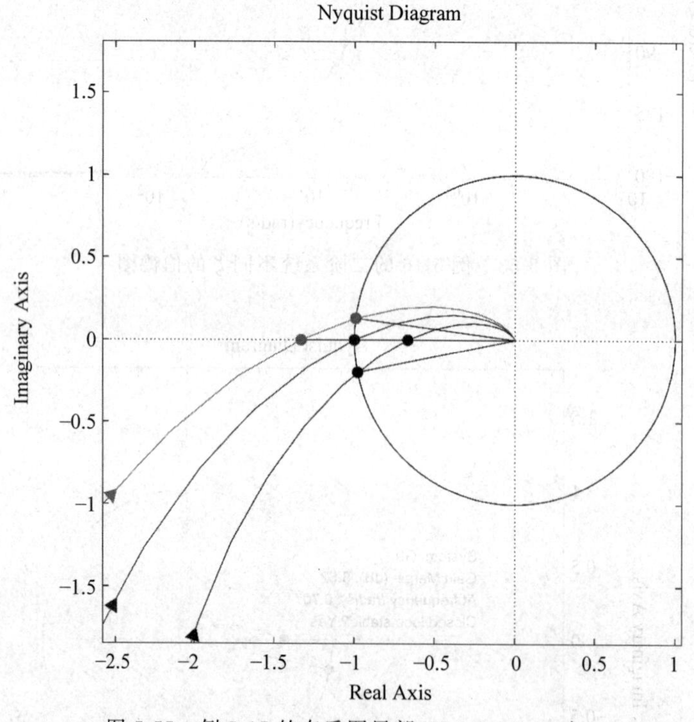

图 5-55 例 5-17 的奈氏图局部($K=1,1.5,2$ 时)

(3) 通过阶跃响应验证结果。在 MATLAB 命令窗口中输入以下命令。

```
Gc1=feedback(G1,1);
Gc2=feedback(G2,1);
Gc3=feedback(G3,1);               %三个闭环传递函数
figure(2);                        %打开新的绘图窗口
subplot(1,3,1); step(Gc1);        %绘制三个系统的阶跃响应
subplot(1,3,2); step(Gc2);
subplot(1,3,3); step(Gc3);
```

结果如图 5-56 所示。

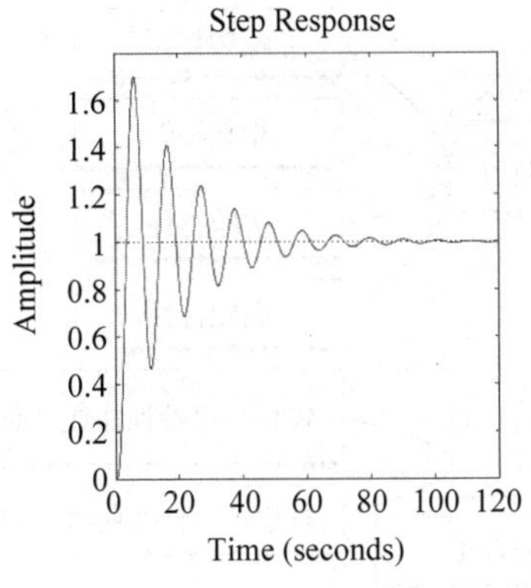

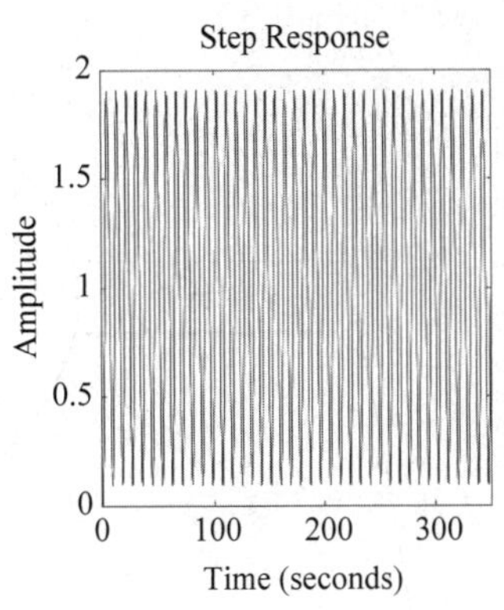

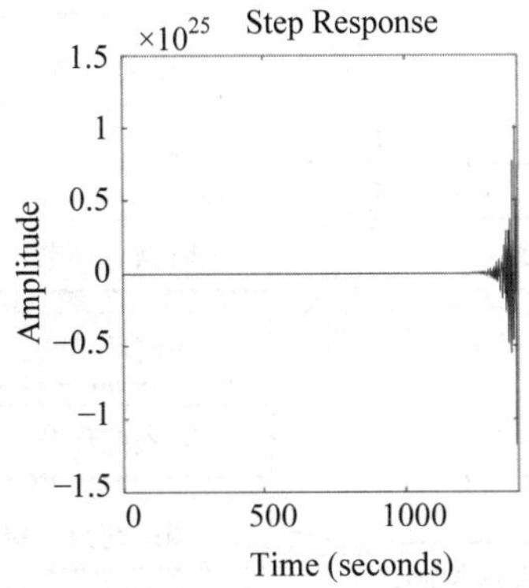

图 5-56　例 5-17 的闭环阶跃响应曲线（$K=1,1.5,2$ 时）

5.6　本章小结

频域分析法是一种采用图解方式分析系统的方法，利用系统的开环频率特性曲线来分析闭环系统的稳定性、快速性和稳态精度等性能。频率特性也是控制系统的一种数学模型，常用的频率特性曲线包括奈奎斯特图和伯德图。

频域分析法中对系统稳定性的判定，可依据奈奎斯特稳定判据或对数稳定判据。相对稳定性采用稳定裕量（包括幅值裕量 γ 和相角裕量 K_g）来定量衡量，这两个指标一般要同时采用。用频率曲线分析系统性能时，常将开环频率特性曲线分为低、中、高三个频段，低频段反映了系统的稳态精度，中频段主要表征系统的动态性能（快速性和平稳性），高频段反映了系统的抗干扰能力。对于最小相位系统，其开环对数幅频特性与开环对数相频特性之间存在一一对应的关系，而非最小相位系统则不然。

借助 MATLAB 提供的强大功能，可以方便准确地绘制奈奎斯特图和伯德图，获取系统的稳定裕量。要借助 MATLAB 辅助进行系统频域分析，需要熟练掌握 MATLAB 绘制频率特性曲线相关函数的用法。

本章思维导图如图 5-57 所示。

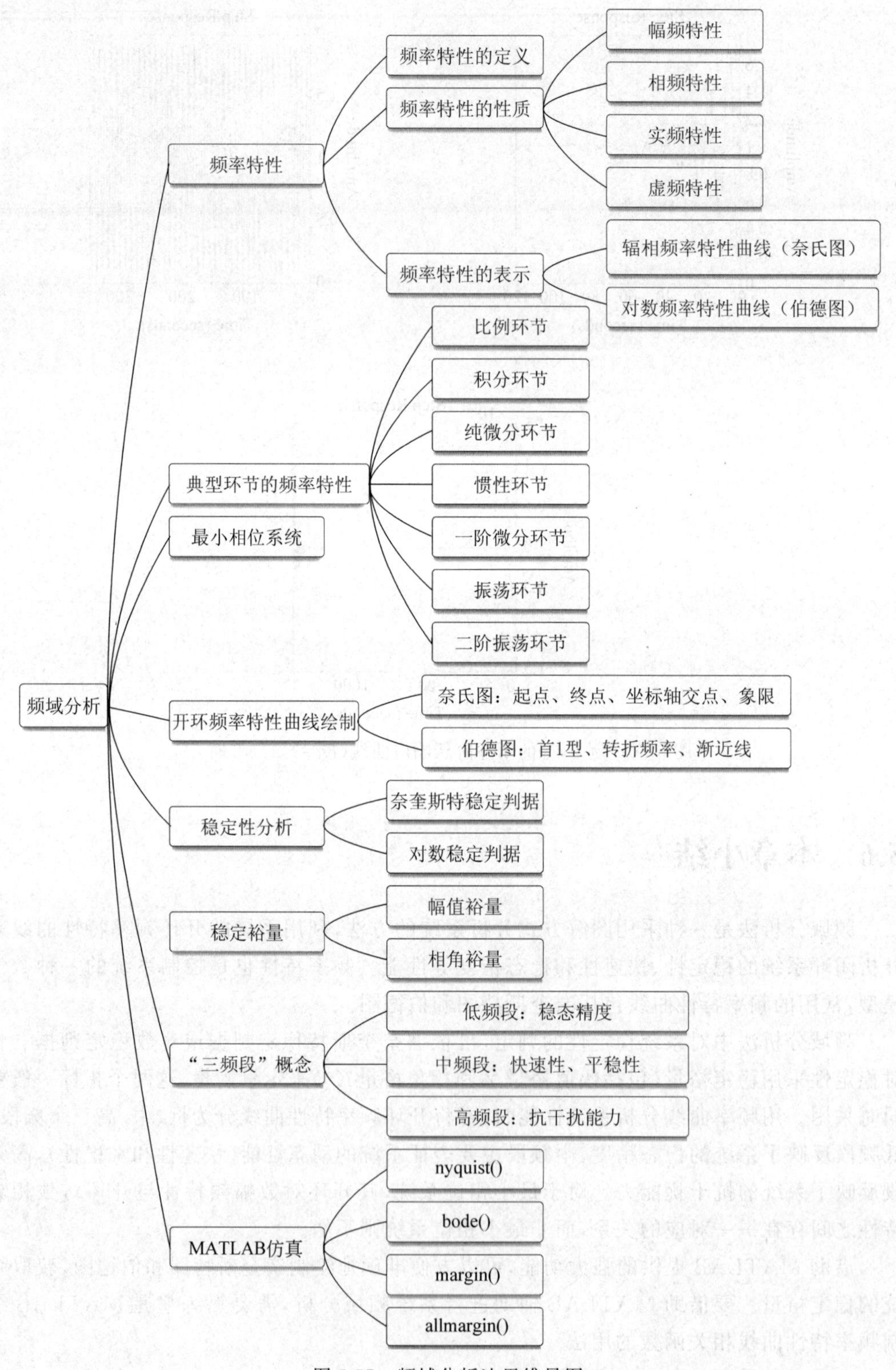

图 5-57　频域分析法思维导图

5.7　习题

一、判断题

1. 频率特性仅适用于线性定常系统。　(　　)

2. 线性定常系统在正弦信号作用下，系统稳态输出与输入存在一一对应关系。　(　　)

3. 系统的输出振幅与输入振幅之比称为幅频特性。　(　　)

4. 频率特性只取决于系统的结构，与外界输入和初始条件无关。　(　　)

5. 若奈氏图顺时针包围(−1,j0)点，则闭环系统一定稳定。　(　　)

6. 开环对数幅频特性曲线低频段的形状只取决于系统的开环增益 K 和积分环节数目。　(　　)

7. 幅值裕度反映的是开环传递函数的奈氏图与负实轴相交时的幅值。　(　　)

8. 在对数频率特性图中，纵坐标和横坐标轴的刻度都是不均匀的。　(　　)

9. 奈奎斯特稳定判据利用开环频率特性来分析闭环系统稳定性。　(　　)

二、单项选择题

1. 对于稳定的线性定常系统，当输入一个频率为 ω 的正弦信号时，系统到达稳态后的系统输出是(　　)。

A. 和输入同频率的正弦信号，相位会随 ω 变化而变化，但幅值不会变

B. 和输入同频率的正弦信号，幅值和相位随 ω 变化而变化

C. 和输入不同频率的正弦信号，但幅值和相位会随 ω 变化而变化

D. 和输入同频率的正弦信号，幅值会随 ω 变化而变化，但相位不会变

2. 输出信号与输入信号的相位差随频率变化的关系是(　　)。

A. 幅频特性　　B. 频率响应函数

C. 传递函数　　D. 相频特性

3. 积分环节的幅频特性，其幅值和频率成(　　)关系。

A. 指数　　B. 反比　　C. 正比　　D. 不定

4. 某环节传递函数为 $G(s)=\dfrac{100s+1}{10s+1}$，则其频率特性的奈氏图终点坐标为(　　)。

A. (1,j1)　　B. (10,j0)　　C. (1,j0)　　D. (0,j0)

5. 已知开环传递函数 $G(s)$ 经反馈控制后获得闭环稳定，当频率 ω 从 $0^+\to\infty$ 时 $G(s)$ 的奈氏图围绕(−1,j0)点逆时针旋转 1 圈，则 $G(s)$ 的不稳定极点有(　　)个。

A. 3　　B. 1　　C. 2　　D. 0

6. 设系统的频率特性为 $G(\mathrm{j}\omega)=R(\omega)+\mathrm{j}I(\omega)$，则相频特性为(　　)。

A. $\arctan\dfrac{I(\omega)}{R(\omega)}$　　B. $\dfrac{I(\omega)}{R(\omega)}$　　C. $\arctan\dfrac{R(\omega)}{I(\omega)}$　　D. $\dfrac{R(\omega)}{I(\omega)}$

7. 在绘制型别为 v 的开环系统伯德图时，低频段渐近线斜率为(　　)dB/dec。

A. $-20v$　　B. $10v$　　C. $-10v$　　D. $20v$

8. 判别一个系统是否稳定有多种方法,其中不包括(　　)。

A. 奈奎斯特稳定判据法

B. 劳斯稳定判据法

C. 拉普拉斯变换

D. 闭环传递函数特征根均在 s 左半平面

9. 增加开环增益,系统的开环对数幅频特性曲线将(　　),相频特性曲线(　　)。

A. 上移,不变　　B. 不变,不变　　C. 下移,不变　　D. 上移,下移

10. 如果开环传递函数没有极点位于 s 右半平面,那么闭环系统的稳定的充要条件是:开环频率特性不包围(　　)这一点,幅相频率特性越接近这一点,系统稳定程度(　　)。

A. (+1,j0),越差　　B. (−1,j0),越好

C. (+1,j0),越好　　D. (−1,j0),越差

11. Ⅰ型系统的开环幅相频率特性曲线起始于(　　)。

A. 坐标系负虚轴的无穷远处　　B. 坐标系正虚轴的无穷远处

C. 坐标系负实轴的无穷远处　　D. 坐标系正实轴的无穷远处

12. 若开环系统是稳定的,即位于 s 右半平面的开环极点数 $P=0$,则闭环系统稳定的充要条件是:当 ω 从 $-\infty \to +\infty$ 时,开环频率特性包围(−1,j0)点(　　)圈。

A. −1　　B. +1　　C. 0　　D. +2

13. 一阶微分环节的对数幅频特性和相频特性与惯性环节的相应特性互以(　　)线为镜像。

A. 0°　　B. 45°　　C. 225°　　D. 90°

14. 理想的频率特性应该有(　　)的相位裕度。

A. 较小　　B. 较大　　C. 任意　　D. 不确定

15. 若希望系统的响应速度更快,则系统应该有(　　)的穿越频率 ω_c。

A. 任意　　B. 小一点　　C. 大一点　　D. 不确定

16. 一阶惯性系统 $G(s)=\dfrac{1}{s+2}$ 的转折频率为(　　)。

A. 1　　B. 0　　C. 2　　D. 0.5

17. 开环对数幅频特性的低频段决定了系统的(　　)。

A. 快速性　　B. 稳定裕度　　C. 稳态精度　　D. 抗干扰性能

18. 闭环系统的动态性能主要取决于开环对数幅频特性的(　　)。

A. 开环增益　　B. 低频段　　C. 高频段　　D. 中频段

19. 奈奎斯特稳定判据是利用系统的(　　)来判断闭环系统稳定性的一个判别准则。

A. 开环幅值频率特性　　B. 开环幅相频率特性

C. 闭环幅相频率特性　　D. 开环相角频率特性

20. 二阶振荡环节对数幅频特性高频段的渐近线斜率为(　　)dB/dec。

A. 0　　B. 20　　C. −40　　D. −20

三、多项选择题

1. 表征系统相对稳定性的重要指标有(　　)。

A. 相位裕量　　B. 幅值裕量　　C. 幅频裕量　　D. 相频裕量

2. 下面表述正确的有(　　)。

A. 开环对数幅频特性的截止频率越大，响应速度越快

B. 开环对数幅频特性的低频段主要反映了系统的稳态性能

C. 开环对数幅频特性的高频段主要反映了系统的抗干扰能力

D. 开环对数幅频特性的中频段主要反映了系统动态响应的平稳性和快速性

3. 下列说法正确的有(　　)。

A. 在伯德图中，横坐标是以频率 ω 的对数值进行线性分度的

B. 伯德图是由两张图组成的

C. 在对数幅频特性中，纵坐标的单位是分贝(dB)

D. 在伯德图中，频率 ω 的数值每变化 10 倍，横坐标变化 0.301 单位长度

四、综合题

1. 求下列传递函数的频率特性、幅频特性、相频特性、实频特性和虚频特性。

(1) $G_1(s)=\dfrac{5}{30s+1}$　　(2) $G_2(s)=\dfrac{1}{s(0.1s+1)}$

2. 某系统的开环传递函数为 $G(s)=\dfrac{10}{s(2s+1)}$，试概略绘制该系统的开环奈氏图。

3. 已知某系统的开环传递函数为 $G(s)=\dfrac{4s+1}{s^2(s+1)(2s+1)}$，试概略绘制系统的开环对数幅频特性图。

4. 已知某最小相位系统的开环对数幅频特性渐近线如图 5-58 所示，写出系统的开环传递函数，并粗略绘制其开环奈氏图。

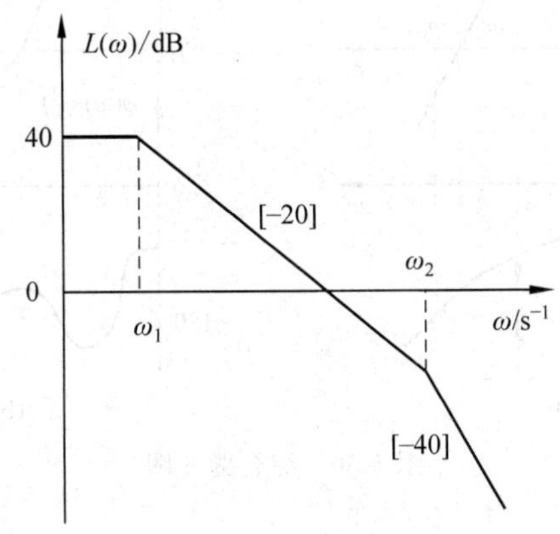

图 5-58　综合题 4 图

5. 设系统的开环奈氏图如图 5-59 所示，分别判断系统的稳定性。其中 P 为开环传递函数在 s 右半平面的极点数，v 为积分环节个数。

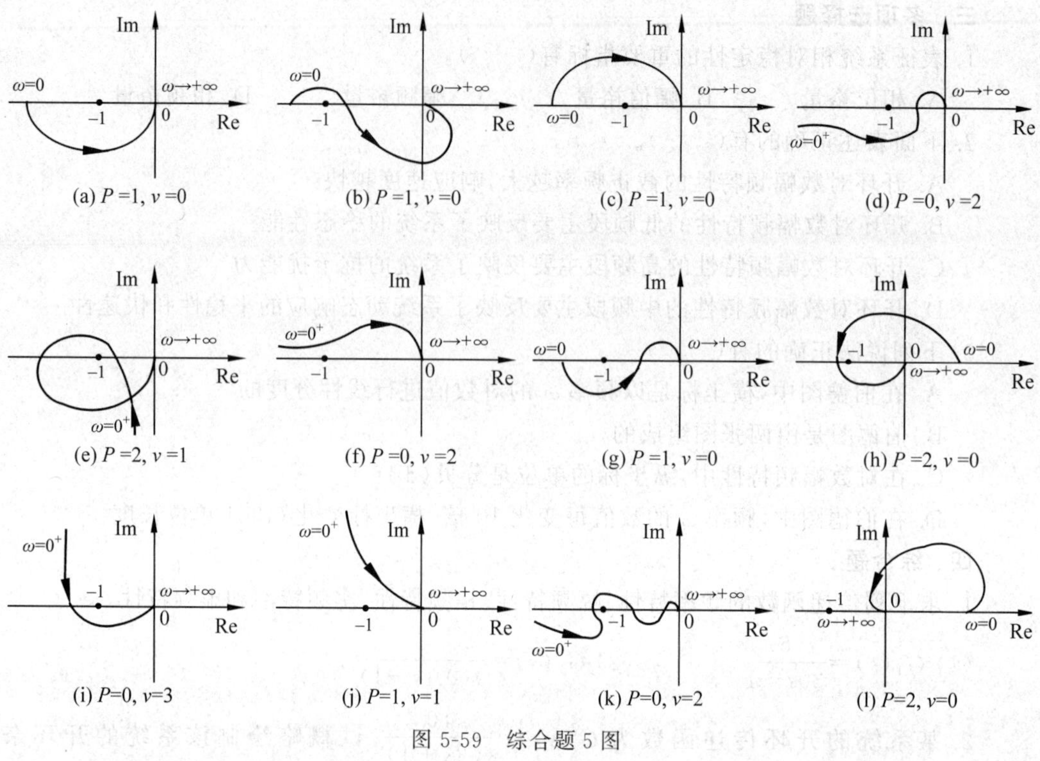

图 5-59　综合题 5 图

6. 系统的开环伯德图和开环正实部极点个数 P 如图 5-60 所示，试判断各个闭环系统的稳定性。

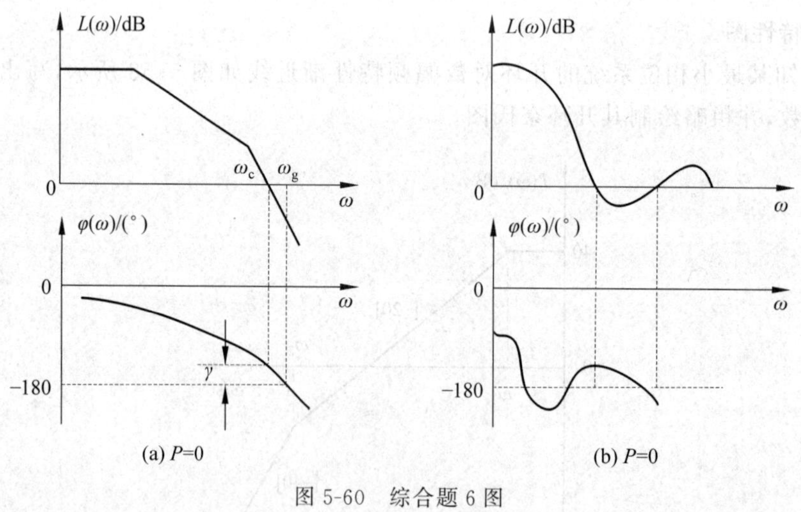

图 5-60　综合题 6 图

7. 已知某最小相位系统的对数幅频特性曲线如图 5-61 所示，试确定系统的开环传递函数。

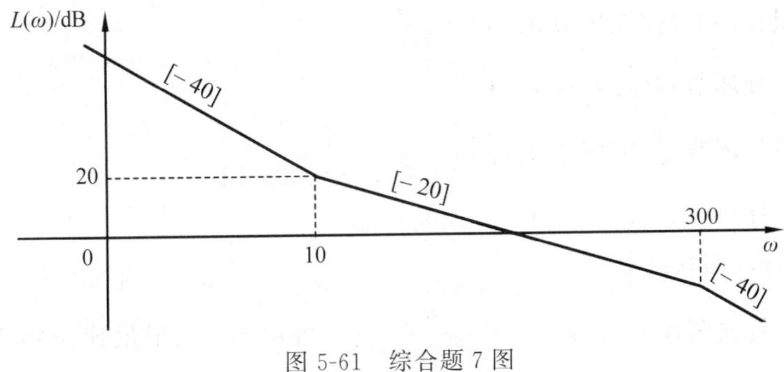

图 5-61　综合题 7 图

5.8　基于 MATLAB 的频域分析综合仿真实验

1. 实验目的

(1) 熟练掌握使用 MATLAB 绘制系统开环传递函数的伯德图和奈奎斯特图。

(2) 掌握利用伯德图和奈奎斯特图对系统性能进行分析的基本方法。

(3) 掌握利用 MATLAB 计算系统稳定裕量的方法。

2. 实验原理

(1) 频域分析法通常从频率特性出发对系统进行研究。通常把频率特性绘制成一些曲线,这些曲线包括幅频特性曲线、相频特性曲线、幅相频率特性曲线、对数频率特性曲线以及对数幅相曲线等,其中以幅相频率特性曲线(奈奎斯特图)和对数频率特性曲线(伯德图)应用最为广泛。

(2) 对于最小相位系统,幅频特性和相频特性之间存在一一对应关系,故根据对数幅频特性,可以唯一确定相应的相频特性和传递函数。

(3) 根据系统的开环频率特性可以判断闭环系统的性能。例如通过奈奎斯特稳定判据与对数稳定判据判定系统稳定性,通过奈奎斯特图与伯德图获取稳定裕量。

根据系统的开环频率特性去判断闭环系统的性能,能较方便地分析系统参量对系统性能的响应,指出改善系统性能的途径。

3. 实验内容

(1) 系统开环传递函数为 $G(s)=\dfrac{10}{s(s+2)(s+3)}$,在 SIMULINK 中获取输入幅值 $A_r=1$,频率分别为 $\omega=0.5,1,2,4$ 四种正弦信号时的输出曲线,截图并比较分析输出结果,理解频率特性的概念。

(2) 绘制并掌握 7 个基本环节的奈奎斯特图和伯德图。

① 比例环节 $G(s)=20$。

② 纯积分环节 $G(s)=\dfrac{1}{s}$。

③ 纯微分环节 $G(s)=s$。

④ 一阶积分环节(惯性环节)$G(s)=\frac{1}{2s+1}$。

⑤ 一阶微分环节 $G(s)=2s+1$。

⑥ 二阶积分环节(振荡环节)$G(s)=\frac{1}{0.04s^2+0.08s+1}$。

⑦ 二阶积分环节 $G(s)=0.04s^2+0.08s+1$。

(3) 频率特性曲线绘制。

① 绘制二阶振荡环节 $G(s)=\frac{\omega_n^2}{s^2+2\zeta\omega_n s+\omega_n^2}$当 $\omega_n=10$、阻尼比分别为 1,0.8,0.5,0.2,0.1 时的奈奎斯特图与伯德图。在两张图中分别标出阻尼比为 1 和 0.1 时的两条曲线,观察并分析曲线随阻尼比变化的情况。

② 绘制最小相位系统 $G_1(s)=\frac{1+s}{1+2s}$和非最小相位系统 $G_2(s)=\frac{1-s}{1+2s}$的伯德图,并比较它们之间的差异。

(4) 稳定性分析。

① 已知系统的开环传递函数为 $G(s)=\frac{2s+3}{s^3+2s^2+5s+7}$,利用奈氏图来判断闭环系统的稳定性,并绘制闭环系统的阶跃响应曲线进行验证。如果系统稳定,进一步求其稳定裕量。

② 已知系统的开环传递函数为 $G(s)=\frac{s+1}{s^2(s^2+2.5s+9)}$,利用奈氏图来判断闭环系统的稳定性,并绘制闭环系统的阶跃响应曲线进行验证。如果系统稳定,进一步求其稳定裕量。

③ 已知系统开环传递函数为 $G(s)=\frac{k}{s(4s+1)(s+1)}$,分别绘制 $k=0.5,1,2$ 时系统的开环奈氏图,观察 k 值与系统稳定性的关系。确定临界稳定时的 k 值,并确定使系统闭环稳定的 k 的取值范围。

第 6 章 控制系统的校正

学习目标

- 理解控制系统校正的基本概念和含义。
- 掌握串联校正、反馈校正、复合校正的基本思路。
- 掌握超前、滞后、滞后—超前校正,以及利用开环对数幅频特性曲线进行串联校正(重点掌握)的思想。
- 掌握 PID 控制的特点。
- 掌握利用 MATLAB 进行控制系统校正的方法。

在实际工程控制问题中,如果控制系统的性能指标不能满足要求,就必须在系统原有结构的基础上引入新的附加环节,以同时改善系统稳态性能和动态性能。这种通过添加新环节来改善系统性能的过程称为对控制系统的校正。系统校正的实质表现为修改描述系统运动规律的数学模型。本章介绍控制系统校正的基本问题,并介绍基于 MATLAB 对控制系统进行校正的基本方法。

6.1 控制系统校正概述

6.1.1 校正的基本概念

控制系统校正是指在已定系统不可变部分(如受控对象、执行器等)的基础上,加入一些装置(称为校正装置、调节器、控制器等),使系统的稳态性能和动态性能满足预先确定的性能指标要求。

一般来说,如图 6-1 所示的系统原有部分虽然具有自动控制功能,但其性能可能无法满足设计的要求。例如,若要满足稳态精度的要求,就必须增大系统的开环增益,而开环增益的增大将会导致系统动态性能变差,如振荡加剧、超调量增大,甚至会产生不稳定现象。为了使系统同时满足稳态性能和动态性能指标的要求,需要在系统中引入一个专门用于改善系统性能的附加装置,这个附加

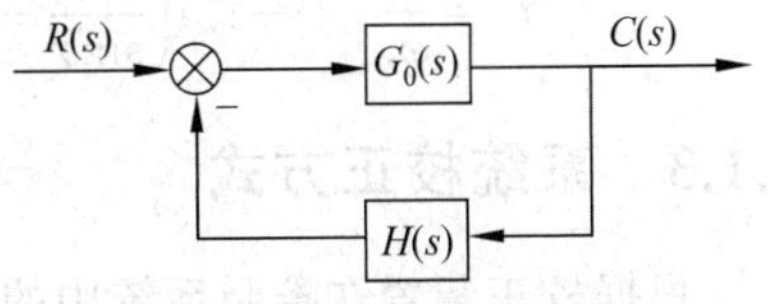

图 6-1 控制系统原有部分

装置就是校正装置，从而使系统性能全面改善，满足设计要求。

校正是指在系统原有部分的基础上，加入一些参数或结构可根据需要改变的校正装置，使整个系统的特性发生变化，从而满足给定的各项性能指标要求。

6.1.2 控制系统的性能指标

控制系统的性能指标通常包括稳态性能指标和动态性能指标两类。

(1) 稳态性能指标表征了系统的控制精度。主要的稳态性能指标有：稳态误差 e_{ss}、静态位置误差系数 K_p、静态速度误差系数 K_v、静态加速度误差系数 K_a 等。

(2) 动态性能指标表征了系统动态响应的品质，它一般以下面两种形式给出。

① 时域性能指标：最大超调量 $\sigma(\%)$、调节时间 t_s 等。

② 频域性能指标：相位裕量 γ、幅值裕量 K_g、截止频率 ω_c 等。

上述时域性能指标和频域性能指标从不同角度表示了系统的同一性能。如 t_s、ω_c 直接或间接地反映了系统动态响应的状况；$\sigma(\%)$、γ 直接或间接地反映了系统动态响应的振荡程度。它们之间存在内在的联系。在实际使用中，时域指标具有直观、便于检测的优点，通常在采用根轨迹法时使用。而在采用频率分析法时，通常使用频域性能指标。为了使性能指标能够适应不同的设计方法，往往需要在性能指标之间进行相互转换。

对于二阶系统，指标之间的转换可以通过阻尼比 ζ 和自然振荡角频率 ω_n 两个参数用准确的数学公式表示。

(1) 时域指标：

$$t_s = \frac{3}{\zeta\omega_n} \quad (\Delta = 0.05)$$

$$\sigma = e^{\frac{-\zeta\pi}{\sqrt{1-\zeta^2}}} \times 100\%$$

(2) 频域指标：

$$\omega_c = \omega_n\sqrt{\sqrt{1+4\zeta^4} - 2\zeta^2}$$

$$\gamma = \arctan\frac{2\zeta}{\sqrt{\sqrt{1+4\zeta^4} - 2\zeta^2}}$$

对于高阶系统，时域指标与频域指标之间有以下近似的关系。

$$\sigma = 0.16 + 0.4\left(\frac{1}{\sin\gamma} - 1\right) \quad (35° \leqslant \gamma \leqslant 90°)$$

$$t_s = \frac{\pi}{\omega_c}\left[2 + 1.5\left(\frac{1}{\sin\gamma} - 1\right) + 2.5\left(\frac{1}{\sin\gamma} - 1\right)^2\right] \quad (35° \leqslant \gamma \leqslant 90°)$$

6.1.3 系统校正方式

根据校正装置在控制系统中的位置，控制系统的校正方式可以分为多种，其中最基本的有串联校正、反馈校正和复合校正。

1. 串联校正

将校正装置 $G_c(s)$ 接在前向通道之中，形成串联校正，如图 6-2 所示。串联校正结构简单，易于实现。利用串联校正可以实现各种控制规律，以改善系统的性能。

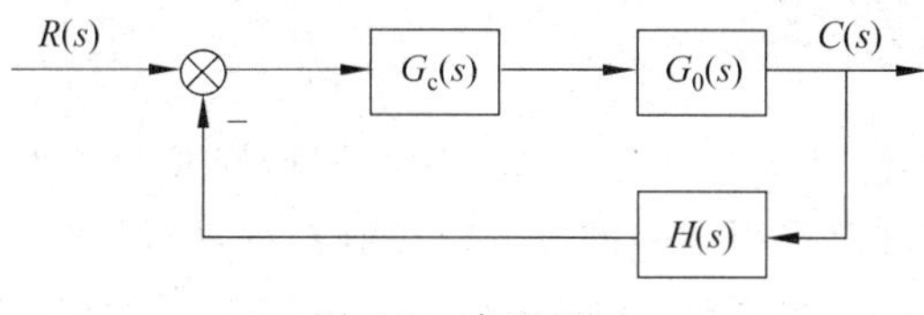

图 6-2　串联校正

2. 反馈校正

反馈校正也称为并联校正，是指将校正装置 $G_c(s)$ 接在系统的局部反馈通道中，与系统不可变部分或不可变部分中的一部分 $G_{02}(s)$ 构成反馈连接的方式，如图 6-3 所示。反馈校正具有减小参数变化和非线性因素对系统性能影响的作用，可以提高系统相对稳定性。

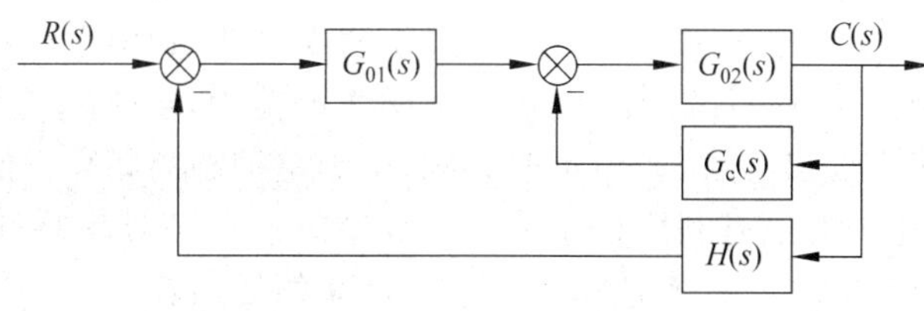

图 6-3　反馈校正

3. 复合校正

复合校正是指在反馈控制回路中加入前馈校正装置。它有两种形式：①将前馈校正装置 $G_c(s)$ 接在给定值之后，直接送入反馈系统的前向通道，如图 6-4(a)所示；②将前馈校正装置 $G_c(s)$ 接在系统可测扰动作用点与误差测量点之间，如图 6-4(b)所示。在一些既要求稳态误差小，又要求动态响应平稳、快速的系统中，复合校正经常被使用。

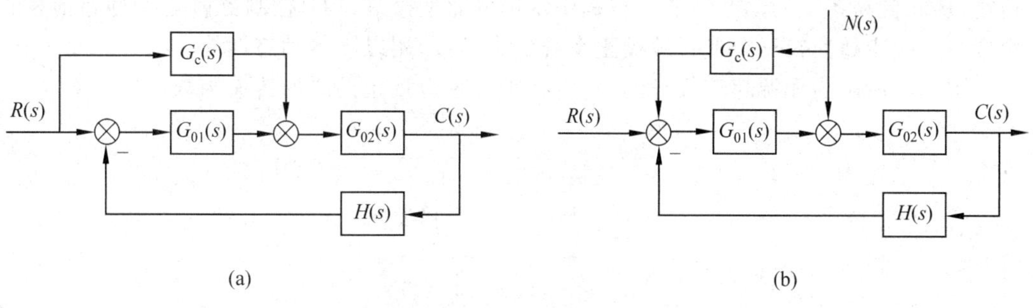

图 6-4　复合校正

在系统的设计中，究竟采用哪种校正方式，取决于系统中的信号性质、技术实现的方便性、可供选择的元件、抗干扰性、经济性、使用环境条件以及设计者的经验等因素。一般来说，对于一个具体的单输入单输出线性系统，通常采用串联校正和反馈校正。其中串联校正比较简单，易于实现，所以工程实际中应用较多。

6.2 常用校正方法

控制系统的稳态性能和动态性能可以使用时域指标或频域指标来描述。根据给定的性能指标的不同形式,可以采用不同的方法对控制系统进行校正。一般情况下,控制系统的性能指标常以相位裕量、幅值裕量、截止频率等频域指标给出,因此通常采用频域法对系统进行校正。

用频域法对系统进行校正的基本思路是:通过所加的校正装置,改变系统开环频率特性的形状,使系统满足性能指标要求。控制系统的开环频率特性的形状反映了系统的性能指标,即要求校正后系统的开环频率特性具有以下特点。

(1) 低频段反映了闭环系统的稳态性能。要求低频段有一定的高度和斜率,以满足稳态精度的要求,因此校正后的系统应是Ⅰ型或Ⅱ型。

(2) 中频段反映了闭环系统的动态性能,要求中频段的截止频率 ω_c 足够大,以满足快速性要求;幅频特性的斜率为−20dB/dec,并具有较宽的频带,以满足相对稳定性的要求。

(3) 高频段反映了闭环系统的阶次和抑制噪声的能力,要求高频段具有足够的负斜率,一般小于或等于−40dB/dec,幅值迅速衰减,以满足抑制高频噪声的要求。

频域法串联校正的实质是利用校正装置改变系统的开环频率特性,使之符合系统设计性能指标对三频段的要求,从而达到改善系统性能的目的。

根据校正装置的频率特性不同,串联校正可分为超前校正、滞后校正、滞后—超前校正三种方法。

6.2.1 串联超前校正

1. 超前校正装置的特性

如果一个串联校正装置的对数幅频特性曲线有正斜率,相频特性曲线具有正相角,则称其为超前校正装置。超前校正就是利用超前校正装置引入正的相角,增加系统的相位裕量,从而提高系统的动态性能。工程中常用的比例微分(PD)控制器就是一种超前校正装置。一般将超前校正配置在被校正系统的中频段,用以改善动态性能。

图 6-5 所示为无源超前校正网络,由此推导超前校正网络的传递函数。

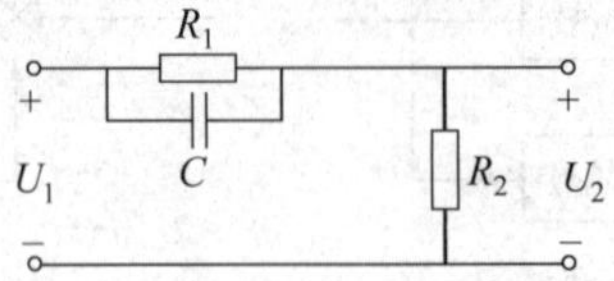

R1 C R2 U1 U2 + − + −

图 6-5 超前校正网络

$$\frac{U_2(s)}{U_1(s)}=\frac{R_2}{R_2+\dfrac{R_1\cdot 1/Cs}{R_1+1/Cs}}=\frac{R_2+R_1R_2Cs}{R_1+R_2+R_1R_2Cs}$$

令 $\alpha=\dfrac{R_1+R_2}{R_2}>1,T=\dfrac{R_1R_2}{R_1+R_2}C$,可得

$$\frac{U_2(s)}{U_1(s)}=\frac{1}{\alpha}\cdot\frac{\alpha Ts+1}{Ts+1}$$

系统的开环增益下降到原增益的$\frac{1}{\alpha}$,因此在使用无源超前校正装置时,必须设置一个增益为 α 的放大器以补偿校正装置对信号的衰减。

假设该装置的衰减作用已被系统中的其他放大器所补偿,则超前校正的传递函数可写为

$$G_c(s)=\frac{\alpha Ts+1}{Ts+1}\quad(\alpha>1)$$

其对数幅频特性和相频特性为

$$L_c(\omega)=20\lg|G_c(j\omega)|=20\lg\sqrt{(\alpha T\omega)^2+1}-20\lg\sqrt{(T\omega)^2+1}$$

$$\varphi_c(\omega)=\arctan\alpha T\omega-\arctan T\omega=\arctan\frac{(\alpha-1)T\omega}{\alpha(T\omega)^2+1}>0$$

绘制其对数幅频特性曲线和对数相频特性曲线(即伯德图),如图 6-6 所示。

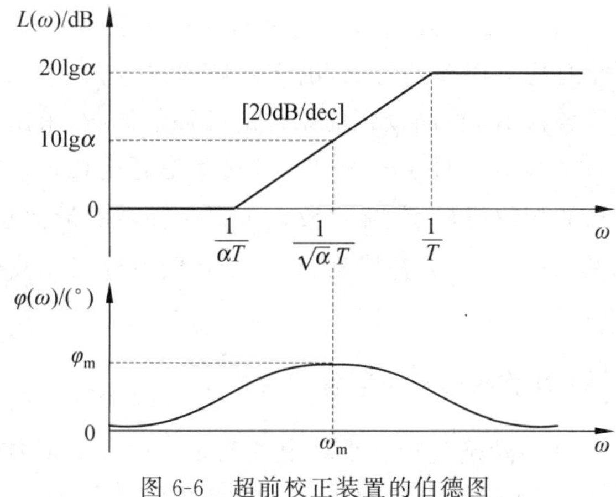

图 6-6　超前校正装置的伯德图

显然,超前校正装置对频率在$\frac{1}{\alpha T}$到$\frac{1}{T}$之间的输入信号有明显的微分作用。在该频率范围内,输出信号的相位超前于输入信号的相位,超前校正也由此得名。观察图 6-6 可以发现,在最大超前频率 ω_m 处,出现最大超前相位 φ_m,且 ω_m 正好处于频率$\frac{1}{\alpha T}$到$\frac{1}{T}$的几何中心位置,其中最大超前相角 φ_m 和所对应的最大超前频率 ω_m 分别为

$$\omega_m=\frac{1}{\sqrt{\alpha}\,T}$$

$$\varphi_m=\arctan\frac{\alpha-1}{2\sqrt{\alpha}}=\arcsin\frac{\alpha-1}{\alpha+1}$$

或写成

$$\alpha=\frac{1+\sin\varphi_m}{1-\sin\varphi_m}$$

由此可知,最大超前相位 φ_m 仅与系数 α 有关,α 越大,φ_m 越大,超前校正装置的微分

效应越强。但 α 的值受到超前校正系统物理结构的限制，通常最大取 20 左右，这意味着超前校正装置可以产生的最大超前相位大约为 65°。此外，在 φ_m 处的对数幅值为

$$L_c(\omega_m)=10\lg\alpha$$

2. 基于伯德图的超前校正

采用伯德图设计超前校正装置优于其他方法的原因是，在伯德图的对数幅频特性曲线上，幅频特性相乘的关系变成了相加的关系，这样，对于串联校正，只要将超前校正装置的对数幅频特性加到校正前系统的对数幅频特性曲线上，就可以得到校正后系统的对数幅频特性曲线。

串联超前校正的基本原理是：利用超前校正装置的相位超前特性，为了获得最大的相位超前量，应使最大超前相位 φ_m 发生在校正后系统的截止频率 ω_c 处，即 $\omega_m=\omega_c$，使校正后的系统相位裕量得到提高，从而改善系统的动态性能。

设校正前系统的开环传递函数为 $G_0(s)$，要求达到的稳态误差、截止频率、相位裕量、幅值裕量指标分别为 e_{ss}^*、ω_c^*、γ^*、K_g^*，设计超前校正的一般步骤可以归纳如下。

(1) 根据稳态性能对稳态误差的要求，确定开环增益 K。

(2) 由确定的开环增益 K，绘制校正前系统的开环伯德图，求出校正前系统的截止频率 ω_{c0}、相位裕量 γ_0，当 $\omega_{c0}<\omega_c^*$ 且 $\gamma_0<\gamma^*$ 时，首先考虑超前校正。

(3) 按照设计要求的相位裕量 γ^* 确定校正装置应提供的最大超前相位 φ_m，即 $\varphi_m=\gamma^*-\gamma_0+(5°\sim15°)$，其中 5°～15°为补偿角，是为了补偿因校正后截止频率增大而引起的相角损失。

(4) 由 $\alpha=\dfrac{1+\sin\varphi_m}{1-\sin\varphi_m}$计算超前校正装置的参数 α。

(5) 根据 $L_c(\omega_m)=10\lg\alpha$ 确定校正后系统的截止频率 ω_c。具体的做法是：确定校正前系统的对数幅值等于 $-10\lg\alpha$ 时对应的频率，选择此频率作为校正后系统的截止频率 ω_c，该频率应该等于 ω_m。如果该频率小于设计指标要求的 ω_c^*，校正后系统的截止频率可取为 $\omega_c=\omega_c^*=\omega_m$，并由 $L_0(\omega_c^*)=-10\lg\alpha$ 重新计算参数 α。

(6) 确定超前校正装置的参数。根据上面确定的 ω_m 和 α，可得 $T=\dfrac{1}{\omega_m\sqrt{\alpha}}$，因此超前校正装置的两个转折频率分别为$\dfrac{1}{T}$和$\dfrac{1}{\alpha T}$。

(7) 画出校正后的系统伯德图，验证全部性能指标是否满足要求。如果不满足要求，必须适当增大补偿角，从第(3)步开始重新设计直到满足要求。当通过调整补偿角还不能满足设计指标时，应考虑采用其他校正方法。

【例 6-1】 已知反馈系统的开环传递函数为 $G_0(s)=\dfrac{K}{s(s+1)}$，试设计校正装置 $G_c(s)$，使校正后系统满足指标：静态速度误差系数 $K_v=12$，开环截止频率 $\omega_c^*\geqslant5\text{rad/s}$，相位裕量 $\gamma^*\geqslant60°$，幅值裕量 $K_g^*\geqslant10\text{dB}$。

解 (1) 根据静态误差系数的要求，确定开环增益 K。

$$K_v=\lim_{s\to 0}sG_0(s)=\lim_{s\to 0}s\frac{K}{s(s+1)}=K=12$$

此时开环传递函数为

$$G_0(s)=\frac{12}{s(s+1)}$$

(2) 绘制校正前系统的开环伯德图,求出校正前系统的截止频率 ω_{c0}、相位裕量 γ_0。在 MATLAB 命令窗口中输入以下命令,绘制校正前系统的伯德图,结果如图 6-7 所示。

```
s=tf('s');
G0=12/(s*(s+1));
margin(G0)
```

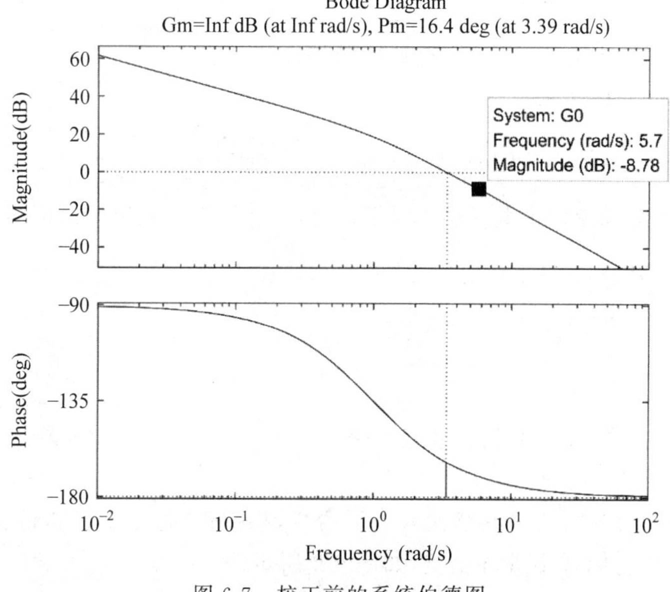

图 6-7　校正前的系统伯德图

从图中可知,校正前系统的截止频率 $\omega_{c0}=3.39\text{rad/s}$,相位裕量 $\gamma_0=16.4°<\gamma^*$,幅值裕量 $K_{g0}=\infty\geqslant K_g^*$,可考虑采用超前校正。

(3) 确定校正装置应提供的最大超前相位 φ_m。

$$\varphi_m=\gamma^*-\gamma_0+6.4°=60°-16.4°+6.4°=50°$$

(4) 确定 α 值。

$$\alpha=\frac{1+\sin50°}{1-\sin50°}=7.55$$

(5) 确定校正后系统的截止频率 ω_c。由于校正前系统的对数幅值等于 $-10\lg\alpha$ 时对应的频率 ω_m 等于校正后系统的截止频率 ω_c,在校正前系统中有 $-10\lg\alpha=-10\lg7.55=-8.78\text{dB}$。在图 6-6 中找到校正前系统的对数幅值等于 -8.78dB 时对应的频率 $\omega_m=5.7\text{rad/s}$。由于 $\omega_m\geqslant5\text{rad/s}$,满足题目对于截止频率 $\omega_c^*\geqslant5\text{rad/s}$ 的指标要求,所以取 $\omega_c=\omega_m=5.7\text{rad/s}$。

(6) 确定超前校正装置的参数，并确定超前校正装置的传递函数 $G_c(s)$。

$$T=\frac{1}{\omega_m\sqrt{\alpha}}=\frac{1}{5.7\times\sqrt{7.55}}=0.0638$$

$$\alpha T=7.55\times 0.0638=0.4817$$

两个转折频率分别为

$$\omega_1=\frac{1}{\alpha T}=\frac{1}{0.4817}=2.07598$$

$$\omega_2=\frac{1}{T}=\frac{1}{0.0638}=15.674$$

所以超前校正装置的传递函数为

$$G_c(s)=\frac{\alpha Ts+1}{Ts+1}=\frac{0.4817s+1}{0.0638s+1}$$

(7) 绘制校正后系统的伯德图，检验性能指标。

校正后系统的开环传递函数为

$$G(s)=G_c(s)G_0(s)=\frac{12(0.4817s+1)}{s(s+1)(0.0638s+1)}$$

在 MATLAB 命令窗口中继续输入以下命令，绘制校正后系统的伯德图，如图 6-8 所示。

```
Gc=(0.4817*s+1)/(0.0638*s+1);
G=G0*Gc;
figure(2);
margin(G)
```

从图中可以得到校正后系统的截止频率 $\omega_c=5.7\text{rad/s}$，相位裕量 $\gamma=60°$，幅值裕量 $K_g=\infty$。均满足题目的指标要求。

在 MATLAB 命令窗口中继续输入以下命令，将校正前、校正后和超前校正装置的伯德图绘制在同一个坐标系中进行比较，如图 6-9 所示。

```
figure(3);
bode(G0,Gc,G)
```

从图 6-9 中可以看到，校正前的系统对数幅频特性曲线以 −40dB/dec 的斜率穿过 0dB 线，相位裕量不足，校正后的系统对数幅频特性曲线以 −20dB/dec 的斜率穿过 0dB 线，相位裕量明显增加。

还可以通过校正前后系统的阶跃响应曲线直观地了解超前校正装置对系统性能的改善。在 MATLAB 命令窗口中继续输入以下命令，绘制校正前、校正后闭环系统的阶跃响应，结果如图 6-10 所示。

```
figure(4);
GB0=feedback(G0,1);
GB=feedback(G,1);
step(GB0,GB)
```

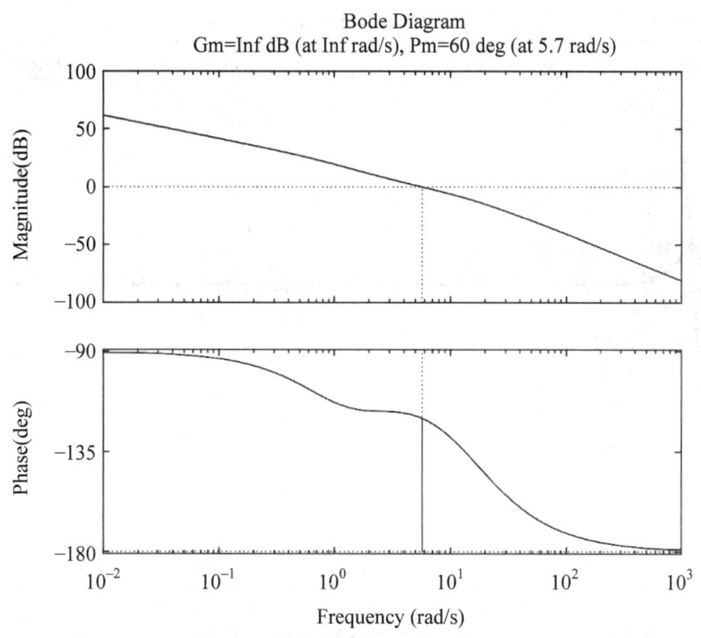

图 6-8　校正后的系统伯德图

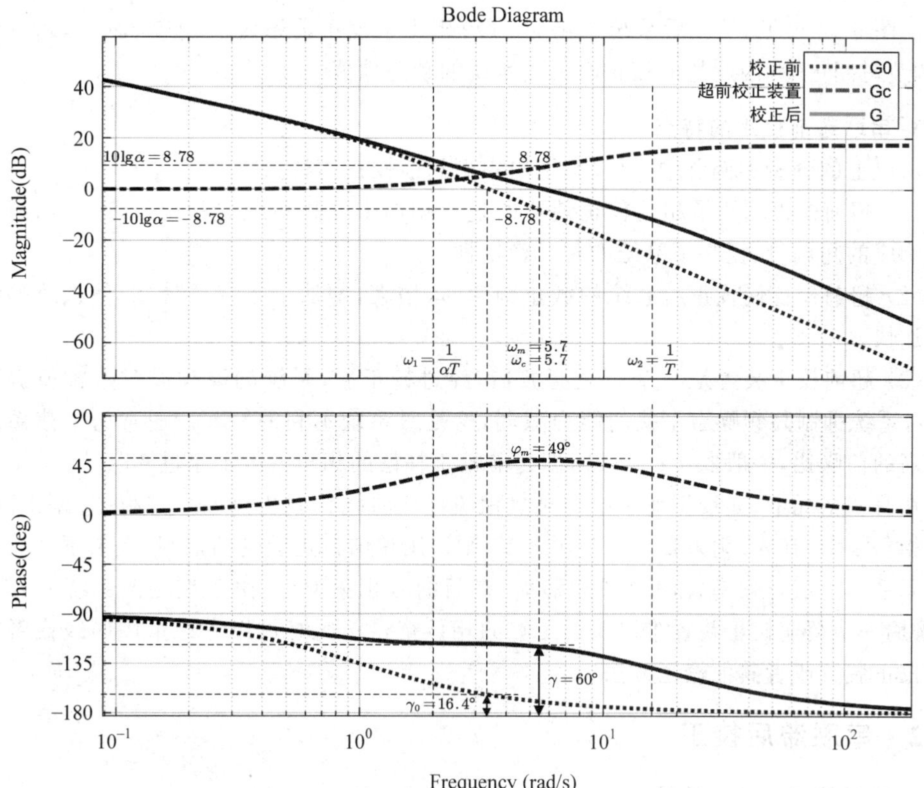

图 6-9　校正前、校正后和超前校正装置的伯德图

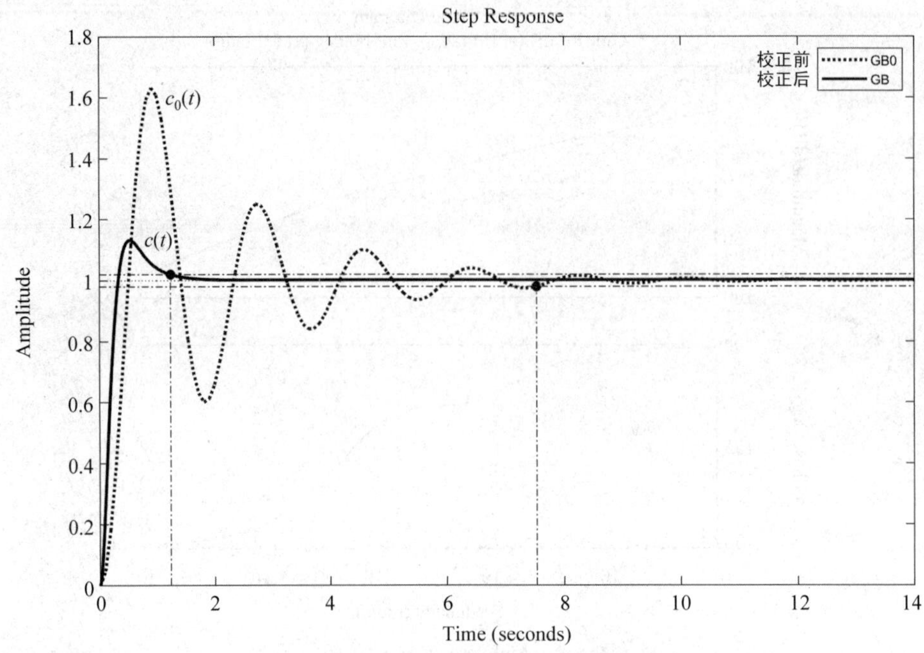

图 6-10 校正前、校正后闭环系统的阶跃响应

由图 6-10 可见，校正后系统的响应 $c(t)$ 相比于校正前系统的响应 $c_0(t)$，超调量更小、调节时间更短，因此超前校正改善了系统的动态性能。

3. 串联超前校正的特点

从以上的分析和例题中，可以归纳出串联超前校正的特点。

(1) 超前校正利用了超前校正装置的超前相位来提高系统的相位裕量，从而减小了系统响应的超调量，提高了系统的相对稳定性。

(2) 超前校正使校正后系统的截止频率 ω_c 增大，增加了系统的带宽，使系统的响应速度加快。

(3) 超前校正装置是一个高通滤波器，经过校正后，系统的高频段对数幅值提高了 $20\lg\alpha$，系统抑制高频噪声干扰的能力减弱，这是对系统不利的一面。通常为了使系统保持较高的信噪比，一般取 $\alpha=5\sim20$，即超前校正补偿的相角一般不超过 65°。

在有些情况下，如校正前系统的对数相频特性曲线在截止频率 ω_c 附近急剧下降，或者说相角 $\varphi(\omega)$ 在 ω_c 附近低于 $-180°$ 太多，则采用超前校正会受到限制，效果不大。因为校正后系统的截止频率会向高频段移动，在新的截止频率处，由于校正前系统的相位过小，采用一个超前校正装置难以获得足够的相位裕量。此时可以考虑采用两级或者三级超前校正装置或者其他校正方法。

6.2.2 串联滞后校正

1. 滞后校正装置的特性

如果一个串联校正装置的对数幅频特性曲线有负斜率，相频特性曲线具有负相移，这样的校正装置称为滞后校正装置。滞后校正就是利用滞后校正装置的高频幅值衰减特性，使校正后系统的截止频率下降，从而使系统获得足够的相位裕量。工程实践中常用的积分控制器和比例积分控制器就属于滞后校正装置。一般将滞后校正装置设置在低频段，并远离截止频率。

图 6-11 所示为无源滞后校正网络，由此推导滞后校正网络的传递函数。

$$\frac{U_2(s)}{U_1(s)}=\frac{R_2+1/Cs}{R_1+R_2+1/Cs}=\frac{1+R_2Cs}{1+(R_1+R_2)Cs}$$

令

$$\beta=\frac{R_2}{R_1+R_2}<1,\quad T=(R_1+R_2)C$$

可得

$$\frac{U_2(s)}{U_1(s)}=\frac{\beta Ts+1}{Ts+1}$$

滞后校正的传递函数为

$$G_c(s)=\frac{\beta Ts+1}{Ts+1}\quad(\beta<1)$$

其对数幅频特性和相频特性为

$$L_c(\omega)=20\lg|G_c(j\omega)|=20\lg\sqrt{(\beta T\omega)^2+1}-20\lg\sqrt{(T\omega)^2+1}$$

$$\varphi_c(\omega)=\arctan\beta T\omega-\arctan T\omega=\arctan\frac{(\beta-1)T\omega}{\beta(T\omega)^2+1}<0$$

绘制其对数幅频特性曲线和对数相频特性曲线（即伯德图），如图 6-12 所示。

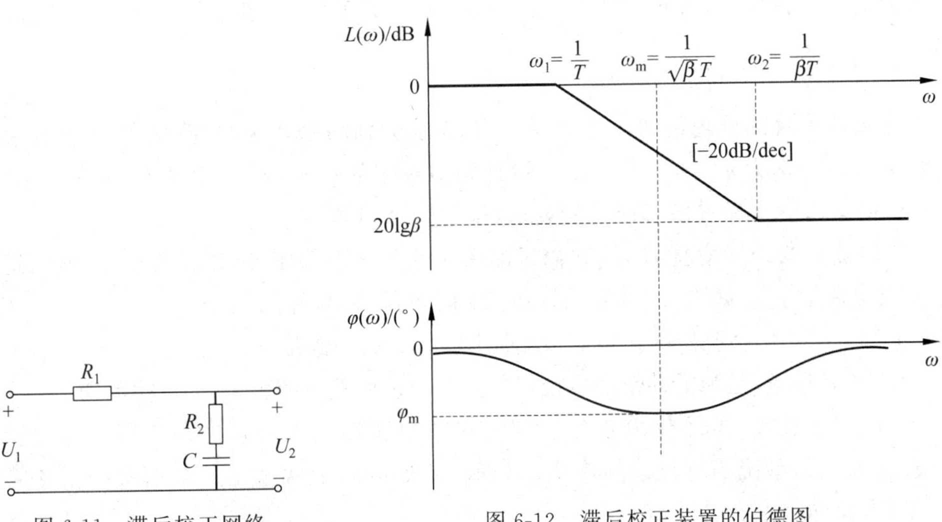

图 6-11　滞后校正网络

图 6-12　滞后校正装置的伯德图

显然，滞后校正装置对频率在 $\frac{1}{T}$ 到 $\frac{1}{\beta T}$ 之间的输入信号有明显的积分作用，在该频率范围内，输出信号的相位滞后于输入信号的相位，滞后校正也由此得名。观察图 6-12 可以发现，在最大滞后频率 ω_m 处，出现最大滞后相位 φ_m，且 ω_m 正好处于频率$\frac{1}{T}$到$\frac{1}{\beta T}$的几何中心位置，其中最大滞后相角 φ_m 和所对应的最大滞后频率 ω_m 分别为

$$\omega_m = \frac{1}{\sqrt{\beta}T}$$

$$\varphi_m = \arctan\frac{\beta-1}{2\sqrt{\beta}} = \arcsin\frac{\beta-1}{\beta+1}$$

或写成

$$\beta = \frac{1+\sin\varphi_m}{1-\sin\varphi_m}$$

由图 6-12 可知，滞后校正装置在低频段时对数幅值为 0dB，在高频段时对数幅值为 $-20\lg\beta<0$dB，为负值，因此，滞后校正对于高频噪声信号有明显的削弱作用。β 越小，这种作用就越强。滞后校正装置的两个转折频率分别为

$$\omega_1 = \frac{1}{T}$$

$$\omega_2 = \frac{1}{\beta T}$$

2. 基于伯德图的滞后校正

串联滞后校正的基本原理是：利用相位滞后装置的高频幅值衰减特性，将系统的中频段压低，使校正后系统的截止频率 ω_c 减小，利用校正前系统自身的相角储备来满足校正后系统相位裕量的要求。另外，为了避免滞后校正装置的滞后相角对校正后系统相位裕量的影响，在选择滞后校正参数时，应考虑选取转折频率 ω_2 远小于 ω_c。一般情况下取转折频率 $\omega_2=\left(\frac{1}{5}\sim\frac{1}{10}\right)\omega_c$。

设校正前系统的开环传递函数为 $G_0(s)$，要求达到的稳态误差、截止频率、相位裕量、幅值裕量指标分别为 e_{ss}^*、ω_c^*、γ^*、K_g^*，设计超前校正的一般步骤可以归纳如下。

(1) 根据性能指标对稳态误差的要求，确定开环增益 K。

(2) 由确定的开环增益 K，绘制校正前系统的开环伯德图，求出校正前系统的截止频率 ω_{c0}、相位裕量 γ_0。如果 $\omega_{c0}>\omega_c^*$ 或 $\gamma_0<0°$时，可以采用滞后校正。

(3) 确定校正后系统的截止频率 ω_c，使其相位 $\varphi_0(\omega_c)$满足$-180°+\gamma^*+(5°\sim15°)$。其中，5°～15°为补偿角，是为了补偿滞后校正装置在校正后截止频率 ω_c 处产生的滞后相角。

(4) 确定参数 β。为了使校正后系统的对数幅频特性在选定的截止频率 ω_c 处穿越 0dB 线，在校正前系统的对数幅频特性上读取 ω_c 处的对数幅值 $L_0(\omega_c)$，并令 $L_0(\omega_c)=-20\lg\beta$，由此确定参数 β 的值。

(5) 确定转折频率 ω_2，得到参数 βT、T。为了防止滞后校正造成的相角滞后对校正后系统的相位裕量造成不良影响，取转折频率 $\omega_2=\frac{1}{\beta T}=\left(\frac{1}{5}\sim\frac{1}{10}\right)\omega_c$，由此可得到参数 βT、T。一般转折频率 ω_2 的取值与步骤(3)中的补偿角取值对应，当补偿角取值较小时，

转折频率 ω_2 应更远离 ω_c。

（6）确定滞后校正装置的传递函数为

$$G_c(s)=\frac{\beta Ts+1}{Ts+1}$$

（7）绘制校正后系统的伯德图，验证全部性能指标是否满足要求。如果不满足要求，返回第（3）步开始重新选择截止频率 ω_c，并重新进行计算，直到全部性能指标满足要求。

【例 6-2】 已知反馈系统的开环传递函数为 $G_0(s)=\frac{K}{s(s+1)(0.5s+1)}$，试设计校正装置 $G_c(s)$，使校正后系统满足指标：静态速度误差系数 $K_v=5$，相位裕量 $\gamma^*\geqslant 40°$，幅值裕量 $K_g^*\geqslant 10\text{dB}$。

解　（1）确定开环增益 K。

$$K_v=\lim_{s\to 0}sG_0(s)=\lim_{s\to 0}s\frac{K}{s(s+1)(0.5s+1)}=K=5$$

此时开环传递函数为

$$G_0(s)=\frac{5}{s(s+1)(0.5s+1)}$$

（2）绘制校正前系统的开环伯德图，求出校正前系统的截止频率 ω_{c0}、相位裕量 γ_0。在 MATLAB 命令窗口中输入以下命令，绘制校正前系统的伯德图，如图 6-13 所示。

```
s=tf('s');
G0=5/(s*(s+1)*(0.5*s+1));
margin(G0)
```

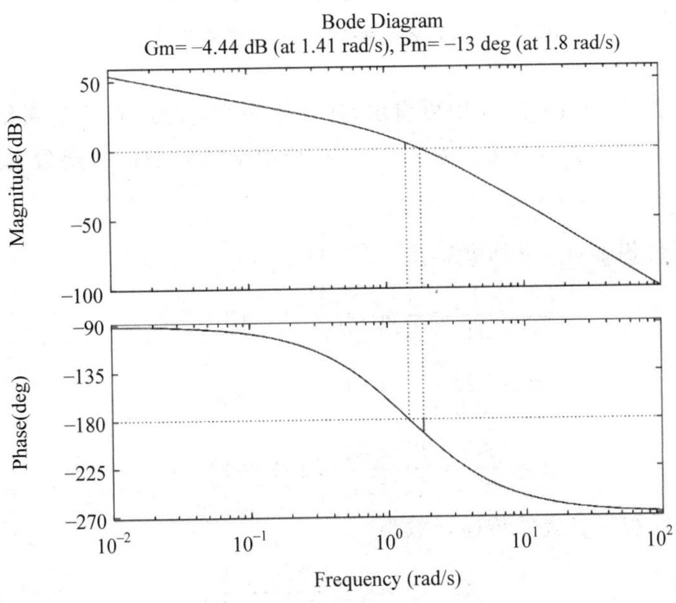

图 6-13　校正前系统的伯德图

从图中可知校正前系统的截止频率 $\omega_{c0}=1.8\text{rad/s}$，相位裕量 $\gamma_0=-13°<0°$，幅值裕

量 $K_{g0}=-4.44\text{dB}<K_g^*$，系统不稳定，可考虑采用滞后校正。

(3) 确定校正后系统的截止频率 ω_c，使其相位 $\varphi_0(\omega_c)$ 满足 $-180°+\gamma^*+(5°\sim15°)$。所以有

$$\varphi_0(\omega_c)=-180°+40°+10°=-130°$$

这里补偿角取 10°。

在校正前系统的开环对数相频特性曲线上(见图 6-14)选取相频特性为 $-130°$ 时的频率为校正后系统的截止频率，所以 $\omega_c=0.49\text{rad/s}$。

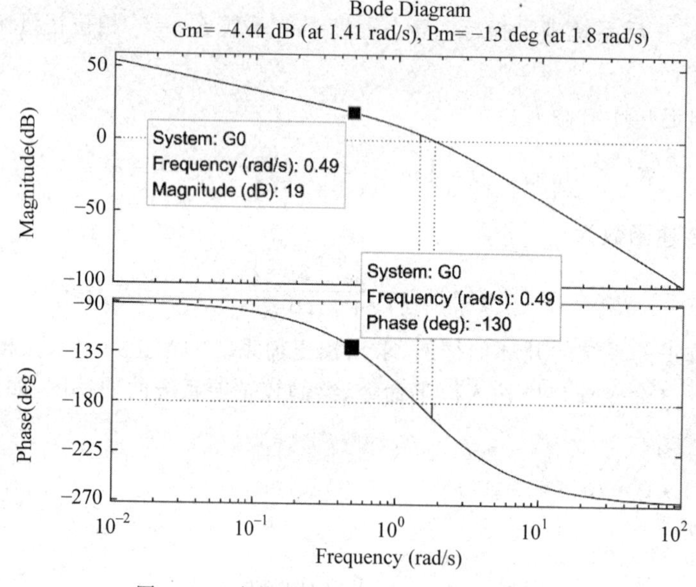

图 6-14　在校正前系统的伯德图中选取 ω_c

(4) 确定参数 β。从图 6-14 中可看出，在截止频率 ω_c 处，校正前系统的对数幅值为 $L_0(\omega_c)=19\text{dB}$。令 $20\lg\beta=-L_0(\omega_c)=-19$，利用 MATLAB 的函数 power(10,−19/20)，解得 $\beta=10^{\frac{19}{-20}}=0.1122$。

(5) 确定转折频率 ω_2，得到参数 βT、T。取

$$\omega_2=\frac{1}{\beta T}=\frac{1}{10}\omega_c=\frac{1}{10}\times0.49=0.049$$

得

$$\beta T=\frac{1}{0.049}=20.4082$$

$$T=\frac{\beta T}{\beta}=\frac{20.4082}{0.1122}=181.891$$

(6) 确定滞后校正装置的传递函数为

$$G_c(s)=\frac{20.4082s+1}{181.891s+1}$$

(7) 绘制校正后系统的伯德图，验证全部性能指标是否满足要求。

在 MATLAB 命令窗口中输入以下命令，绘制校正后系统的伯德图，如图 6-15 所示。

```
Gc=(20.4082*s+1)/(181.891*s+1);
G=G0*Gc;
figure(2);
margin(G)
```

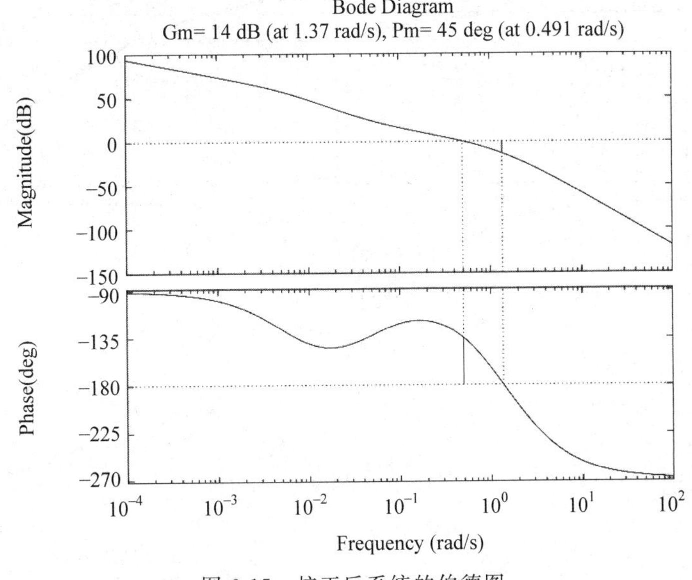

图 6-15　校正后系统的伯德图

从图 6-15 中可以得到校正后系统的截止频率 $\omega_c=0.491\text{rad/s}$，相位裕量 $\gamma=45°>\gamma^*$，幅值裕量 $K_g=14\text{dB}>K_g^*$。均满足题目设计指标的要求。

在 MATLAB 命令窗口中继续输入以下命令，将校正前、校正后和滞后校正装置的伯德图绘制在同一个坐标系中进行比较，如图 6-16 所示。

```
figure(3);
bode(G0,Gc,G)
```

由图 6-16 可见，校正前系统的对数幅频特性曲线以 -60dB/dec 穿过 0dB 线，系统不稳定；校正后系统的对数幅频特性曲线以 -20dB/dec 穿过 0dB 线，相位裕量 γ 明显增大，系统的相对稳定性得到明显改善。然而校正后系统的截止频率 ω_c 比校正前的截止频率 ω_{c0} 有所降低，所以滞后校正以减小截止频率为代价来换取相位裕量的提高。

还可以通过校正前、校正后系统的阶跃响应曲线直观地了解滞后校正装置对系统性能的改善。在 MATLAB 命令窗口中继续输入以下命令，绘制校正前、校正后闭环系统的阶跃响应曲线，如图 6-17 所示。

```
figure(4);
GB0=feedback(G0,1);
GB=feedback(G,1);
subplot(1,2,1);
step(GB0)
```

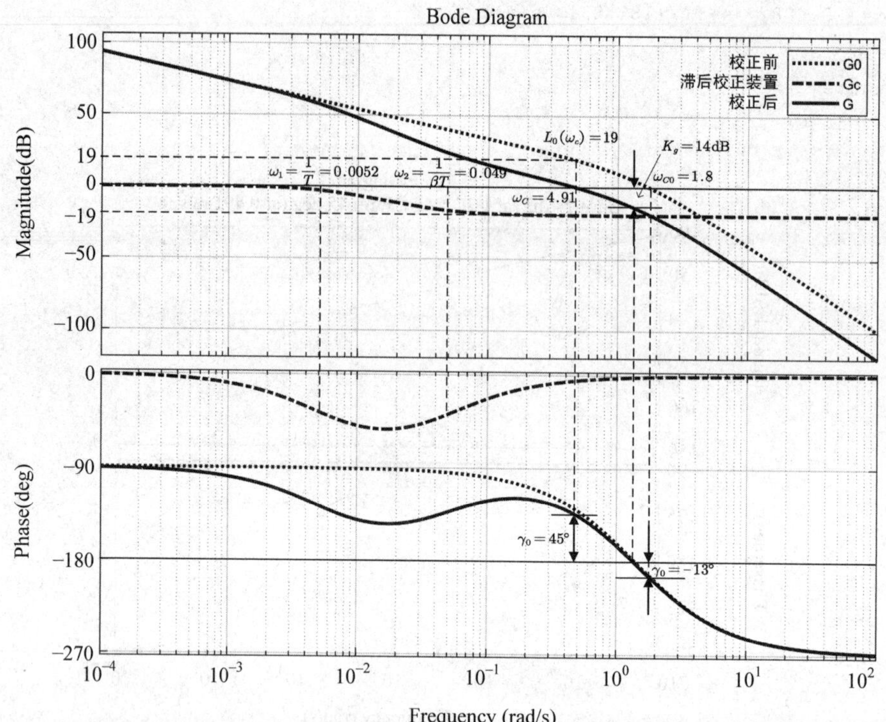

图 6-16 校正前、校正后和滞后校正装置的伯德图

```
subplot(1,2,2);
step(GB)
```

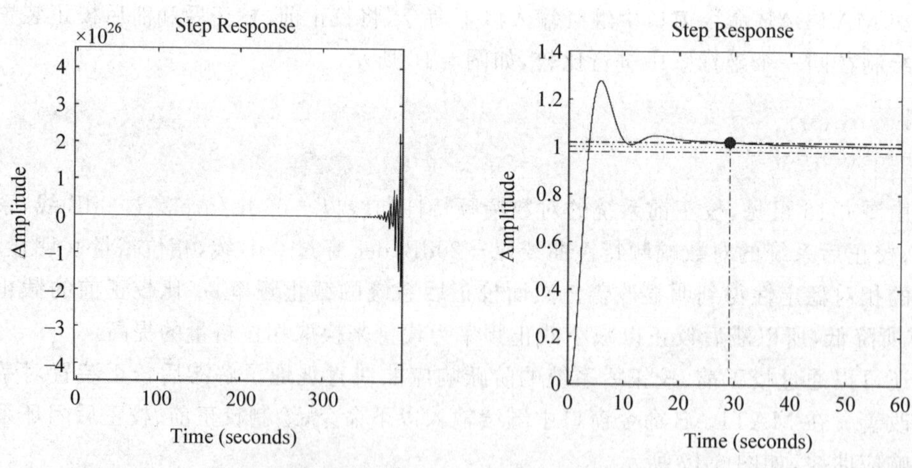

图 6-17 校正前、校正后闭环系统的阶跃响应曲线

由图 6-17 可见，校正前系统不稳定，而校正后系统具有较好的响应特性，因此滞后校正改善了系统的相对稳定性。

3. 串联滞后校正的特点

从以上的分析和例题中，可以归纳出串联滞后校正的特点。

(1) 滞后校正装置实质上是一个低通滤波器，它是利用滞后校正装置的高频衰减特性，使截止频率减小来提高相位裕量。

(2) 由于滞后校正使校正后系统对数幅频曲线的高频段降低，提高了系统抗高频干扰的能力。

(3) 串联滞后校正降低了系统的开环截止频率 ω_c，使系统的带宽变窄，导致系统动态响应时间增大，响应速度变慢。

(4) 通过调整开环增益，可以对低频信号提供较高的增益，在相对稳定性不变的情况下提高系统的稳态精度。

串联滞后校正主要用于需要改善稳态精度的场合，也可用于对响应速度要求不高、在截止频率处相位变化较大的系统和要求抗高频干扰信号能力较强的系统。只有校正前系统的低频段具有满足性能要求的相位储备的系统才能使用滞后校正。

4. 串联超前校正和串联滞后校正的比较

超前校正和滞后校正是两种基本的串联校正，这两种校正方法均可完成对系统的校正，但有以下不同之处。

(1) 超前校正是利用超前网络的相角超前特性对系统进行校正，而滞后校正则是利用滞后网络幅值在高频的衰减特性对系统进行校正。

(2) 采用超前校正，旨在提高开环对数幅频渐进线在截止频率处的斜率(由 −40dB/dec 提高到 −20dB/dec)和相位裕量，并增大系统的频带宽度。频带的变宽意味着校正后的系统响应变快，调整时间缩短。

(3) 对同一系统进行超前校正后，系统的频带宽度一般总大于进行滞后校正后的系统。因此，如果要求校正后的系统具有宽的频带和良好的瞬态响应，一般采用超前校正。当噪声电平较高时，显然频带越宽的系统抗噪声干扰的能力也越差。对于这种情况，宜对系统采用滞后校正。

(4) 超前校正需要增加一个附加的放大器，以补偿超前校正网络对系统增益的衰减。

(5) 滞后校正虽然能改善系统的稳态精度，但它促使系统的频带变窄、瞬态响应速度变慢。如果要求校正后的系统既有快速的瞬态响应，又有高的稳态精度，则应采用滞后—超前校正。对有些应用，采用滞后校正可能得出时间常数大到不能实现的结果，这种情况下，也最好采用滞后—超前校正。

6.2.3　串联滞后—超前校正

当校正前系统不稳定，且对校正后系统的动态和稳态性能(响应速度、相位裕量和稳态误差)均有较高要求时，仅采用上述超前校正或滞后校正，均难以达到预期的校正效果。此时应该考虑滞后—超前校正。这种校正方法兼有滞后校正和超前校正的优点，即校正后系统响应速度快，超调量小，抑制高频噪声的性能也较好。

1. 滞后—超前校正装置的特性

滞后—超前校正的传递函数为

$$G_c(s)=\frac{(\alpha T_1 s+1)(\beta T_2 s+1)}{(T_1 s+1)(T_2 s+1)}\quad\left(\alpha>1,\beta=\frac{1}{\alpha}<1\right)$$

式中，$\frac{\alpha T_1 s+1}{T_1 s+1}$为超前部分，$\frac{\beta T_2 s+1}{T_2 s+1}$为滞后部分。

绘制滞后—超前校正装置的对数幅频特性曲线和对数相频特性曲线(即伯德图)，如图 6-18 所示。从图中可看出，低频段部分是滞后校正，中频段部分是超前校正。

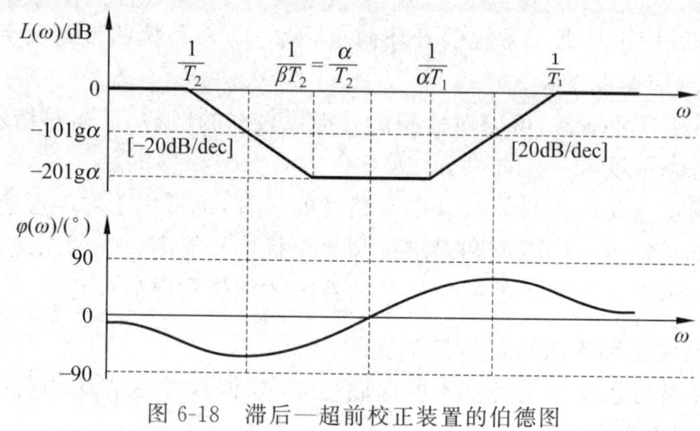

图 6-18 滞后—超前校正装置的伯德图

2. 基于伯德图的滞后—超前校正

滞后—超前校正的设计，实际上是前面所述的滞后校正方法和超前校正方法的综合。滞后—超前校正的本质是利用校正装置中超前部分的相位超前角来增大系统的相位裕量，以改善系统的动态性能；利用滞后部分的幅值衰减，允许低频段的增益提高，以改善系统的稳态精度。

设计滞后—超前校正的一般步骤可以归纳如下。

(1) 根据稳态误差或静态误差系数的指标要求确定系统的开环增益 K，并绘制校正前系统的开环伯德图，获取校正前系统的截止频率 ω_{c0} 和相位裕量 γ_0。

(2) 根据指标要求的相位裕量 γ^* 或截止频率 ω_c^*，设计超前校正部分的转折频率 $\frac{1}{\alpha T_1}$和$\frac{1}{T_1}$。

(3) 确定滞后部分的转折频率$\frac{1}{T_2}$和$\frac{\alpha}{T_2}$。为了使滞后校正部分的相位滞后尽量不影响相位裕量，一般按$\frac{\alpha}{T_2}=\left(\frac{1}{10}\sim\frac{1}{5}\right)\omega_c$ 的原则取值。

(4) 确定滞后—超前校正装置的传递函数，并绘制校正后系统的伯德图，检验全部性能指标是否满足设计要求。如果不满足，应重新进行滞后部分的设计，必要时应重新进行校正设计，直到全部性能指标得到满足为止。

【例 6-3】 已知反馈系统的开环传递函数为 $G_0(s)=\frac{K}{s(s+1)(0.5s+1)}$，试设计校正装置 $G_c(s)$，使校正后系统满足指标：静态速度误差系数 $K_v=10$，相位裕量 $\gamma^*\geqslant 50°$，截止频率 $\omega_c^*\geqslant 1.2\text{rad/s}$，幅值裕量 $K_g^*\geqslant 10\text{dB}$。

解 (1) 确定开环增益 K,并绘制校正前系统的伯德图,求出校正前系统的截止频率 ω_{c0}、相位裕量 γ_0。开环增益为

$$K_v = \lim_{s\to 0} sG_0(s) = \lim_{s\to 0} s\frac{K}{s(s+1)(0.5s+1)} = K = 10$$

此时开环传递函数为

$$G_0(s) = \frac{10}{s(s+1)(0.5s+1)}$$

在 MATLAB 命令窗口中输入以下命令,绘制校正前系统的伯德图,如图 6-19 所示。

```
s=tf('s');
G0=10/(s*(s+1)*(0.5*s+1);
margin(G0)
```

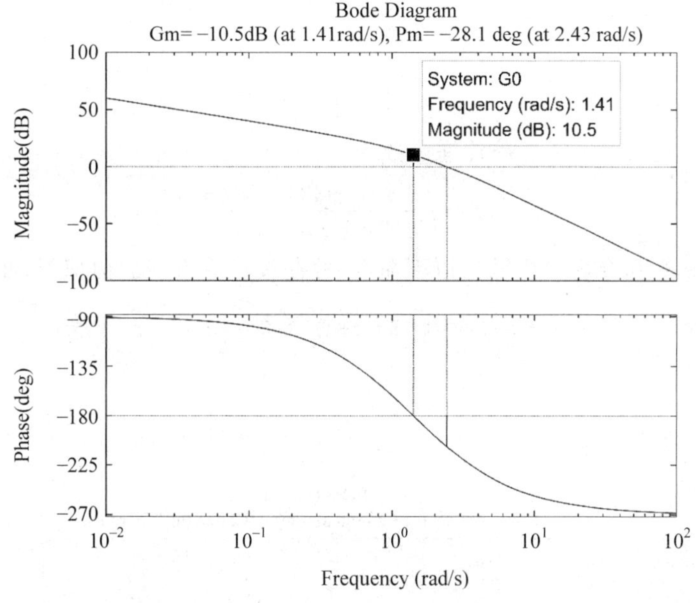

图 6-19 校正前系统的伯德图

从图中可知,校正前系统的截止频率 $\omega_{c0}=2.43\text{rad/s}$,相位裕量 $\gamma_0=-28.1°<0°$,幅值裕量 $K_{g0}=-10.5\text{dB}<K_g^*$,系统不稳定,且需要补偿的超前角度较大,故采用滞后—超前校正。

(2) 确定超前部分。根据设计指标的相位裕量 γ^*,确定校正后系统的截止频率 ω_c。由于校正前系统需要补偿的相角过大,超前校正部分无法提供足够的超前角。根据设计经验,一般选取校正前系统相位裕量为 0°时的频率作为校正后的截止频率。由图 6-19 可以得到,当 $\omega=1.41$ 时,校正前系统的相角为 $-180°$,因此取校正后系统的截止频率 $\omega_c=1.41$,满足设计要求 $\omega_c^*\geqslant 1.2\text{rad/s}$。

另外,取超前部分要增加的相位超前角 $\varphi_m=60°$。由

$$\alpha=\frac{1+\sin\varphi_m}{1-\sin\varphi_m}$$

得到

$$\alpha = \frac{1+\sin 60^\circ}{1-\sin 60^\circ} = 13.93$$

确定超前部分的参数 T_1 和 αT_1 为

$$T_1 = \frac{1}{\omega_c\sqrt{\alpha}} = \frac{1}{1.41\times\sqrt{13.93}} = 0.19$$

$$\alpha T_1 = 13.93 \times 0.19 = 2.65$$

(3) 确定滞后部分。取滞后部分的第 2 个转折频率为

$$\frac{1}{\beta T_2} = \frac{\alpha}{T_2} = \frac{\omega_c}{10} = 0.141\text{rad/s}$$

$$\beta T_2 = \frac{1}{0.141} = 7.09$$

可以得到

$$T_2 = \frac{\alpha}{0.141} = 98.78$$

(4) 滞后—超前校正装置的传递函数为

$$G_c(s) = \frac{(2.65s+1)(7.09s+1)}{(0.19s+1)(98.78s+1)}$$

在 MATLAB 命令窗口中输入以下命令,绘制校正后系统的伯德图,如图 6-20 所示。

```
Gc=(2.65*s+1)*(7.09*s+1)/(0.19*s+1)/(98.78*s+1);
G=G0*Gc;
figure(2);
margin(G)
```

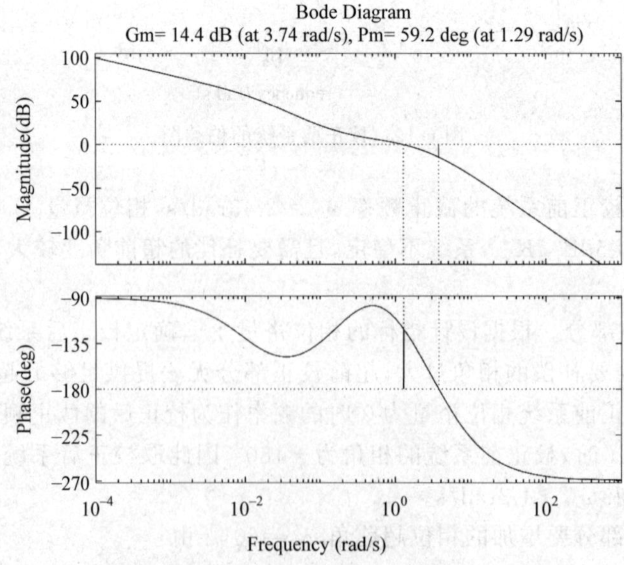

图 6-20 校正后系统的伯德图

从图 6-20 中可以看到，校正后系统的截止频率 $\omega_c=1.29\text{rad/s}>\omega^*$，相位裕量 $\gamma=59.2°>\gamma^*$，对数幅值裕量 $K_g=14.4\text{dB}>K_g^*$，全部满足设计要求。

在 MATLAB 命令窗口中继续输入以下命令，将校正前、校正后和滞后—超前校正装置的伯德图绘制在同一个坐标系中进行比较，如图 6-21 所示。

```
figure(3);
bode(G0,Gc,G)
```

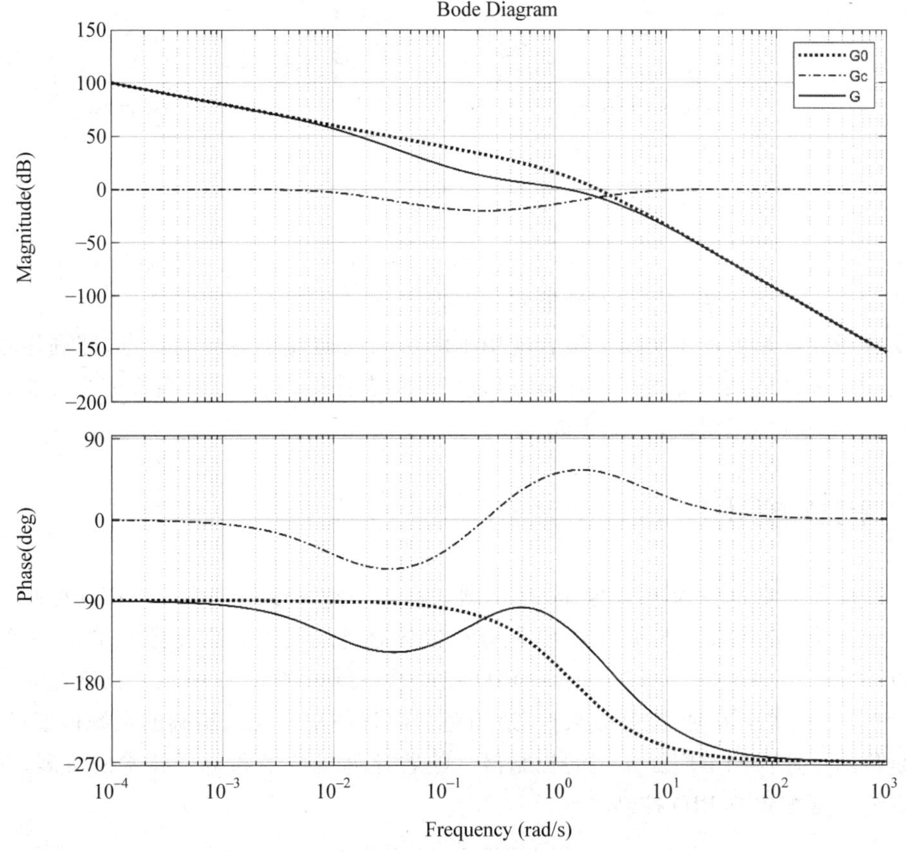

图 6-21　校正前、校正后和滞后—超前校正装置的伯德图

还可以通过校正前、校正后系统的阶跃响应曲线直观地了解滞后—超前校正装置对系统性能的改善。在 MATLAB 命令窗口中继续输入以下命令，绘制校正前、校正后闭环系统的阶跃响应曲线，如图 6-22 所示。

```
figure(4);
GB0=feedback(G0,1);
GB=feedback(G,1);
subplot(1,2,1);
step(GB0)
subplot(1,2,2);
step(GB)
```

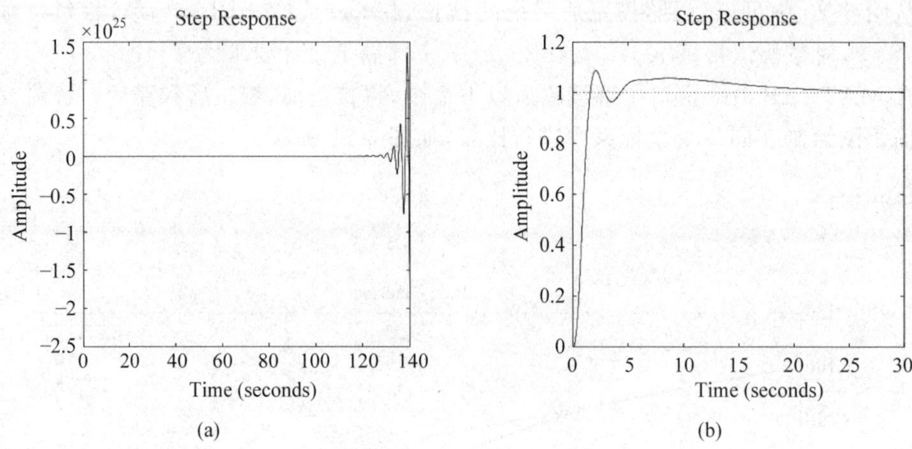

图 6-22　校正前、校正后闭环系统的阶跃响应曲线

由图 6-22 可见，校正前系统不稳定，而校正后系统具有较好的响应特性。因此滞后—超前校正改善了系统的动态性能和相对稳定性。

串联滞后—超前校正实质上综合应用了滞后和超前校正各自的特点，即利用校正装置的超前部分来增大系统的相位裕量，以改善其动态性能；利用其滞后部分来改善系统的稳态性能。两者分工明确，相辅相成。

6.3 PID 校正

PID 校正通常也称为 PID 控制，是比例—积分—微分控制的简称。PID 控制器又称为 PID 调节器，它将系统误差的比例、积分和微分通过线性组合构成控制单元，串联在前向通道中对被控对象进行控制。采用 PID 控制的系统如图 6-23 所示。PID 控制器具有结构简单实用、实现方便、控制效果好、适用范围广且使用中无需精确的系统模型等优点，仍然是目前工业控制中广泛应用的控制器。随着计算机技术和电子技术的发展，在各种控制系统中常配置有 PID 控制单元。

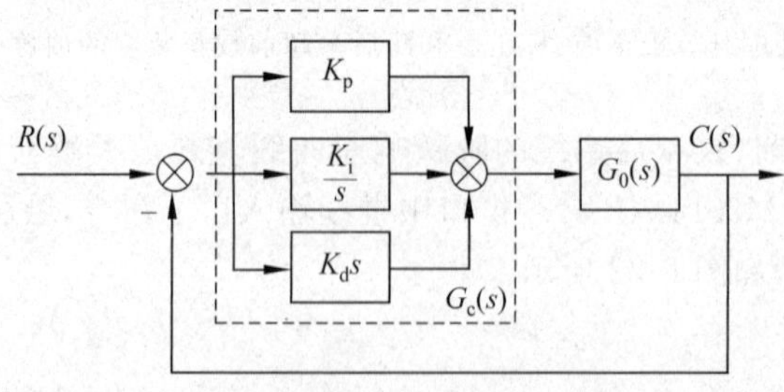

图 6-23　PID 控制系统结构图

PID 控制的传递函数为

$$G_c(s)=K_p\left(1+\frac{1}{T_i s}+T_d s\right)$$

$$= K_p + \frac{K_i}{s} + K_d s$$

式中，K_p、K_i、K_d 分别是比例、积分、微分系数；T_i 和 T_d 分别是积分和微分时间常量。

PID 控制中各个环节的作用如下。

(1) 比例环节：即时成比例地反映控制系统的偏差信号，一旦偏差产生，控制器便立即产生控制作用，以减少偏差。

(2) 积分环节：主要用于消除静差，提高系统的精度。积分作用的强弱取决于积分时间常数 T_i，T_i 越大，积分作用越弱，T_i 越小，积分作用越强。

(3) 微分环节：能反映偏差信号的变化快慢，并能够在偏差信号变得太大之前，在系统中引入一个有效的早期修正信号，从而加快系统的动作速度，减小调节时间。

在 PID 控制中，比例环节是体现控制作用强弱的基本单元，为满足实际系统对控制性能的不同要求，再分别引入微分环节或者积分环节或同时引入积分和微分环节，因而有 PD、PI 和 PID 三种控制器(相当于超前、滞后和滞后—超前校正)。

6.3.1　比例控制

比例控制的传递函数为

$$G_c(s) = K_p$$

式中，K_p 是比例系数(增益)。

比例控制的伯德图如图 6-24 所示。

比例控制器通常简称为 P 控制器，它实际上是一个增益可调的放大器，比例系数 K_p 值的大小反映比例作用的强弱。比例控制只改变系统增益，不改变相位。在串联校正中，增大 K_p 可以提高控制系统的开环增益，以减小系统的稳态误差，提高控制精度。增大 K_p 还可以提高系统的截止频率，使系统频带变宽、系统的响应速度变快。但是 K_p 的增大会降低系统的相位裕量，使系统的相对稳定性变差，开环增益过大还会造成系统的不稳定。

【例 6-4】 某控制系统结构图如图 6-25 所示，其中：

$$G_0(s) = \frac{1}{(s+1)(2s+1)(3s+1)}$$

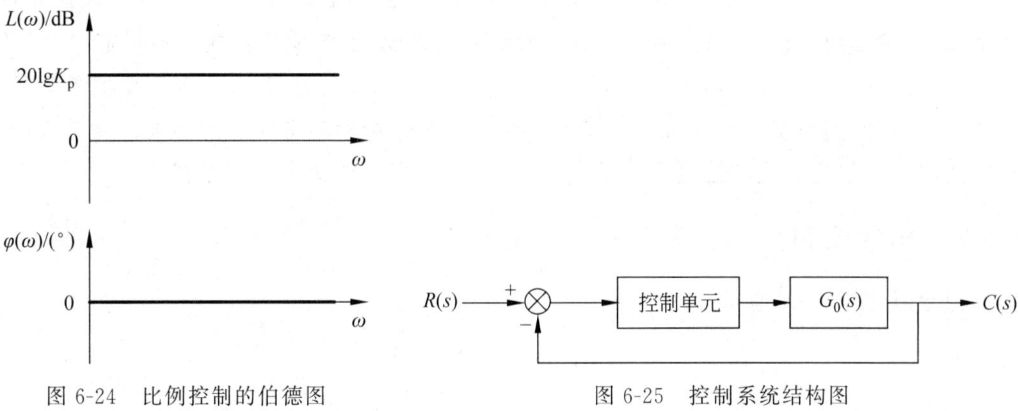

图 6-24　比例控制的伯德图　　图 6-25　控制系统结构图

在控制单元施加比例控制,并且采用不同的比例系数 $K_p=0.1,0.5,1,2,5,10$,观察各比例系数下系统的单位阶跃响应及控制效果。

解 在 MATLAB 命令窗口中输入以下命令,绘制闭环系统在不同比例系数时的单位阶跃响应曲线,如图 6-26 所示。

```
Kp=[0.1,0.5,1,2,5,10];                        %不同的比例系数
G0=tf(1,conv(conv([1 1],[2 1]),[3 1]));      %开环传递函数
for i=1:6
        G=feedback(G0*Kp(i),1);               %不同比例系数下的闭环传递函数
        step(G);                              %单位阶跃响应
        hold on;
end
```

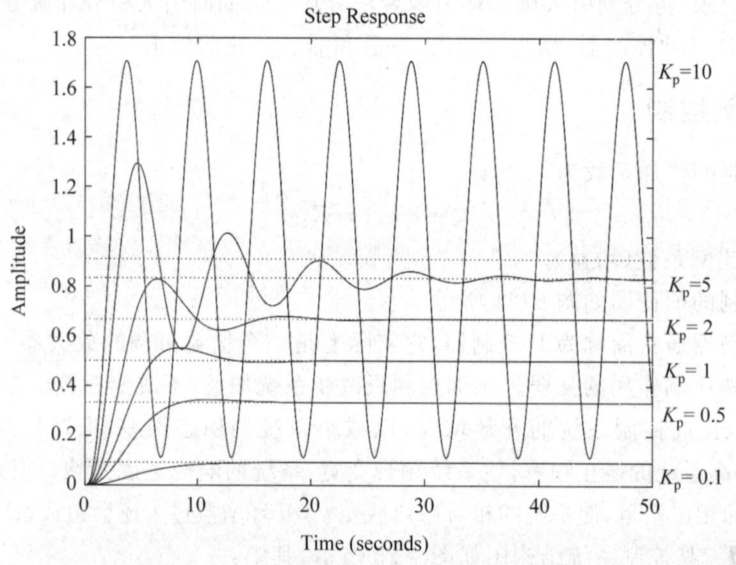

图 6-26 不同比例系数下单位阶跃响应曲线

分析：随着比例系数 K_p 值的增大,系统的响应速度加快,稳态误差减小,超调量却在增加,调节时间变长,而且随着 K_p 值增大到一定程度,系统最终会变得不稳定。

由上面分析可知,K_p 值的变化对系统的稳态性能和动态性能的影响是互相矛盾的,因此,只采用比例控制一般很难同时满足系统对稳态性能和动态性能的要求。在工程中,一般把比例控制与其他的控制系统结合起来应用,很少单独使用比例控制。

6.3.2 积分控制

积分(I)控制的传递函数为

$$G_c(s)=\frac{K_i}{s}$$

式中,K_i 是积分系数。

积分控制的伯德图如图 6-27 所示。

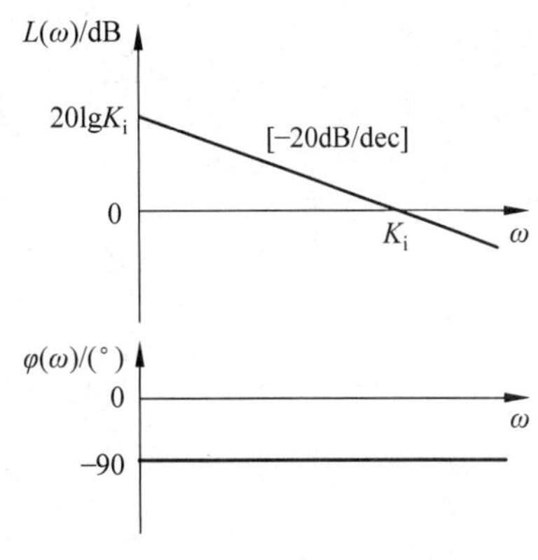

图 6-27　积分控制的伯德图

积分控制的输出反映了误差信号的累积，当输入信号变为零时，积分控制仍然可以有不为零的输出，即积分控制具有“记忆”功能。在串联校正时，积分控制可以提高系统的型别，减小稳态误差，提高系统的控制精度。但积分控制使系统增加了一个位于原点的开环极点，使信号产生 90°的相角滞后，会使系统稳定裕量变小，对系统的稳定性不利，甚至造成系统不稳定。因此，在控制系统的校正设计中，通常不宜采用单一的积分控制器。

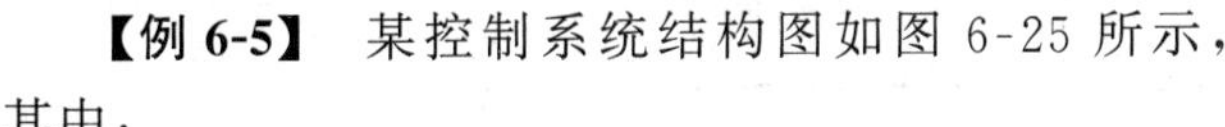

【例 6-5】 某控制系统结构图如图 6-25 所示，其中：

$$G_0(s)=\frac{1}{(s+1)(2s+1)}$$

在控制单元施加比例控制$\frac{1}{s}$，观察积分控制前后系统稳态误差的变化。

解　在 MATLAB 命令窗口中输入以下命令，绘制施加积分控制前后闭环系统的单位阶跃响应曲线，如图 6-28 所示。

```
G0=tf(1, conv([1,1],[2,1]));              %系统开环传递函数
Gc=tf(1,[1,0]);                           %积分控制函数
subplot(2,1,1);                           %原系统闭环传递函数的单位阶跃响应曲线
step(feedback(G0,1));
title('施加积分控制前');
subplot(2,1,2);                           %施加积分控制后系统单位阶跃响应曲线
step(feedback(G0 * Gc,1));
title('施加积分控制后');
```

分析：施加积分控制前，系统的稳态误差为 0.5；施加积分控制后，系统的稳态误差被减小为 0。

6.3.3　比例—积分控制

比例—积分(PI)控制的传递函数为

$$G_c(s)=K_p+\frac{K_i}{s}=K_p\left(1+\frac{1}{T_i s}\right)=\frac{K_p(T_i s+1)}{T_i s}$$

式中，K_p 是比例系数；K_i 是积分系数；T_i 是积分时间常数。

比例—积分控制的伯德图如图 6-29 所示。

可以看出，PI 控制器的相角是负值，所以它是一种滞后校正装置，会减少系统的相位裕量，降低系统的相对稳定性。PI 控制器的可调参数有 K_p 和 T_i 两个。

在串联校正中，PI 控制器相当于在系统中增加一个位于原点的开环极点，增加的极点可以提高系统的型别，以消除或减小系统的稳态误差，但会对系统稳定性及动态过程产

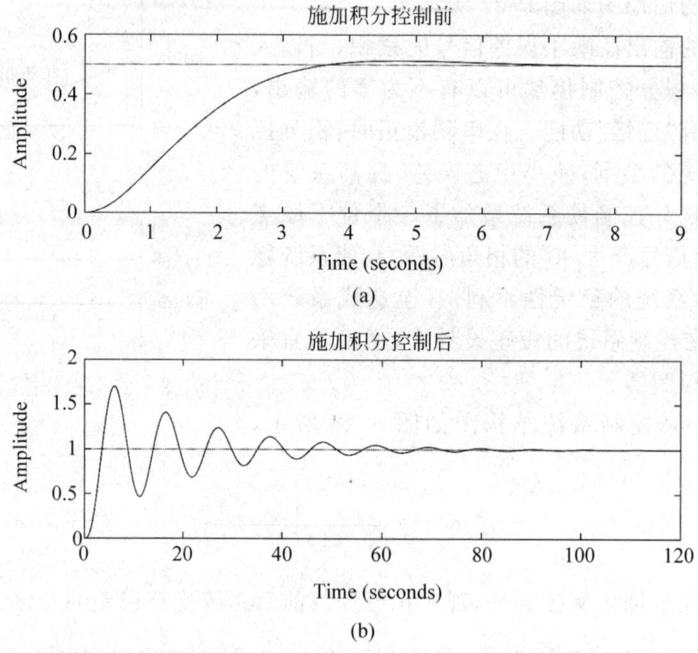

图 6-28 施加积分控制前后闭环系统的单位阶跃响应曲线

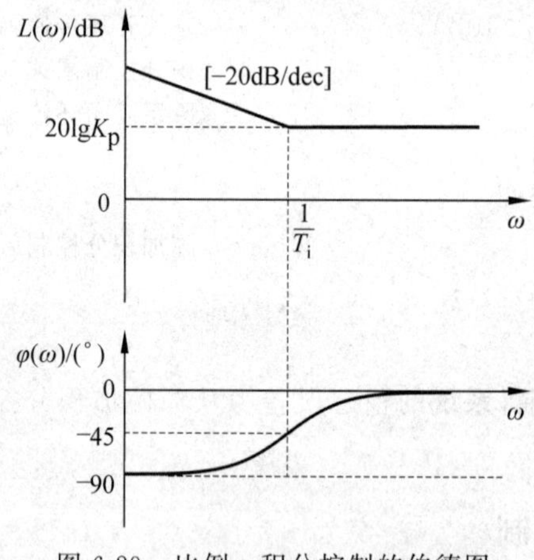

图 6-29 比例—积分控制的伯德图

生不利影响。PI 控制器除了提高系统的型别外，还为系统添加了 s 左半平面的开环零点，会使系统稳定性和快速性得到改善，因此 PI 控制器克服了单独使用积分控制对系统稳定性的不利影响，在保证系统型别增加的基础上，有效地改善了系统的稳态性能和动态性能。

【例 6-6】 某控制系统结构如图 6-25 所示，其中：

$$G_0(s)=\frac{1}{(4s+1)(s+1)}$$

在控制单元施加比例—积分控制，比例系数 $K_p=2$，积分时间常数的值分别取 $T_i=10$，

5,2,1,0.5,观察各积分时间常数下单位阶跃响应及控制效果。

解　在 MATLAB 命令窗口中输入以下命令,绘制各积分时间常数下单位阶跃响应曲线,如图 6-30 所示。

```
Kp=2;
Ti=[10,5,2,1,0.5];
G0=tf(1, conv([4,1],[1,1]));                %系统开环传递函数
for i=1:5
    Gc=tf([Kp*Ti(i),1],[Ti(i),0]);          %PI 控制器函数
    G=Gc*G0;                                %PI 校正后系统开环传递函数
    step(feedback(G,1));                    %PI 校正后系统单位阶跃响应
    hold on
end
```

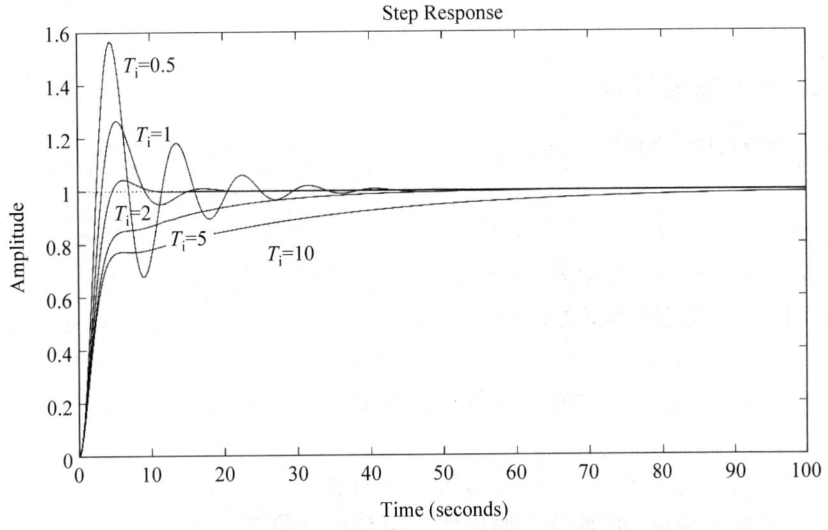

图 6-30　比例—积分控制不同 T_i 下闭环系统的单位阶跃响应曲线

分析:PI 环节可以在保证系统稳定的前提下,提高系统型别,从而减小稳态误差。只要积分时间常数 T_i 足够大,PI 控制器对系统稳定性的不利影响可大为减弱。在控制工程实践中,PI 控制器主要用来改善控制系统的稳态性能。

6.3.4　微分控制

微分(D)控制的传递函数为

$$G_c(s)=K_d s$$

式中,K_d 是微分系数。

微分控制的伯德图如图 6-31 所示。

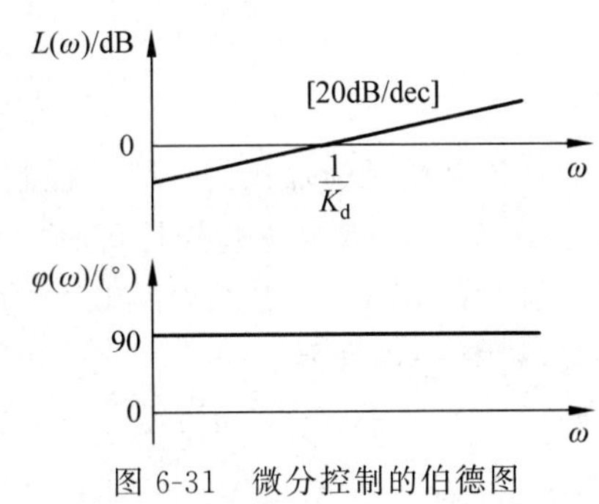

图 6-31　微分控制的伯德图

由图 6-31 可知,微分控制器具有正的相位角,因此它是一种超前校正装置。微分控制反映了误差信号的变化率,能给出系统提前控制的信号,具

有“预测”的能力，防止系统出现过大的偏离和振荡，增大系统的阻尼比，减小超调量，提高系统的稳定性，有效改善系统的动态性能。

如果控制器的输入是阶跃信号，微分控制器的输出在输入变化的瞬间，趋于无穷大，此后由于输入不再变化，输出立即降到零，这种控制作用称为理想微分控制作用。理想微分控制作用一般不能单独使用，也很难实现。实际的近似微分控制作用，在阶跃输入发生的时刻，输出 Δu 突然上升到一个较大的有限数值(一般为输入幅值的 5 倍或更大)，然后呈指数曲线衰减至某个数值(一般等于输入幅值)并保持不变。

实际的微分控制器都有一定的失灵区，若调节误差的变化速度缓慢，控制器不能察觉，微分控制器将不起作用，调节误差会不断累积并得不到校正。微分控制器主要用于调节对象有较大的传递滞后和容量滞后的情况，且不能用来消除稳态误差。

微分控制只有在误差信号变化时才有效，所以单一的微分控制器不能单独使用，而是作为一种辅助控制。另外，由于微分控制具有预见信号变化趋势的特点，所以容易放大变化剧烈的噪声。

6.3.5 比例—微分控制

比例—微分(PD)控制的传递函数为

$$\begin{aligned} G_c(s) &= K_p + K_d s \\ &= K_p(1 + T_d s) \end{aligned}$$

式中，K_p 是比例系数；T_d 是微分时间常数。

比例—微分控制的伯德图如图 6-32 所示。

由图 6-32 可知，PD 控制器具有正的相位角，因此它是一种超前校正装置。它有两个可以调节的参数 K_p 和 T_d。

PD 控制器能够增加系统的阻尼，改善系统的稳定性，加快系统响应速度，但是它不能提高系统的稳态精度。此外，T_d 不能过大，微分能够对输入信号中的噪声产生明显的放大作用，提高高频段的对数幅频特性，因此使系统抗干扰能力降低。

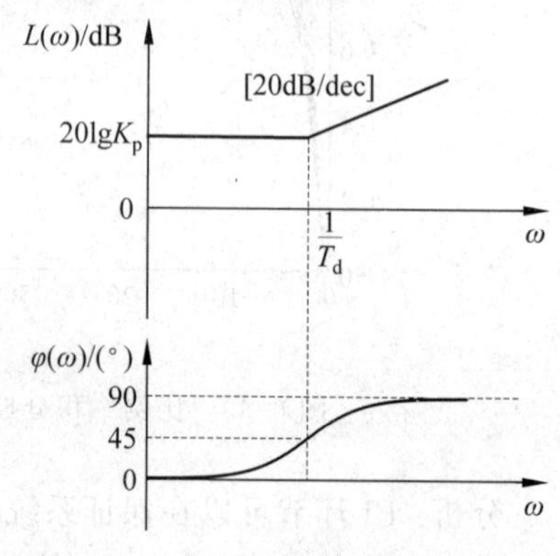

图 6-32 比例—微分控制的伯德图

【例 6-7】 某控制系统结构图如图 6-25 所示，其中：

$$G_0(s) = \frac{1}{s(4s+1)}$$

在控制单元施加比例—微分控制，比例系数 $K_p=2$，微分时间常数的值分别取 $T_d=0,0.1,0.5,1,2$，观察各微分时间常数下单位阶跃响应及控制效果。

解 在 MATLAB 命令窗口中输入以下命令，绘制各积分时间常数下单位阶跃响应曲线，如图 6-33 所示。

```
Kp=2;
Td=[0,0.1,0.5,1 2];
```

```
G0=tf(1, conv([4,1],[1,0]));              %系统开环传递函数
for i=1:5
    Gc=tf([Kp*Td(i),Kp],[1]);             %PD 控制器函数
    G=Gc*G0;                              %PD 校正后系统开环传递函数
    step(feedback(G,1));                  %PD 校正后系统单位阶跃响应
    hold on
end
```

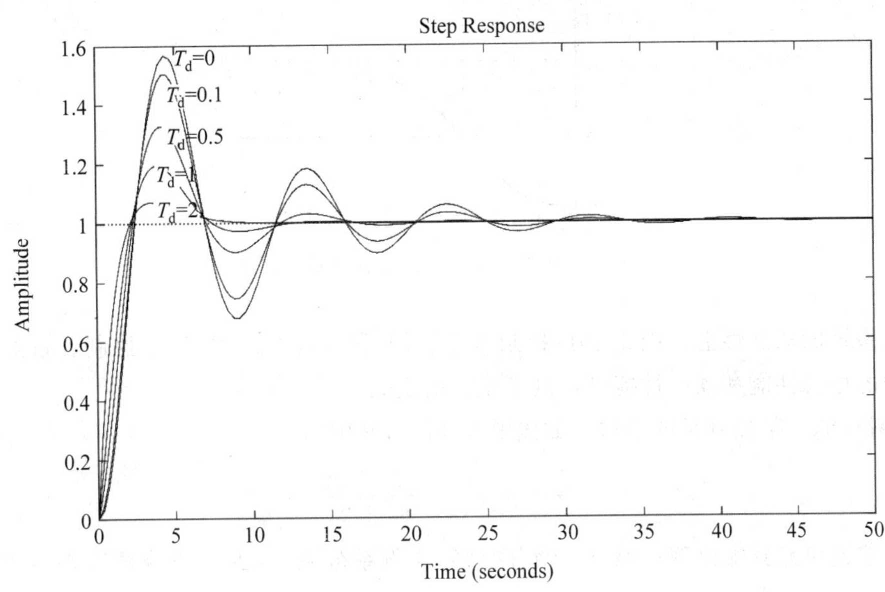

图 6-33 比例—微分控制不同 T_d 下闭环系统的单位阶跃响应曲线

分析：没有微分控制时($T_d=0$)系统的超调量最大，响应时间最长，而加入微分控制后，随着 T_d 值的增加，系统的超调量在减小，系统的响应时间也在变慢。

6.3.6 比例—积分—微分控制

比例—积分—微分(PID)控制的传递函数为

$$
\begin{aligned}
G_c(s) &= K_p + \frac{K_i}{s} + K_d s \\
&= K_p\left(1 + \frac{1}{T_i s} + T_d s\right) \\
&= K_p \frac{T_i T_d s^2 + T_i s + 1}{T_i s}
\end{aligned}
$$

PID 控制的伯德图如图 6-34 所示。

由图 6-34 可见，PID 控制本质上是一种滞后—超前校正。PID 控制有滞后—超前校正的功效，在低频段起积分作用，可以改善系统的稳态性能；在中、高频段则起微分作用，使系统的截止频率增大，提高了系统的响应速度，系统的相位裕量增大，相对稳定性提高，

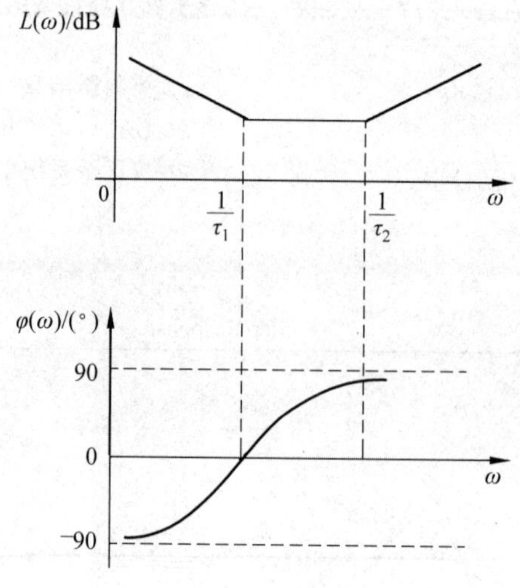

图 6-34 比例—积分—微分控制的伯德图

改善了系统的动态性能。因此 PID 控制具有比例、积分、微分三种基本控制各自的优点，使系统的稳态性能和动态性能都得到了全面的提高。

【例 6-8】 某控制系统结构图如图 6-25 所示，其中：

$$G_0(s)=\frac{1}{s^2+8s+24}$$

在控制单元施加比例—积分—微分控制，比例系数 $K_p=200$，积分系数 $K_i=350$，微分系数 $K_d=8$，观察施加 PID 控制前后系统单位阶跃响应及控制效果。

解 在 MATLAB 命令窗口中输入以下命令，绘制 PID 控制前后系统单位阶跃响应曲线，如图 6-35 所示。

```
num=1;
den=[1,8,24];
G0=tf(num,den);                          %原开环函数
Kp=200;Ki=350;Kd=8;                      %PID 参数
Gc=tf([Kd,Kp,Ki],[1,0]);                 %PID 控制器函数
G_PID=Gc*Go;                             %加入 PID 控制后的开环函数
subplot(2,1,1);
step(feedback(Go,1));
title('施加 PID 控制前');
subplot(2,1,2);
step(feedback(G_PID,1));
title('施加 PID 控制后');
```

分析：没有施加 PID 控制时系统存在很大的稳态误差，而加入 PID 控制后，系统的稳态误差减小为 0，系统的超调量和响应时间都比较小。

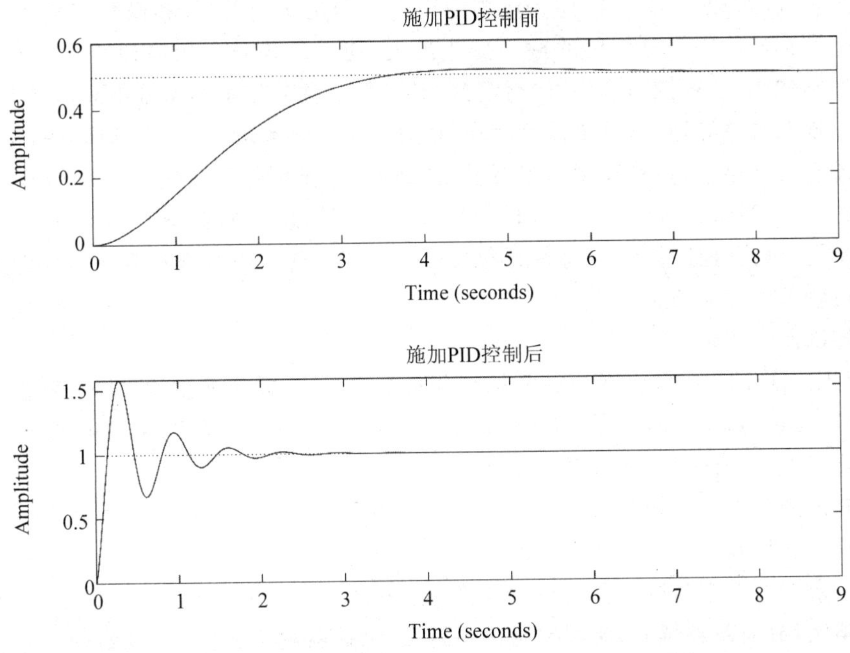

图 6-35 比例—积分—微分控制前后闭环系统的单位阶跃响应曲线

6.3.7 比例—积分—微分控制时域分析

当输入偏差 e 为一幅值是 A 的阶跃信号时,比例—积分—微分控制的时域输出特性如图 6-36 所示。

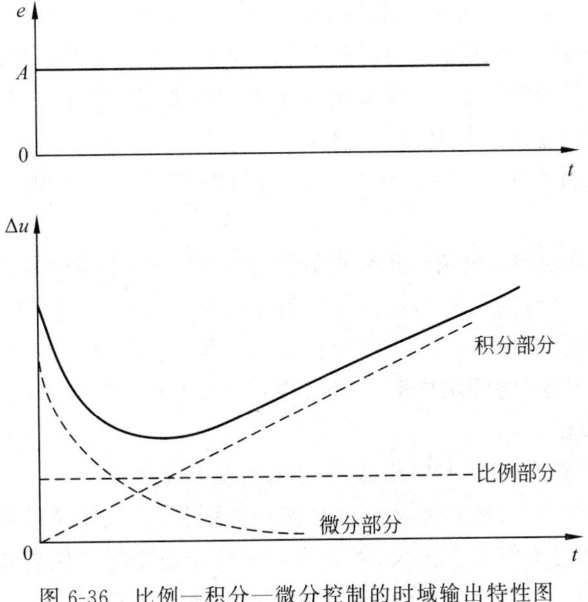

图 6-36 比例—积分—微分控制的时域输出特性图

从图6-36可以看出,PID控制作用的输出分别是比例、积分和微分三种控制作用输出的叠加。初始阶段微分作用的输出变化最大,使总的输出大幅度地变化,产生强烈的"超前"控制作用,这种控制作用可看作"预调"。然后微分作用逐渐减小甚至消失,积分作用的输出逐渐占主导地位,只要偏差存在,积分输出就不断增加,一直到偏差完全消失,积分作用才有可能停止,这种控制作用可看作"细调"。比例作用的输出是自始至终与偏差相对应的,是一种最基本的控制作用。在实际PID控制器中,微分环节和积分环节都具有饱和特性。PID控制器可以调整的参数是K_p、T_i、T_d。适当选取这三个参数的数值,可以获得较好的控制质量。

各控制系统的特点如下。

(1) 比例控制:比例控制的输出与输入偏差成正比,反应速度快,能对偏差信号做出及时反应,输出与输入同步,没有时间滞后,动态特性好。调节的结果不能使被调参数完全回到给定值,会有余差(或静差)。

余差是指被调参数新的稳定值与给定值不相等而形成的差值。产生余差的原因是比例调节只有在控制器的输入有变化即被调量和设定值之间有偏差时控制器的输出才会发生变化。余差的大小与控制器的放大系数K_p有关,放大系数越小,比例控制作用越弱,余差就越大;放大系数越大,比例控制作用越强,余差就越小。

(2) 积分控制:积分控制的输出变化速度与偏差成正比。不仅与偏差信号的大小有关,还与偏差存在的时间长短有关,只要偏差存在,控制器的输出就会不断变化,直到偏差为零控制器的输出才稳定下来不再变化。注意当被调量偏差e为零时,积分控制器的输出保持不变,而不是像比例控制那样随偏差为零而变到零。因此积分控制是无差调节,能自动消除余差。

积分控制具有滞后性,过程缓慢。对同一个被控对象,采用积分控制需要一定的时间才能使调节阀开大或减小,采用比例控制能立即按比例将调节阀开得很大。除非积分速度无穷大,否则积分控制不可能及时对偏差加以响应,而是滞后于偏差的变化,因此积分控制难以对干扰进行及时控制,尤其系统干扰作用频繁时,积分控制会显得十分乏力,积分控制的稳定作用也比比例控制差。

单独的积分控制系统较少,它作为一种辅助控制与比例控制一起组成比例—积分控制。

(3) 比例—积分控制:比例—积分控制综合比例、积分两种控制的优点,利用比例控制快速抵消干扰的影响,同时利用积分控制消除残差。具有比例控制作用反应快、无滞后的优点,可以加快调整作用,缩短控制时间,又具有积分控制的优点,可以消除静差。

对于一般控制对象,均可用比例—积分控制,只要比例系数和积分时间选择得合适,就基本可以满足要求。

(4) 微分控制:微分控制的输出大小与偏差变化的速度成正比。偏差变化越剧烈,微分控制的控制作用越大,从而能及时抑制偏差的增长,提高系统的稳定性。对于一个固定不变的偏差,不管这个偏差有多大,微分作用的输出总是零。微分作用的强弱用微分时间T_d来衡量,微分时间T_d越大,微分作用越强,超前时间越大。

一般单纯的微分控制器不能工作,它总是依附于比例控制或比例积分控制的。

（5）比例—微分控制：比例—微分控制是有差控制，具有提高控制系统稳定性的作用，对于纯迟延过程是无效的。比例—微分控制综合了比例、微分两种控制的优点，利用比例控制快速抵消干扰的影响，同时利用微分控制抑制被调量的振荡。在比例—微分调整中总是以比例动作为主，微分动作只起辅助控制作用。

比例—微分控制器的抗干扰能力较差，只能应用于被调量变化非常平稳的过程，一般不用于流量和液位控制系统。

（6）比例—积分—微分控制：比例—积分—微分控制综合了比例、积分、微分三种控制的特点。

6.4　基于 MATLAB 的控制系统校正仿真

前面介绍的控制系统串联校正方法，都是基于试凑法的，这种方法在某种程度上依赖于设计者的经验，而且设计过程计算量大，最后得到的结果也不唯一。

本节介绍基于 MATLAB 的控制系统校正问题，包括串联超前校正、串联滞后校正、串联滞后—超前校正，以及比例—积分—微分控制等。

利用 MATLAB 对控制系统进行校正，可以免去手工计算相关的频域性能指标，特别是手工计算难以求出的对数幅值裕量、截止频率等都可以利用 MATLAB 提供的函数精确地求出，并通过仿真曲线，直观地判断校正后的系统性能是否满足设计指标要求。

6.4.1　基于 MATLAB 的串联超前校正

根据串联超前校正装置设计的步骤，在 MATLAB 中编写以下串联超前校正程序代码。

```
fprintf(">>>串联超前校正<<<\n");
%设置设计指标(没有要求的设为 0)
Pm_t=45;                                %相位裕量
Gm_t=10;                                %幅值裕量
Wcp_t=3;                                %截止频率
Wcg_t=0;                                %穿越频率

num=[1];
den=conv([1 1 0],[1 2]);
K=20;                                   %满足稳定误差条件的 K 值
G0=K*tf(num,den);                       %校正前的传递函数

[Gm0,Pm0,Wcg0,Wcp0]=margin(G0);         %校正前系统的稳定裕量
                                        %幅值裕量 Gm0, 相位裕量 Pm0
                                        %穿越频率 Wcg0, 截止频率 Wcp0
Gm0=20*log10(Gm0);                      %幅值单位转化为 dB

fprintf("校正前传递函数为: ");G0
```

```
fprintf("校正前系统性能指标: \n");
fprintf("相位裕量为%.2f°,幅值裕量为%.2f dB,\n", Pm0,Gm0);
fprintf("截止频率为%.2f rad/s,穿越频率为%.2f rad/s\n", Wcp0,Wcg0);

%判断是否满足设计指标
if (Pm0>=Pm_t) & (Gm0>=Gm_t) &(Wcg0>=Wcg_t) & (Wcp0>=Wcp_t)
   fprintf("满足设计指标!\n");
else
   fprintf("不满足设计指标!尝试采用超前校正。\n");
end

flag=0;                                  %校正成功标记: 0 不满足指标, 1 满足指标
for delta=5:15                           %超前校正相角补偿范围为 5~15
    if (flag==1)                         %如果已经满足设计指标,结束校正
         break;
    end
    %设计超前校正装置的参数
    %(1)确定校正装置提供的最大超前相位 phiM
    phiM=Pm_t-Pm0 +delta;
    %(2)确定 a
    a=(1+sind(phiM))/(1-sind(phiM));
    %(3)计算校正前系统幅值为-10log10(a)时对应的频率 Wm
    mag_max=-10*log10(a);               %计算-10log10(a)校正装置在最大相位处的幅值
    [mag,phase,w]=bode(G0);              %利用伯德图得到幅值向量 mag
    mag_dB=20*log10(mag);                %将幅值转换为 dB 为单位
    Wm=spline(mag_dB,w,mag_max);         %得到校正装置最大相位处的频率

   if ( Wm <Wcp_t )                      %如果截止频率不满足设计指标,重新计算 a
        Wm=Wcp_t;
        [mag,phase]=bode(G0,Wm);
        a=power(10,-20*log10(mag)/10);
    end
    %(4)确定校正装置的传递函数,转折频率为 w1、w2
    T=1/Wm/sqrt(a);
    w1=1/a/T;
    w2=1/T;
    Gc=tf([1/w1,1],[1/w2 1]);

   %验证是否满足设计指标
    G=Gc*G0;                             %校正后传递函数
    [Gm,Pm,Wcg,Wcp]=margin(G);           %校正前系统的稳定裕量
                                         %幅值裕量 Gm,相位裕量 Pm
                                         %穿越频率 Wcg,截止频率 Wcp
    Gm=20*log10(Gm);                     %幅值单位转换为 dB
```

```
    if (Pm>=Pm_t) & (Gm>=Gm_t) &(Wcg>=Wcg_t) & (Wcp>=Wcp_t)
        fprintf("超前校正装置的传递函数为: "); Gc
        fprintf("校正后的传递函数为: "); G
        fprintf("校正后系统性能指标: ");
        fprintf("相位裕量为%.2f°,幅值裕量为%.2f dB,\n", Pm,Gm);
        fprintf("截止频率为%.2f rad/s,穿越频率为%.2f rad/s\n", Wcp,Wcg);
        %绘制校正前后系统的伯德图
        subplot(2,2,1); margin(G0)                %绘制校正前系统的伯德图
        subplot(2,2,2); margin(G)                 %绘制校正前系统的伯德图
        subplot(2,2,3);step(feedback(G0,1))       %校正前系统的阶跃响应
        subplot(2,2,4);step(feedback(G,1))        %校正后系统的阶跃响应
        fprintf("满足设计指标!\n");
        flag=1;
    end
end
if(flag==0)
    fprintf("串联超前校正无法使该系统满足设计指标!\n");
    fprintf("请使用其他的校正方法!\n");
end
```

以上程序采用试凑法对控制系统自动进行串联超前校正,下面通过示例来说明如何使用该程序。

【例 6-9】 用串联超前校正程序对例 6-1 的系统进行超前校正。

解　已知开环传递函数为 $G_0(s)=\dfrac{K}{s(s+1)}$,设计指标为:静态速度误差系数 $K_v=12$,开环截止频率 $\omega_c^*\geqslant 5\text{rad/s}$,相位裕量 $\gamma^*\geqslant 60°$,幅值裕量 $K_g^*\geqslant 10\text{dB}$。

(1) 根据稳态性能对稳态误差的要求,确定开环增益 K,求得 $K=12$,此时开环传递函数为

$$G_0(s)=\frac{12}{s(s+1)}$$

(2) 对程序中的性能指标部分和校正前系统传递函数部分进行修改。修改部分如下。

```
%设置设计指标(没有要求的设为 0)
Pm_t=60;                          %相位裕量
Gm_t=10;                          %幅值裕量
Wcp_t=5;                          %截止频率
Wcg_t=0;                          %穿越频率

num=[1];
den=conv([1 0],[1 1]);
K=12;                             %满足稳定误差条件的 K 值
G0=K*tf(num,den);                 %校正前的传递函数
```

(3) 运行程序,得到的结果如图 6-37 和图 6-38 所示。

```
>>>串联超前校正<<<
校正前传递函数为:
G0 =

    12
  -------
  s^2 + s

Continuous-time transfer function.

校正前系统性能指标:
相位裕量为16.42°,幅值裕量为Inf dB,
截止频率为3.39 rad/s,穿越频率为Inf rad/s
不满足设计指标!尝试采用超前校正。
超前校正装置的传递函数为:
Gc =

  0.4859 s + 1
  ------------
  0.06237 s + 1

Continuous-time transfer function.

校正后的传递函数为:
G =

         5.831 s + 12
  ---------------------------
  0.06237 s^3 + 1.062 s^2 + s

Continuous-time transfer function.

校正后系统性能指标:
相位裕量为60.45°,幅值裕量为Inf dB,
截止频率为5.74 rad/s,穿越频率为Inf rad/s
满足设计指标!
```

图 6-37　例 6-9 串联超前校正程序执行的结果 1

【例 6-10】 用串联超前校正程序对例 6-2 的系统进行超前校正。

解　已知开环传递函数为 $G_0(s)=\dfrac{K}{s(s+1)(0.5s+1)}$,设计指标为:静态速度误差系数 $K_v=5$,相位裕量 $\gamma^*\geqslant 40°$,幅值裕量 $K_g^*\geqslant 10\text{dB}$。

(1) 根据稳态性能对稳态误差的要求,确定开环增益 K,求得 $K=5$,此时开环传递函数为

$$G_0(s)=\frac{5}{s(s+1)(0.5s+1)}$$

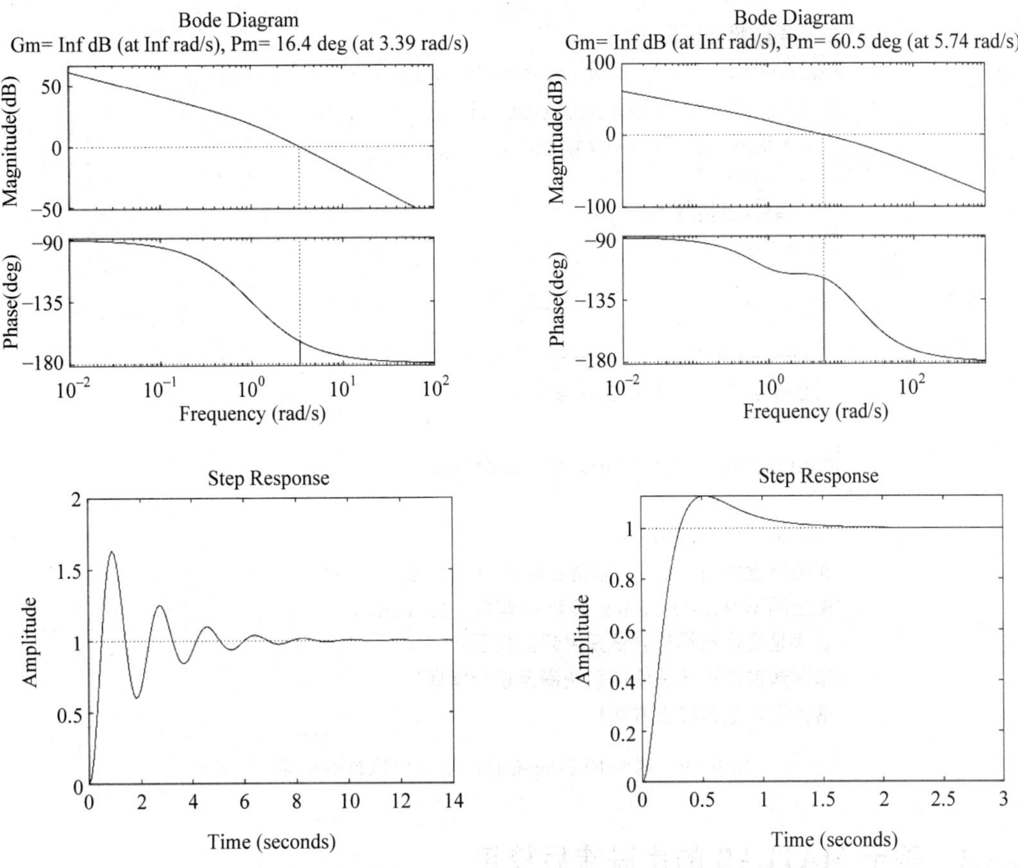

图 6-38　例 6-9 串联超前校正程序执行的结果 2(左为校正前，右为校正后)

(2) 对程序中的性能指标部分和校正前系统传递函数部分进行修改。修改部分如下。

```
%设置设计指标(没有要求的设为 0)
Pm_t=40;                              %相位裕量
Gm_t=10;                              %幅值裕量
Wcp_t=0;                              %截止频率
Wcg_t=0;                              %穿越频率

num=[1];
den=conv([1 1 0],[0.5 1]);
K=5;                                  %满足稳定误差条件的 K 值
G0=K*tf(num,den);                     %校正前的传递函数
```

(3) 运行程序，得到的结果如图 6-39 所示。

从运行结果可知，采用串联超前校正无法使该系统达到设计指标的要求，需要使用其他的校正方法。

```
>>>串联超前校正<<<
警告: The closed-loop system is unstable.
> In ctrlMsgUtils.warning (line 25)
  In DynamicSystem/margin (line 65)
  In cxjz (line 13)
校正前传递函数为：
G0 =

            5
  ---------------------
  0.5 s^3 + 1.5 s^2 + s

Continuous-time transfer function.

校正前系统性能指标：
相位裕量为-12.99°，幅值裕量为-4.44 dB,
截止频率为1.80 rad/s,穿越频率为1.41 rad/s
不满足设计指标！尝试采用超前校正。
串联超前校正无法使该系统满足设计指标！
请使用其他的校正方法！
```

图 6-39 例 6-10 串联超前校正程序执行的结果

6.4.2 基于 MATLAB 的串联滞后校正

根据串联滞后校正装置设计的步骤，在 MATLAB 中编写以下串联滞后校正程序代码。

```
fprintf(">>>串联滞后校正<<<\n");
%设置设计指标(没有要求的设为 0)
Pm_t=40;                                %相位裕量
Gm_t=10;                                %幅值裕量
Wcp_t=0;                                %截止频率
Wcg_t=0;                                %穿越频率

s=tf('s');
K=5;                                    %满足稳定误差条件的 K 值
G0=K/(s*(s+1)*(0.5*s+1));               %校正前的传递函数
[Gm0,Pm0,Wcg0,Wcp0]=margin(G0);         %校正前系统的稳定裕量
                                        %幅值裕量 Gm0,相位裕量 Pm0
                                        %截止频率 Wcg0,穿越频率 Wcp0
Gm0=20*log10(Gm0);                      %幅值单位转化为 dB

fprintf("校正前传递函数为: ");G0
fprintf("校正前系统性能指标: \n");
fprintf("相位裕量为%.2f°,幅值裕量为%.2f dB,\n", Pm0,Gm0);
```

```
fprintf("截止频率为%.2f rad/s,穿越频率为%.2f rad/s\n", Wcp0,Wcg0);
%判断是否满足设计指标
if (Pm0>=Pm_t) & (Gm0>=Gm_t) &(Wcg0>=Wcg_t) & (Wcp0>=Wcp_t)
    fprintf("满足设计指标!\n");
else
    fprintf("不满足设计指标!尝试采用滞后校正。\n");
end

flag=0;                                  %校正成功标记:0 不满足指标,1 满足指标
for delta=10:15                          %滞后校正相角补偿范围为 5~15
    if (flag==1)                         %校正后满足设计指标
        break;
    end
    %设计滞后校正装置
    %(1)确定校正后的截止频率 Wc
    phaseExp=-180+Pm_t +delta ;          %期望截止频率处的相位
    [mag,phase,w]=bode(G0);              %利用 bode 函数返回幅值向量与相位向量
    Wc=spline(phase,w,phaseExp);         %得到期望相位处的频率(截止频率)
    magb=spline(w,mag,Wc);               %得到期望截止频率处的幅值
    magb=20*log10(magb);                 %幅值单位转换为 dB
    %(2)确定 b
    b=power(10,-magb/20);                %滞后校正装置参数 b
    %(3)确定校正装置的传递函数,转折频率为 w1、w2
    w2=Wc/10;
    bT=1/w2;
    T=bT/b;
    w1=1/T;
    Gc=tf([1/w2 1], [1/w1 1]);
    %验证是否满足设计指标
    G=Gc*G0;                             %校正后的传递函数
    [Gm,Pm,Wcg,Wcp] =margin(G);          %校正后系统的稳定裕量
                                         %幅值裕量 Gm,相位裕量 Pm
                                         %截止频率 Wcg,穿越频率 Wcp
    Gm=20*log10(Gm);                     %幅值单位转换为 dB
    if (Pm>=Pm_t) & (Gm>=Gm_t) &(Wcg>=Wcg_t) & (Wcp>=Wcp_t)
        fprintf("滞后校正装置的传递函数为: "); Gc
    fprintf("校正后的传递函数为: "); G
    fprintf("校正后系统性能指标: \n");
    fprintf("相位裕量为%.2f°,幅值裕量为%.2f dB,\n", Pm,Gm);
    fprintf("截止频率为%.2f rad/s,穿越频率为%.2f rad/s\n", Wcp,Wcg);
    %绘制校正前后系统的伯德图
    subplot(2,2,1); margin(G0)           %绘制校正前系统的伯德图
    subplot(2,2,2); margin(G)            %绘制校正前系统的伯德图
    subplot(2,2,3);step(feedback(G0,1))  %校正前系统的阶跃响应
    subplot(2,2,4);step(feedback(G,1))   %校正后系统的阶跃响应
    fprintf("满足设计指标!\n");
```

```
        flag=1;
        end
    end
    if(flag==0)
        fprintf("串联滞后校正无法使该系统满足设计指标!\n");
        fprintf("请使用其他的校正方法!\n");
    end
```

以上程序对控制系统自动进行串联滞后校正,下面通过示例来说明如何使用该程序。

【例 6-11】 用以上串联滞后校正程序对例 6-2 的系统进行滞后校正。

解 已知开环传递函数为$G_0(s)=\frac{K}{s(s+1)(0.5s+1)}$,设计指标为:静态速度误差系数 $K_v=5$,相位裕量 $\gamma^*\geqslant 40°$,幅值裕量 $K_g^*\geqslant 10\text{dB}$。

(1) 根据稳态性能对稳态误差的要求,确定开环增益 K,求得 $K=5$,此时开环传递函数为

$$G_0(s)=\frac{5}{s(s+1)(0.5s+1)}$$

(2) 对程序中的性能指标部分和校正前系统传递函数部分进行修改(上述程序中已经是本题的数据)。

(3) 运行程序,得到的结果如图 6-40 和图 6-41 所示。

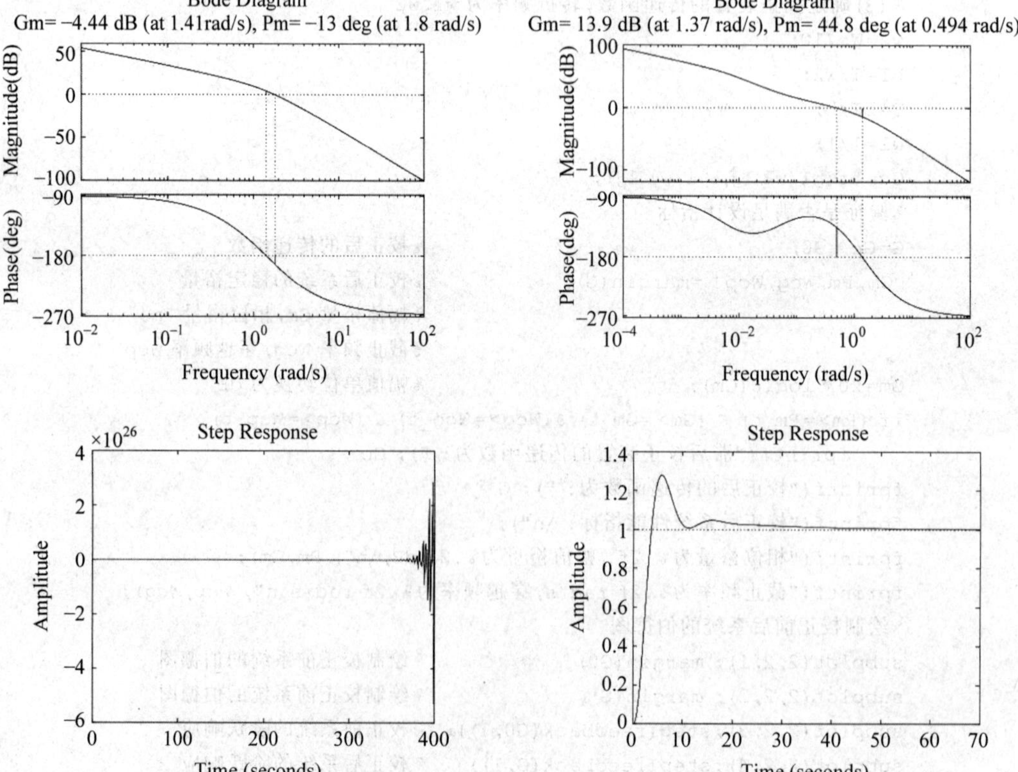

图 6-40 例 6-11 串联滞后校正程序执行的结果 1(左为校正前,右为校正后)

```
>>>串联滞后校正<<<
警告: The closed-loop system is unstable.
> In ctrlMsgUtils.warning (line 25)
  In DynamicSystem/margin (line 65)
  In zhjz (line 12)
校正前传递函数为:
G0 =

            5
  ---------------------
  0.5 s^3 + 1.5 s^2 + s

Continuous-time transfer function.

校正前系统性能指标:
相位裕量为-12.99°,幅值裕量为-4.44 dB,
截止频率为1.80 rad/s,穿越频率为1.41 rad/s
不满足设计指标! 尝试采用滞后校正。
滞后校正装置的传递函数为:
Gc =

  20.34 s + 1
  -----------
  180.2 s + 1

Continuous-time transfer function.

校正后的传递函数为:
G =

               101.7 s + 5
  -------------------------------------
  90.08 s^4 + 270.7 s^3 + 181.7 s^2 + s

Continuous-time transfer function.

校正后系统性能指标:
相位裕量为44.82°,幅值裕量为13.92 dB,
截止频率为0.49 rad/s,穿越频率为1.37 rad/s
满足设计指标!
```

图 6-41　例 6-11 串联滞后校正程序执行的结果 2

【例 6-12】 为例 6-11 添加一项新的设计指标：开环截止频率 $\omega_c^* \geqslant 1\text{rad/s}$，这时能否采用滞后校正？

解　在例 6-11 的基础上，将滞后校正程序中设计指标的部分代码修改如下。

```
%设置设计指标(没有要求的设为 0)
Pm_t=40;                                    %相位裕量
Gm_t=10;                                    %幅值裕量
Wcp_t=1;                                    %截止频率
Wcg_t=0;                                    %穿越频率
```

继续运行程序,得到的结果如图 6-42 所示。

```
校正前传递函数为:
G0 =

            5
  ----------------------
  0.5 s^3 + 1.5 s^2 + s

Continuous-time transfer function.

校正前系统性能指标:
相位裕量为-12.99°,幅值裕量为-4.44 dB,
截止频率为1.80 rad/s,穿越频率为1.41 rad/s
不满足设计指标! 尝试采用滞后校正。
串联滞后校正无法使该系统满足设计指标!
请使用其他的校正方法!
```

图 6-42　例 6-12 串联滞后校正程序执行的结果

从运行结果可知,采用串联滞后校正无法使该系统达到设计指标的要求,需要使用其他的校正方法。

6.4.3　基于 MATLAB 的串联滞后—超前校正

根据串联滞后—超前校正装置设计的步骤,在 MATLAB 中编写以下串联滞后—超前校正程序代码。

```
fprintf(">>>串联滞后—超前校正<<<\n");
%设置设计指标(没有要求的设为 0)
Pm_t=40;                                          %相位裕量
Gm_t=10;                                          %幅值裕量
Wcp_t=1;                                          %截止频率
Wcg_t=0;                                          %穿越频率
s=tf('s');
K=5;                                              %满足稳定误差条件的 K 值
G0=K/(s*(s+1)*(0.5*s+1));                         %校正前的传递函数

[Gm0,Pm0,Wcg0,Wcp0]=margin(G0);                   %校正前系统的稳定裕量
                                                  %幅值裕量 Gm0,相位裕量 Pm0
                                                  %截止频率 Wcg0,穿越频率 Wcp0
Gm0=20*log10(Gm0);                                %幅值单位转化为 dB
fprintf("校正前传递函数为: ");G0
fprintf("校正前系统性能指标: \n");
fprintf("相位裕量为%.2f°,幅值裕量为%.2f dB,\n", Pm0,Gm0);
fprintf("截止频率为%.2f rad/s,穿越频率为%.2f rad/s\n", Wcp0,Wcg0);

%判断是否满足设计指标
```

```
if (Pm0>=Pm_t) & (Gm0>=Gm_t) &(Wcg0>=Wcg_t) & (Wcp0>=Wcp_t)
    fprintf("满足设计指标!\n");
else
    fprintf("不满足设计指标!尝试采用滞后—超前校正\n");
end
flag=0;                                    %校正成功标记: 0 不满足指标,1 满足指标
for delta=5:15
    if (flag==1)                           %校正后满足设计指标
        break;
    end
    %确定超前部分
    %(1)截止频率为校正前相位为-180 度时频率
    [mag,phase,w]=bode(G0);                %利用 bode 函数返回幅值向量与相位向量
    Wc=spline(phase,w,-180);               %得到相位为-180 时的频率
    phiM=Pm_t +delta;                      %超前部分要增加的相角,补偿值为 delta
    %(2)确定 a
    a=(1+sind(phiM))/(1-sind(phiM));
    if ( Wc <Wcp_t )                       %如果截止频率不满足设计指标,重新计算 a
        Wc=Wcp_t;
        [mag,phase]=bode(G0,Wc);
        phiM=Pm_t-(180+phase) +delta;
        a=(1+sind(phiM))/(1-sind(phiM));
    end
    %(3)确定超前部分参数
    T1=1/Wc/sqrt(a);
    aT1=a*T1;
    Gc1=tf([aT1 1],[T1 1]);
    %确定滞后部分
    %(1)确定 bT
    bT2=10/Wc;                             %滞后校正装置参数 b
    T2=a/(Wc/10);
    %(2)确定滞后部分参数
    Gc2=tf([bT2 1],[T2 1]);
    %验证是否满足设计指标
    G=Gc1*Gc2*G0;                          %校正后传递函数
    [Gm,Pm,Wcg,Wcp] =margin(G);            %校正前系统的稳定裕量
                                           %幅值裕量 Gm,相位裕量 Pm
                                           %截止频率 Wcg,穿越频率 Wcp
    Gm=20*log10(Gm);                       %幅值单位转换为 dB
    if (Pm>=Pm_t) & (Gm>=Gm_t) &(Wcg>=Wcg_t) & (Wcp>=Wcp_t)
        fprintf("滞后—超前校正装置的传递函数为: "); Gc=Gc1*Gc2
        fprintf("其中超前部分为: ");  Gc1
        fprintf("其中滞后部分为: ");  Gc2
        fprintf("校正后的传递函数为: "); G
        fprintf("校正后系统性能指标: \n");
        fprintf("相位裕量为%.2f°,幅值裕量为%.2f dB,\n", Pm,Gm);
```

```
        fprintf("截止频率为%.2f rad/s,穿越频率为%.2f rad/s\n", Wcp,Wcg);
        subplot(2,2,1); margin(G0)          %绘制校正前系统的伯德图
        subplot(2,2,2); margin(G)           %绘制校正前系统的伯德图
        subplot(2,2,3); step(feedback(G0,1))%校正前系统的阶跃响应
        subplot(2,2,4); step(feedback(G,1)) %校正后系统的阶跃响应
        fprintf("满足设计指标!\n");
        flag=1;
        end
    end
    if(flag==0)
        fprintf("串联滞后—超前校正无法使该系统满足设计指标!\n");
        fprintf("请使用其他的校正方法!\n");
    end
```

以上程序对控制系统自动进行串联滞后—超前校正,下面通过示例来说明如何使用该程序。

【例 6-13】 对例 6-12 采用串联滞后—超前校正方法,使它满足设计指标要求。

解 在上面的代码中,已经按照例 6-12 所要求的性能指标做了配置,因此直接运行代码,得到如图 6-43 和图 6-44 所示的结果。

6.4.4 基于 MATLAB 的 PID 控制

MATLAB 中提供了 PID 控制的相关函数和可视化 PID 控制器设计工具,可以方便快捷地进行 PID 参数调节,从而完成 PID 控制器的设计。表 6-1 简要给出了这些函数和工具的用法及功能说明。

表 6-1 PID 控制相关函数和工具的用法及功能说明

函数或工具	功 能 说 明
[Gc,info]=pidtune(sys,type)	为开环系统 sys 设计指定类型的 PID 控制器。 其中参数 type 为控制类型,可以取值'P'、'I'、'PI'、'PD'、'PID'。 该函数按照默认选项进行 PID 参数的整定。 返回值 Gc 为 PID 控制器传递函数,info 为控制器的相关信息,包括闭环稳定性、截止频率、相位裕量
[Gc,info]=pidtune(sys,type,wc)	为开环系统 sys 设计指定类型的 PID 控制器,要求截止频率为 wc。其中参数 wc 为校正后系统的截止频率
C=pidtune(sys,...,opts)	使用其他选项为开环系统 sys 设计 PID 控制器。参数 opts 为调整选项,可由 pidtuneOptions 函数进行设置
opt=pidtuneOptions(Name,Value)	设置 pidtune 使用的设计选项。 'PhaseMargin':目标相位裕量。默认值为 60。 'DesignFocus':设计重点,取值可为'balanced'、'reference-tracking'和'disturbance-rejection'。默认值为'balanced'。 'NumUnstablePoles':不稳定极点数。默认值为 0
opt=pidtuneOptions	返回 PID 控制器的默认值
pidTuner	打开可视化 PID 设计工具

```
>>>串联滞后—超前校正<<<
警告: The closed-loop system is unstable.
> In ctrlMsgUtils.warning (line 25)
  In DynamicSystem/margin (line 65)
  In zhcqjz (line 12)
校正前传递函数为:
G0 =

            5
  ---------------------
  0.5 s^3 + 1.5 s^2 + s

Continuous-time transfer function.

校正前系统性能指标:
相位裕量为-12.99°,幅值裕量为-4.44 dB,
截止频率为1.80 rad/s,穿越频率为1.41 rad/s
不满足设计指标! 尝试采用滞后—超前校正
滞后—超前校正装置的传递函数为:
Gc =

  12.07 s^2 + 8.778 s + 1
  -----------------------
  12.07 s^2 + 41.51 s + 1

Continuous-time transfer function.

其中超前部分为:
Gc1 =

  1.707 s + 1
  ------------
  0.2929 s + 1

Continuous-time transfer function.

其中滞后部分为:
Gc2 =

  7.071 s + 1
  -----------
  41.21 s + 1

Continuous-time transfer function.

校正后的传递函数为:
G =

                 60.36 s^2 + 43.89 s + 5
  --------------------------------------------------
  6.036 s^5 + 38.86 s^4 + 74.83 s^3 + 43.01 s^2 + s

Continuous-time transfer function.

校正后系统性能指标:
相位裕量为53.75°,幅值裕量为13.38 dB,
截止频率为1.04 rad/s,穿越频率为2.88 rad/s
满足设计指标!
```

图 6-43　例 6-13 串联滞后—超前校正程序执行的结果 1

【例 6-14】 已知单位反馈系统的开环传递函数为 $G_0(s)=\dfrac{1}{(s+1)^3}$，为系统设计 PI 控制器，观察 PI 控制器的校正效果。

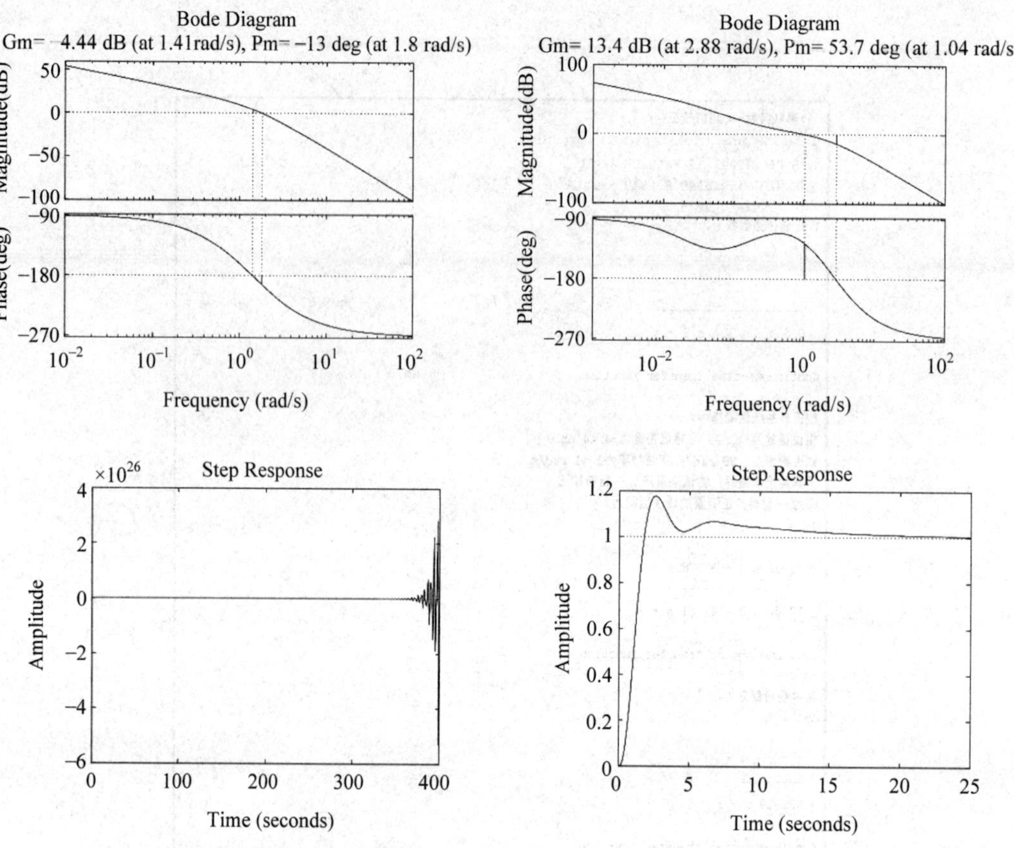

图 6-44　例 6-13 串联滞后—超前校正程序执行的结果 2(左为校正前,右为校正后)

解　在 MATLAB 命令窗口中输入以下命令。

```
s=tf('s');
G0=1/(s+1)^3;
[Gc_pi,info]=pidtune(G0,'PI')
subplot(1,2,1);bode(G0, Gc_pi * G0)
subplot(1,2,2);step(feedback(G0,1), feedback(G0 * Gc_pi,1))
```

运行结果如图 6-45 和图 6-46 所示。

从图 6-45 可以看到,使用 pidtune 函数设计的 PI 控制器的传递函数为 $G_{c\_pi}=1.14+\frac{0.454}{s}$,系统经过该 PI 控制器校正后,相位裕量为 60°,截止频率为 0.5205rad/s,系统闭环稳定。从图 6-46 所示的伯德图和阶跃响应曲线可以看出,经过 PI 控制器校正后,系统稳态误差消失。如果想进一步缩短系统的响应时间,可以将校正后系统的截止频率设置为比 pidtune 函数自动选择的结果高,不妨取 $\omega_c=1$。在 MATLAB 命令窗口中输入以下命令。

```
[Gc_pi_fast, info] =pidtune(G0,'PI',1.0)
subplot(1,2,1);bode(Gc_pi * G0, Gc_pi_fast * G0)
subplot(1,2,2);step(feedback(G0 * Gc_pi,1), feedback(G0 * Gc_pi_fast,1))
```

```
Gc_pi =

             1
  Kp + Ki * ---
             s

  with Kp = 1.14, Ki = 0.454

Continuous-time PI controller in parallel form.


info =

  包含以下字段的 struct:

                Stable: 1
     CrossoverFrequency: 0.5205
           PhaseMargin: 60.0000
```

图 6-45　使用 pidtune 函数设计的 PI 控制器参数及性能指标

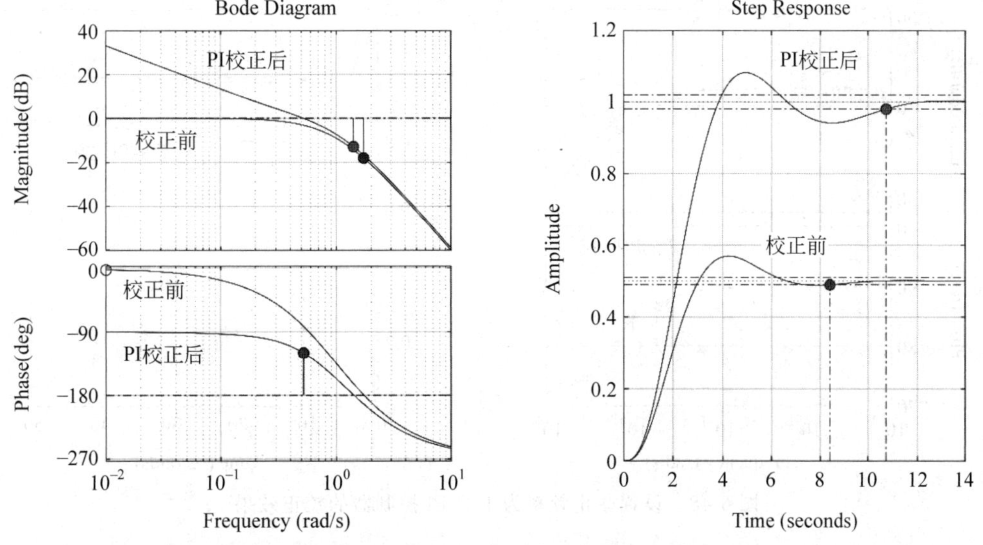

图 6-46　使用 pidtune 函数设计的 PI 控制器的校正效果

运行结果如图 6-47 和图 6-48 所示。

从图 6-47 可以看到，新的 PI 控制器的传递函数为 $G_{\text{c\_pi\_fast}}=2.83+\dfrac{0.0495}{s}$，校正后系统的相位裕量为 43.9973°，截止频率为 1rad/s，系统闭环稳定。新的 PI 控制器提高了截止频率，加快了系统的响应速度，但这是以降低相位裕量为代价的，同时系统的调节时间也变长，这一点可以从图 6-48 的阶跃响应曲线中看出。

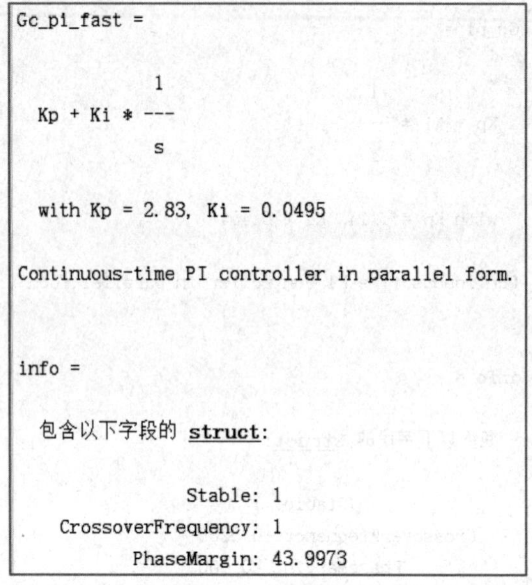

```
Gc_pi_fast =

             1
  Kp + Ki * ---
             s

  with Kp = 2.83, Ki = 0.0495

Continuous-time PI controller in parallel form.

info =

  包含以下字段的 struct:

                Stable: 1
    CrossoverFrequency: 1
           PhaseMargin: 43.9973
```

图 6-47 设置截止频率为 1 的 PI 控制器参数及性能指标

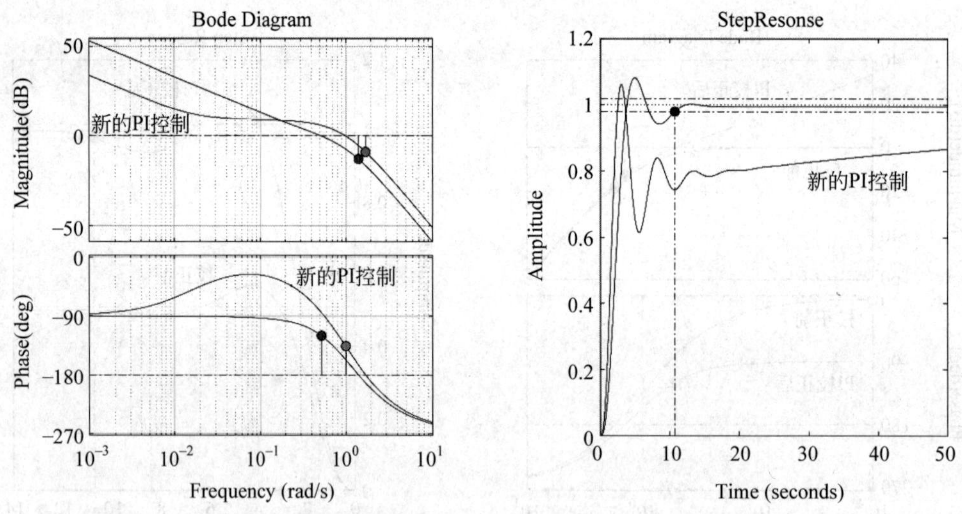

图 6-48 设置截止频率为 1 的 PI 控制器的校正效果

由于新的 PI 控制器在截止频率为 1rad/s 时没有足够的相位裕量,因此导致性能下降。现在考虑用 PID 控制来加以改善。在 MATLAB 命令窗口中输入以下命令。

```
[Gc_pid, info] =pidtune(G0,'PID',1.0)
subplot(1,2,1);bode(Gc_pi_fast * G0,Gc_pid * G0)
subplot(1,2,2);step(feedback(G0 * Gc_pi_fast,1),feedback(G0 * Gc_pid,1))
```

运行结果如图 6-49 和图 6-50 所示。

从图 6-49 可以看到,PID 控制器的传递函数为 $G_{\text{c\_pid}}=2.73+\dfrac{0.977}{s}+1.71s$,校正后系

```
Gc_pid =

             1
  Kp + Ki * --- + Kd * s
             s

  with Kp = 2.73, Ki = 0.977, Kd = 1.71

Continuous-time PID controller in parallel form.


info =

  包含以下字段的 struct:

             Stable: 1
 CrossoverFrequency: 1
        PhaseMargin: 60.0000
```

图 6-49　设置截止频率为 1 的 PID 控制器参数及性能指标

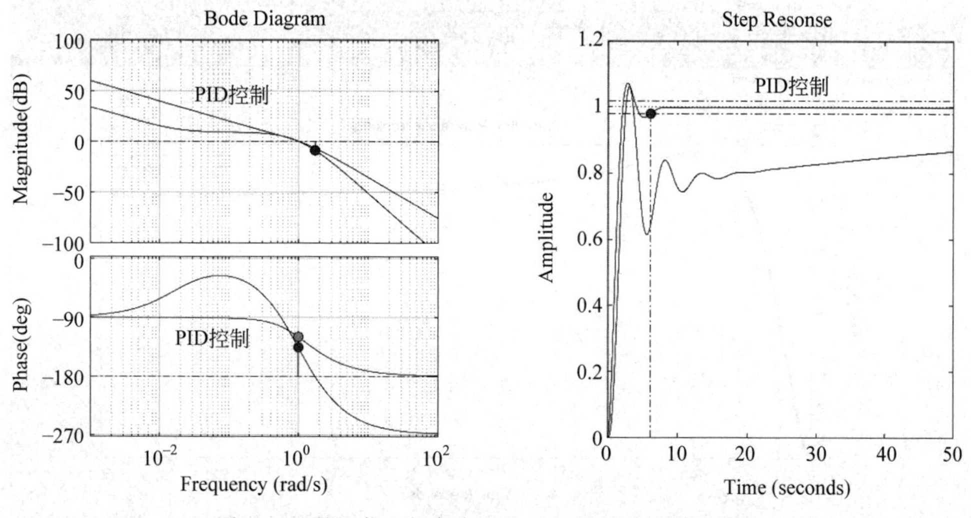

图 6-50　设置截止频率为 1 的 PID 控制器的校正效果

统的相位裕量为 60°，截止频率为 1rad/s，系统闭环稳定。经过 PID 控制器校正后，系统具有良好的相位裕量，同时也实现了提高截止频率的目的。从图 6-50 中可以看到，经 PID 控制器校正后系统的调节时间大大减少。

MATLAB 的控制系统设计与分析工具箱中提供了 PID Tuner，利用该工具能够对控制系统进行可视化的 PID 参数调节，方便用户设计 PID 控制器。

【例 6-15】 设系统的开环传递函数为 $G(s)=\dfrac{0.3}{s^2+0.1s}$，使用 PID Tuner 工具完成 PID 控制器的设计，使校正后系统满足指标：开环截止频率 $\omega_c^* \geqslant 5\text{rad/s}$，相位裕量

$\gamma^* \geqslant 60°$。

解 (1) 建立系统的传递函数模型。在 MATLAB 命令窗口中输入以下命令。

```
s=tf('s');
G0=1/(s*s+0.1*s);
```

(2) 打开 PID Tuner 工具进行 PID 控制器设计。在 MATLAB 命令窗口中输入以下命令。

```
pidTuner(G0)
```

图 6-51 所示为 PID Tuner 工具界面,可以对系统进行 PID 控制器的设计,使校正后系统达到设计目标。在工具栏中可以选择要校正的系统、校正的方式、设计指标(时域或频域)、调节滑块等。随着用户选择的改变,窗口中部实时显示校正后的系统阶跃响应曲线,在窗口状态栏中还显示了当前的 PID 控制器参数。从图 6-51 中可以看到,该工具默认使用 PI 控制进行校正,默认使用时域指标进行 PID 参数的调节。

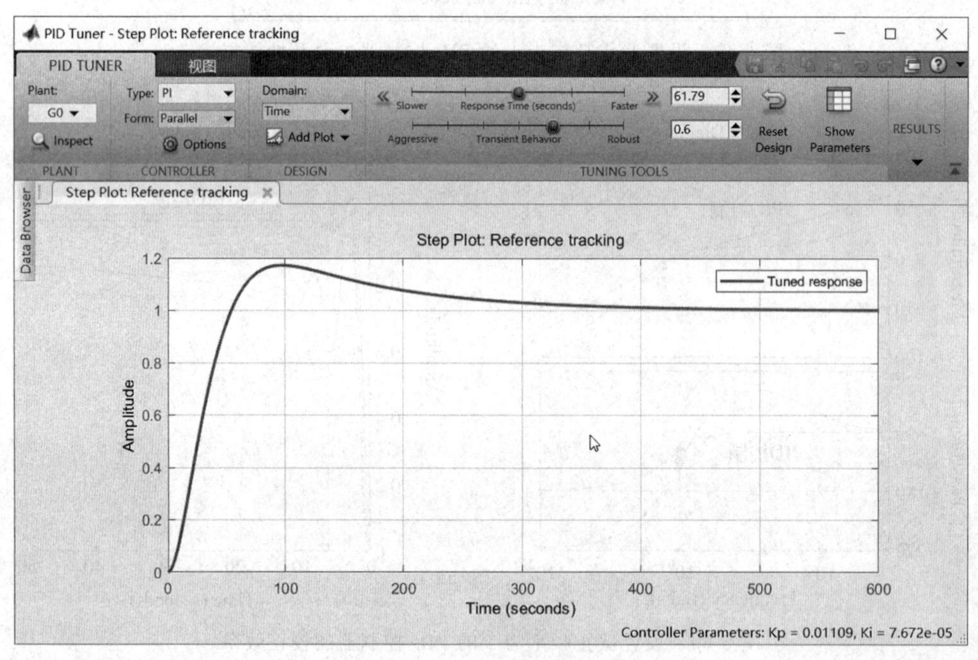

图 6-51 PID Tuner 工具界面

(3) 设置校正指标。由于设计指标是以频域方式给出的,所以在 PID Tuner 界面上选择频域方式,并通过调节滑块设计截止频率和幅值裕量,如图 6-52 所示。从图中可以看到,使用 PI 控制时,虽然可以满足设计指标,但系统的超调量过大,调节时间过长。

(4) 设置校正方式。由于 PI 控制的校正结果不佳,改用 PID 控制。在界面上选择 PID 控制,如图 6-53 所示。可以看到经过 PID 控制校正后的闭环系统阶跃响应曲线超调量和调节时间均比较理想。

(5) 查看校正器参数。单击工具栏中的 Show Parameters 按钮,可以显示当前 PID

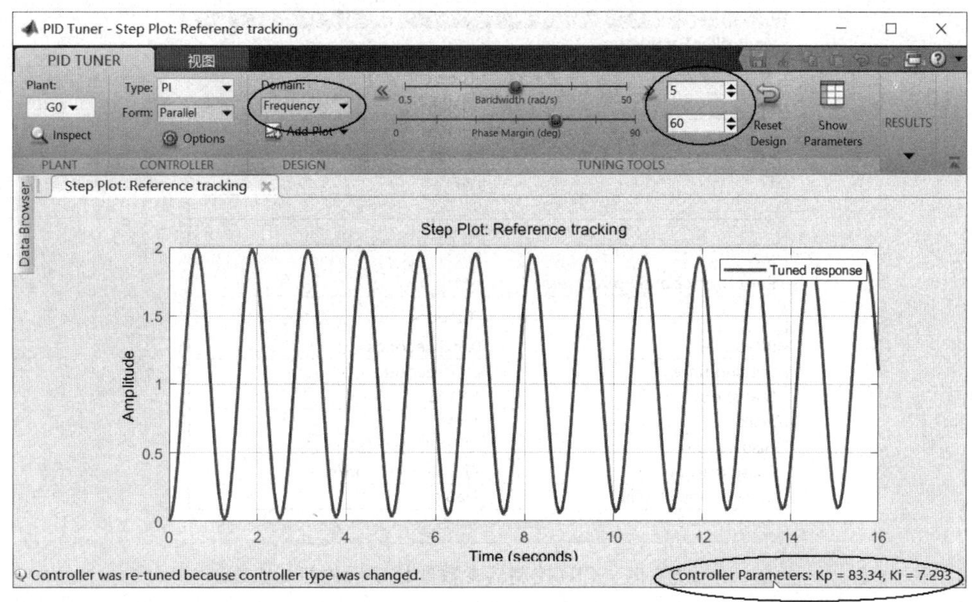

图 6-52　使用 PI 控制时满足设计指标的阶跃响应

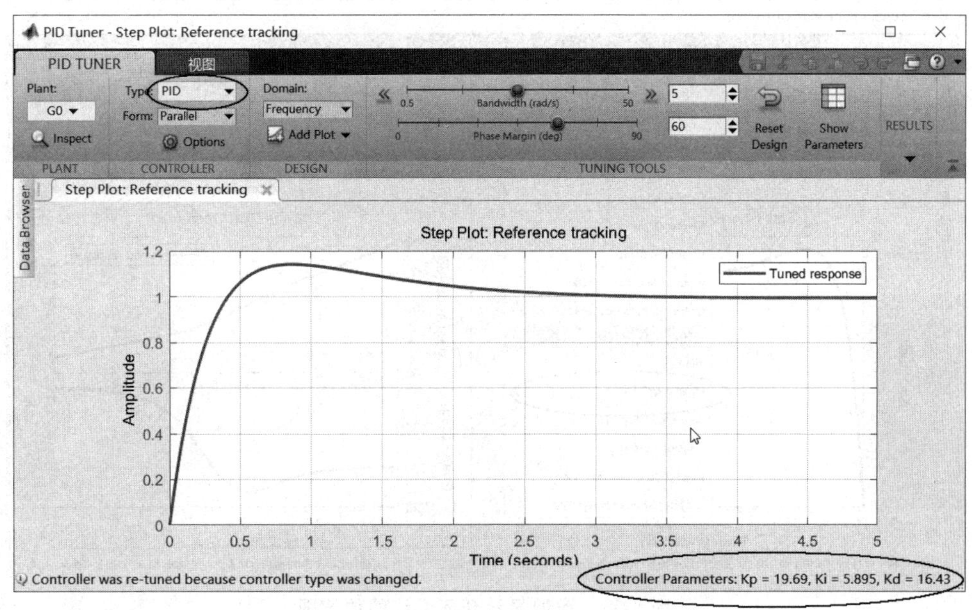

图 6-53　使用 PID 控制时满足设计指标的阶跃响应

控制器的参数及校正后的时域指标(上升时间、调节时间、超调量、峰值)和频域指标(幅值裕量、相位裕量、闭环系统是否稳定),如图 6-54 所示。

(6) 可以在设计过程中显示系统的开环伯德图。在工具栏中单击 Add Plot 按钮,在下拉菜单中选择 BODE 下的 Open-loop,添加开环系统伯德图的绘制,如图 6-55 所示,这

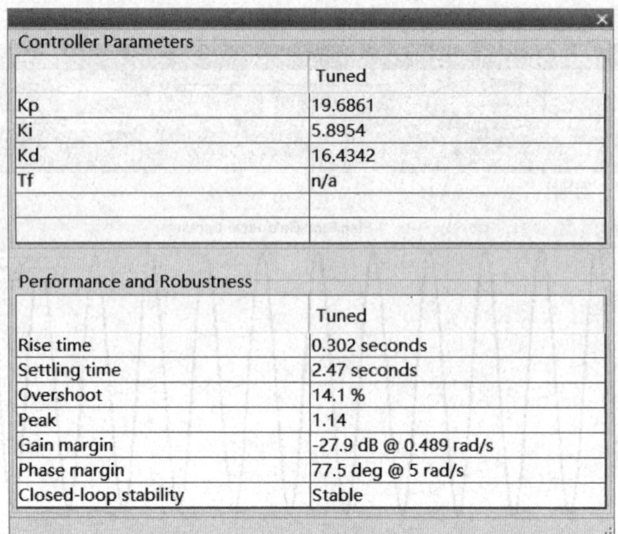

Controller Parameters

	Tuned
Kp	19.6861
Ki	5.8954
Kd	16.4342
Tf	n/a

Performance and Robustness

	Tuned
Rise time	0.302 seconds
Settling time	2.47 seconds
Overshoot	14.1 %
Peak	1.14
Gain margin	-27.9 dB @ 0.489 rad/s
Phase margin	77.5 deg @ 5 rad/s
Closed-loop stability	Stable

图 6-54 PID 控制器参数及校正后的指标

时在窗口中新增显示了开环系统的伯德图。

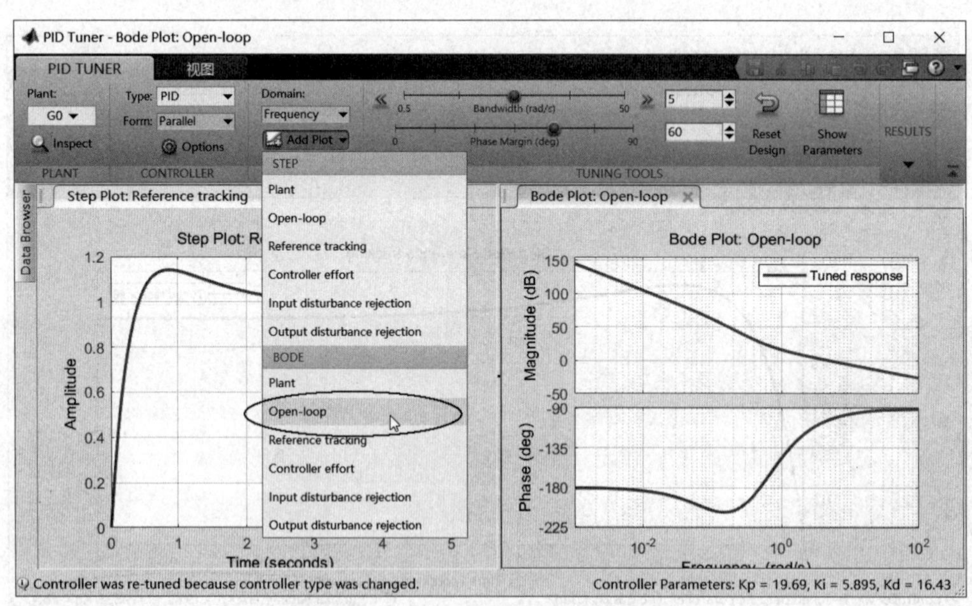

图 6-55 增加显示开环系统的伯德图

(7) 导出设计结果。在工具栏中单击 Export 按钮，显示如图 6-56 所示的界面，在其中勾选 Export PID controller，并填写 PID 控制器传递函数名字为 Gc，然后单击“确定”按钮，将当前的 PID 控制器的传递函数导出到 MATLAB 中。

(8) 在 MATLAB 的命令窗口中输入 Gc，就可以看到导出的 PID 控制器的传递函数，如图 6-57 所示。

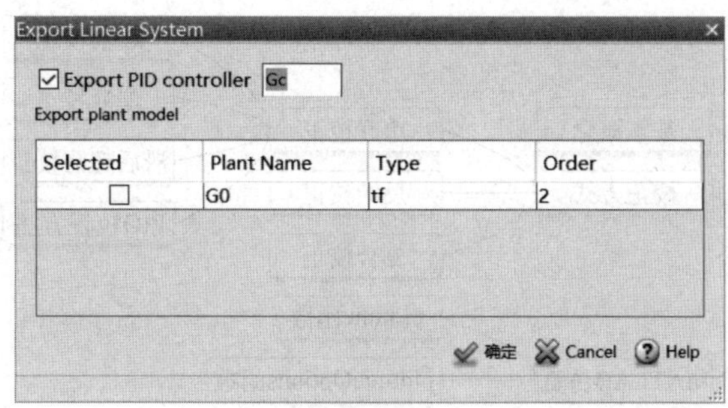

图 6-56　导出 PID 控制器传递函数

```
>> Gc

Gc =

             1
  Kp + Ki * --- + Kd * s
             s

  with Kp = 19.7, Ki = 5.9, Kd = 16.4

Continuous-time PID controller in parallel form.
```

图 6-57　导出到 MATLAB 中的传递函数

6.5　本章小结

本章介绍了控制系统校正的概念、方法及步骤，并通过实例进一步阐述了其具体的应用过程。

超前校正一般设置在校正前系统的中频段，用于改善系统的动态性能；滞后校正一般设置在系统的低频段，用于改善系统的稳态性能，也可以用来提高系统的相对稳定性，但这是以牺牲系统的快速性为代价的；滞后—超前校正一般设置在系统的低、中频段，用于改善系统的综合性能。

现代控制中大多数使用 PID 控制，通过系统的误差信号的比例、积分、微分的线性组合来产生控制作用。在 PID 控制中，比例控制是最基本的控制，为满足实际控制系统的不同指标要求，再分别加入积分控制或微分控制，形成 PI 控制、PD 控制、PID 控制等不同形式。PID 控制与串联校正有着内在联系，PI 控制是一种滞后校正，PD 控制是一种超前校正，PID 控制是一种滞后—超前校正。

利用 MATLAB 进行系统校正，可以增强对系统校正的认识，能直观地看到并分析校正的结果，是系统设计的有力工具。

本章思维导图如图 6-58 所示。

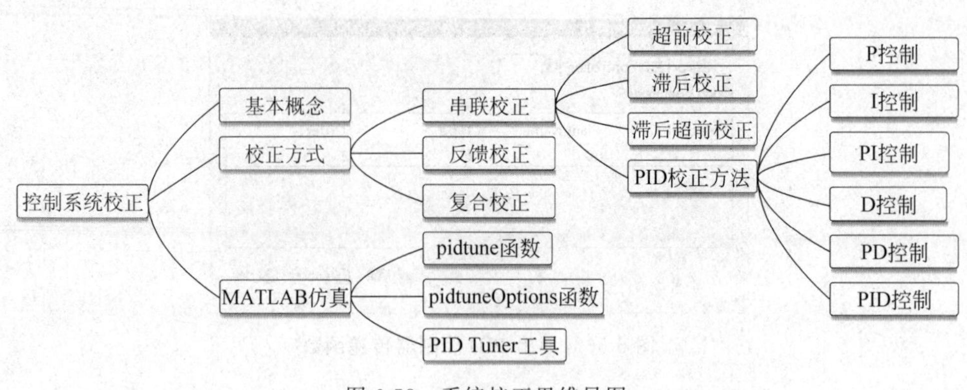

图 6-58 系统校正思维导图

6.6 习题

一、判断题

1. 串联校正方式是将校正网络与受控系统相串联，而反馈校正方式是将校正网络与受控系统构成一个局部反馈回路。 ( )

2. 进行串联超前校正时，一般将校正网络幅频特性曲线的上升段置于原系统开环频率特性的中频段。 ( )

3. 串联超前校正一般不会影响到系统频率特性的低频段，因此该校正方式适用于对系统的稳态误差不需要进行改进的情况。 ( )

4. 进行串联滞后校正时，一般将校正网络的两个转折频率置于原系统开环频率特性的低频段，导致幅值穿越频率前移，以此获得较大的相角裕量。 ( )

5. 实施超前校正后，将使得系统的幅值穿越频率前移，从而对系统响应的快速性会有不利的影响。 ( )

6. 串联滞后校正方式在改善系统相对稳定性的同时，对系统瞬态响应的快速性也有改善。 ( )

7. 超前校正控制器的设计中，一般先调整增益以满足系统稳态性能的要求，再在 Bode 图上设计以满足系统稳定裕量的要求。 ( )

8. 超前校正控制器的设计中，参数 α 越大，提供的超前相角也越大，因此该参数越大越好。 ( )

9. 超前校正控制器的设计过程是严密的，因此设计完成后所需要的性能指标一定可以满足，无须进行验证。 ( )

10. 相对于超前校正，滞后校正方式更有利于提高系统的抗高频干扰能力。 ( )

11. 比例调节中，增大比例增益 K_p 有利于减小误差，但不能消除误差。 ( )

12. 微分控制作用有预测特性，能够改善动态性能，可以单独使用。 ( )

13. 积分控制作用可以提高系统的无差度，但会使系统稳定性下降。 ( )

二、单项选择题

1. 滞后校正装置的突出特点是其对数幅频特性和对数相频特性分别具有(　　)。

A. 相位超前和正斜率　　B. 负相移和正斜率

C. 正相移和正斜率　　D. 相位滞后和负斜率

2. 超前校正、滞后校正都属于的校正方式是(　　)。

A. 复合校正　B. 串联校正　C. 反馈校正　D. 前置校正

3. 超前校正 $G_c(s)=\dfrac{1+\alpha Ts}{1+Ts}(\alpha>1)$ 的最大超前相角与(　　)参数有关。

A. α 和 T　B. T　C. 都无关　D. α

4. 滞后校正 $G_c(s)=\dfrac{1+\beta Ts}{1+Ts}(\beta<1)$ 为了减小滞后角对系统的影响，应使转折频率 $\omega=\dfrac{1}{\beta T}$(　　)校正后的开环截止频率。

A. 不等于　B. 远小于　C. 等于　D. 远大于

5. 超前校正的主要作用是在(　　)产生足够大的超前相角，以补偿原系统过大的滞后相角。

A. 高频段　B. 中频段　C. 不能确定　D. 低频段

6. 下列关于串联超前校正的说法正确的是(　　)。

A. 增加对数幅频特性在幅值穿越频率上的负斜率，但这不一定能提高系统的稳定性

B. 增加对数幅频特性在幅值穿越频率上的负斜率，从而提高了系统的稳定性

C. 减小对数幅频特性在幅值穿越频率上的负斜率，但这不一定能提高系统的稳定性

D. 减小对数幅频特性在幅值穿越频率上的负斜率，从而提高了系统的稳定性

7. 下列关于串联滞后校正的说法正确的是(　　)。

A. 系统带宽变宽，使系统的响应速度增加，但系统的抗干扰能力减弱

B. 系统带宽变窄，使系统的响应速度降低，但系统的抗干扰能力增强

C. 系统带宽变宽，使系统的响应速度增加，且系统的抗干扰能力增强

D. 系统带宽变窄，使系统的响应速度降低，且系统的抗干扰能力减弱

8. PID 控制器在低频区主要是(　　)控制器起作用，用以消除或减小稳态误差；在中、高频区主要是(　　)控制器起作用，用以提高系统的响应速度。

A. P，PI　B. PD，PI　C. P，PD　D. PI，PD

9. PI 控制规律指的是(　　)。

A. 比例、积分　　B. 比例、积分、微分

C. 比例、微分　　D. 积分、微分

10. PD 控制的传递函数形式是(　　)。

A. $5+\frac{1}{3s}$　　B. $5+4s$　　C. $1+\frac{1}{3s}$　　D. $1+\frac{5s}{4s+1}$

11. 下列关于比例控制的说法错误的是(　　)。
   A. 比例控制的增强可以提高系统的响应速度
   B. 比例控制的增强可以提升系统的稳定性
   C. 比例控制作用不能兼顾稳态和暂态两个方面的要求
   D. 比例控制的增强可以提高系统的稳态精度

12. 下列关于 PID 控制说法错误的是(　　)。
   A. PID 控制广泛应用于工业控制系统中
   B. PID 控制不能提高系统的稳态性能
   C. PID 控制在提高系统动态性能方面具有很大的优势
   D. PID 控制除了增加一个位于坐标原点的开环极点之外,还提供了两个负实零点

13. (　　)控制只能改变信号的增益而不影响其相角。
   A. 比例　　B. 比例—积分—微分
   C. 比例—微分　　D. 比例—积分

14. PID 控制中,应使 I 环节发生在系统频率的(　　),以提高系统的稳态性能;而使 D 环节发生在系统频率的(　　),以改善系统抑制高频噪声的能力。
   A. 低频段　中频段　　B. 中频段　高频段
   C. 高频段　低频段　　D. 低频段　高频段

三、多项选择题

1. 串联超前校正将会使得系统(　　)。
   A. 截止频率增加
   B. 动态响应速度加快
   C. 降低高频噪声的抗干扰能力
   D. 频带变窄

2. 串联滞后校正具有(　　)特点。
   A. 校正后系统的抗高频干扰能力提升
   B. 校正后系统的高频段幅值降低
   C. 校正后系统的截止频率减小
   D. 校正后系统的响应速度加快

3. PID 控制主要有(　　)。
   A. P 控制　　B. PD 控制　　C. PID 控制　　D. PI 控制

4. 关于 PID 控制,表述正确的是(　　)。
   A. PID 控制的比例环节是体现控制作用强弱的基本单元
   B. 低频段,PID 的积分环节起滞后校正作用,改善系统的稳态性能
   C. 中频段,PID 的微分环节起超前校正作用,使系统相位裕量和截止频率增加,改

善动态性能

D. PID 控制的微分环节将削弱高频噪声的影响

四、综合题

1. 单位反馈系统的开环传递函数为 $G_0(s)=\dfrac{K}{s(0.2s+1)(0.5s+1)}$，系统输入速度信号为 $r(t)=12t$，允许的最小误差为 $e_{ss}\leqslant 2$。要求：

(1) 确定满足指标要求的 K 值，并求出该 K 值下的幅值裕量和相位裕量。

(2) 若在该系统前向通道中串联超前校正装置 $G_c(s)$，使得经过校正后系统的相位裕量不小于 34°，试确定该超前校正装置 $G_c(s)$ 的参数。

2. 设单位负反馈系统的开环传递函数为 $G_0(s)=\dfrac{K}{s(s+1)(0.25s+1)}$，要求校正后系统的静态速度误差系数 $K_v\geqslant 5$，相角裕量 $\gamma^*\geqslant 45°$，试设计串联滞后校正装置。

3. 设单位负反馈系统的开环传递函数为 $G_0(s)=\dfrac{K}{s(0.05s+1)(0.25s+1)(0.1s+1)}$，要求校正后系统的静态速度误差系数 $K_v\geqslant 12$，超调量 $\sigma\leqslant 30\%$，调整时间 $T_s\leqslant 6\text{s}$，试设计串联滞后校正装置。

4. 已知待校正系统的开环传递函数为 $G_0(s)=\dfrac{K}{s(0.2s+1)(0.02s+1)}$，试设计串联校正环节，使得控制系统满足以下性能指标：静态速度误差系数 $K_v\geqslant 250$，截止频率 $\omega_c^*\geqslant 15\text{rad/s}$，相位裕量 $\gamma^*\geqslant 45°$。

6.7　基于 MATLAB 的控制系统校正仿真实验

1. 实验目的

(1) 掌握对控制系统进行超前校正和滞后校正的方法。

(2) 掌握对控制系统进行 PID 校正的方法。

2. 实验原理

本次实验中所采用的串联超前校正原理、串联滞后校正原理、串联滞后—超前校正原理、PID 控制原理详见本书相关部分。

3. 实验内容

(1) 系统开环传递函数为 $G(s)=\dfrac{K}{s(s+1)}$。

设计要求：速度响应的稳态误差小于 10%，开环系统截止频率大于 4.4rad/s，相角裕量大于 45°。试为系统设计合适的超前校正装置以达到上述要求。

(2) 系统开环传递函数为 $G(s)=\dfrac{K}{s(s+1)}$。

设计要求：速度响应的稳态误差小于 10%，相角裕量大于 30°。试为系统设计合适的滞后校正网络以达到上述要求。

(3) 系统开环传递函数为 $G(s)=\frac{1}{(s+1)^3}$。

① 采用P控制模型 $G_c(s)=K_p$，与被控对象组成单位闭环负反馈系统，由小到大改变 K_p 的值[0.1,1.2,2.5,3.5,5]，再单独取 $K_p=10$，绘制单位阶跃响应曲线，对P控制模型进行分析。

② 采用PI控制模型 $G_c(s)=K_p\frac{T_i s+1}{T_i s}$，与被控对象组成单位闭环负反馈系统，取 $K_p=1$，由小到大改变 T_i 的值[1,2,3,4]，再单独取 $T_i=0.1$，绘制单位阶跃响应曲线，对PI控制模型进行分析。

③ 采用PD控制模型 $G_c(s)=K_p(T_d s+1)$，与被控对象组成单位闭环负反馈系统，取 $K_p=1$，由小到大改变 T_d 的值[0.7,1.2,2.8,3.5]，绘制单位阶跃响应曲线，对PD控制模型进行分析。

④ 采用PID控制模型 $G_c(s)=K_p\frac{T_i T_d s^2+T_i s+1}{T_i s}$，与被控对象组成单位闭环负反馈系统，分别取 $K_p=1$ 和 $K_p=2$，取一组 T_i 值[0.8,1.6,2.4,3.2,4]和一组 T_d 值[0.7,1.4,2.1,2.8,3.5]，绘制两张单位阶跃响应曲线图。当 $K_p=1$ 和 $K_p=2$ 时，分别对应五组 T_i 与 T_d，对PID控制模型进行分析。

(4) 系统开环传递函数为 $G(s)=\frac{1}{(s+2)^3}$。

① 为系统设计PI控制器(默认参数)，观察PI控制器的校正效果。

② 将PI控制器的截止频率提高到2rad/s，观察新PI控制器的校正效果。

③ 在新PI控制器的基础上，为系统设计PID控制器(截止频率为2rad/s)，观察PID控制器的校正效果。

参考文献

[1] 胡寿松. 自动控制原理[M]. 7 版. 北京：科学出版社，2019.

[2] 卢京潮，赵忠，刘慧英，等. 自动控制原理[M]. 北京：清华大学出版社，2013.

[3] 熊晓君. 自动控制原理实验教程[M]. 北京：机械工业出版社，2020.

[4] 李国勇. 自动控制原理[M]. 3 版. 北京：电子工业出版社，2017.

[5] 黄家英. 自动控制原理[M]. 2 版. 北京：高等教育出版社，2010.

[6] 董红生，李双科，李先山. 自动控制原理及应用[M]. 北京：清华大学出版社，2014.

[7] 李冰，徐秋景，曾凡菊. 自动控制原理[M]. 北京：人民邮电出版社，2014.

[8] 邹恩，漆海霞，杨秀丽. 自动控制原理[M]. 西安：西安电子科技大学出版社，2014.

[9] 王万良. 自动控制原理[M]. 2 版. 北京：高等教育出版社，2014.

[10] 黄江平. 自动控制原理[M]. 北京：电子工业出版社，2014.

[11] 王志良，刘欣，刘磊，等. 物联网控制基础[M]. 西安：西安电子科技大学出版社，2014.

[12] 黄坚. 自动控制原理及应用[M]. 北京：高等教育出版社，2016.

[13] 邓奋发. MATLAB R2016a 控制系统设计与仿真[M]. 北京：电子工业出版社，2018.

[14] 王正林. MATLAB/Simulink 与控制系统仿真[M]. 北京：电子工业出版社，2017.

[15] 杨平，余洁，徐春梅. 自动控制原理——实验与实践篇[M]. 北京：中国电力出版社，2019.

[16] 潘丰，徐颖秦. 自动控制原理[M]. 2 版. 北京：机械工业出版社，2019.

[17] 刘文定，谢克明. 自动控制原理[M]. 4 版. 北京：机械工业出版社，2018.

[18] 陈铁牛. 自动控制原理[M]. 2 版. 北京：机械工业出版社，2020.

[19] 张爱民. 自动控制原理[M]. 2 版. 北京：清华大学出版社，2019.

[20] 赵广元. MATLAB 与控制系统仿真实践[M]. 北京：北京航空航天大学出版社，2012.

[21] 刘超，高双. 自动控制原理的 MATLAB 仿真与实践[M]. 北京：机械工业出版社，2015.